U0307108

木质纤维组分的水热和甲酸分离及其应用

秦梦华　傅英娟　徐清华　邵志勇 等　著

科学出版社

北京

内 容 简 介

基于课题组多年的科研成果,本书介绍了利用水热处理和甲酸对木质纤维组分的分离、纯化及其应用。首先介绍了木质纤维原料的水热处理工艺,纤维组分在水热处理过程中的化学变化及其分离与纯化;然后介绍了甲酸分离技术,以及木质纤维组分在甲酸分离中的化学变化;最后介绍了纤维素和木素功能性材料的制备。

本书内容丰富、新颖,是一本较为深入介绍木质纤维原料组分分离和应用的科研专著,适用于制浆造纸和生物质精炼等相关专业和行业的本科生、研究生、教师、科研人员参考。

图书在版编目(CIP)数据

木质纤维组分的水热和甲酸分离及其应用 / 秦梦华等著 . —北京:
科学出版社,2020. 12

ISBN 978-7-03-067256-8

Ⅰ. ①木⋯　Ⅱ. ①秦⋯　Ⅲ. ①木纤维–纤维素–分离–研究
Ⅳ. ①TQ353. 6

中国版本图书馆 CIP 数据核字(2020)第 251328 号

责任编辑:霍志国 / 责任校对:杜子昂
责任印制:吴兆东 / 封面设计:东方人华

科学出版社 出版
北京东黄城根北街 16 号
邮政编码:100717
http://www.sciencep.com

北京建宏印刷有限公司 印刷
科学出版社发行　各地新华书店经销
*
2020 年 12 月第 一 版　开本:720×1000　1/16
2020 年 12 月第一次印刷　印张:14 3/4
字数:300 000

定价:128. 00 元
(如有印装质量问题,我社负责调换)

著者名单

秦梦华　泰山学院

　　　　齐鲁工业大学

傅英娟　齐鲁工业大学

徐清华　齐鲁工业大学

邵志勇　齐鲁工业大学

李宗全　齐鲁工业大学

刘　娜　齐鲁工业大学

苑再武　齐鲁工业大学

王兆江　齐鲁工业大学

张永超　齐鲁工业大学

前　言

　　木质生物质是地球上最为丰富的可再生有机资源。利用木质纤维资源生产人类赖以生存和发展的原材料、能源和化学品是近十年来的研究热点和发展趋势。然而,如何更加有效地将木质纤维原料分离出纤维素、半纤维素和木素,以获得高值化的生物材料、生物化学品和生物燃料则是科技工作者亟待解决的课题。

　　本书在作者多年科研成果的基础上,主要介绍了利用水热处理和甲酸分离技术对木质纤维原料化学组分的分离和纯化,并利用分离后的化学组分进行功能材料的制备。本书分为 8 章,具体内容和分工如下:第 1 章为绪论(秦梦华、邵志勇);第 2 章介绍了木质纤维原料的水热处理技术(李宗全);第 3 章介绍了水热处理过程中木质纤维原料化学组分的变化规律(傅英娟、刘娜);第 4 章介绍了水热处理液中半纤维素糖和木素碎片的分离纯化(王兆江);第 5 章介绍了木质纤维原料的甲酸分离技术(李宗全);第 6 章介绍了甲酸分离过程中化学组分的变化(张永超);第 7 章介绍了甲酸分离木素的功能化材料制备(张永超);第 8 章介绍了纤维素的溶解与纳米纤维素材料(徐清华、苑再武);全书由秦梦华统稿。

　　作者在该方面的研究得到了多项国家自然科学基金项目和山东省自主创新及成果转化专项(成果转化)的资助;在本书的撰写过程中,参考和引用了大量国内外同行的有关资料;课题组十几位研究生的科研工作构成了本书的重要素材,在此一并表示衷心的感谢。

　　限于作者的水平,书中难免有不足之处,欢迎读者批评指正。

秦梦华

2020 年 9 月 1 日

目　　录

第1章 绪 论

人类经济和社会发展对化石资源需求的增加,以及化石资源大量使用所导致的温室效应等问题,使得人们不断寻找化石资源的替代品以获得人类赖以生存和发展的原料、能源和化学品。木质生物质是地球上最为丰富的有机资源,每年生物圈中可产生大约 $5.64×10^{10}$ Mg 碳,而人类仅利用了其中 4.8% ,即每年 $2.7×10^9$ Mg 碳。生物质精炼又称为生物炼制,是针对"石油精炼"提出的。它是以生物质为原料,经过一系列的精炼过程,以获取能源、材料和化学品[1]。然而,木质纤维原料结构复杂、性质稳定,对酶、微生物、机械力和化学试剂具有较高的顽抗性,因此组成木质纤维原料的纤维素、半纤维素和木素难以有效分离,这也是目前制约木质纤维素生物质精炼的技术瓶颈之一[1]。为此,研究人员提出了多种预处理技术,以提高木质纤维组分的分离效率。一系列的研究表明,木质纤维原料经水热处理和(或)甲酸处理可实现化学组分较为有效的分离,化学组分经进一步的纯化处理后可生产一系列生物化学品、能源或材料。

1.1 水热处理技术及木质纤维组分分离

1.1.1 水热处理工艺

木质纤维原料的水热处理,也称为自水解或热水抽提,是利用液态水在 160 ~ 240℃处理木质纤维原料。水热处理会导致纤维化学组分发生水解、脱水和脱羧、缩合、聚合和芳构化反应[1],形成寡糖、单糖、小分子化合物和缩合产物,同时使得生物质中的纤维素可及度更高,有利于后续的酶解糖化处理。水热处理过程中所形成的乙酸等对半纤维素的水解具有自催化作用,因此不需要其他化学药品的加入,被认为是一个环境友好型技术。

影响水热处理的因素主要有:温度和时间(或水解因子 P)、pH、液比和物料尺寸等。对杨木水热处理的研究表明,维持最低 160℃ 的处理温度对获得满意的碳水化合物去除率是必需的[2]。水热处理后,木片吸附孔的比表面积、体积和孔径明显增加。提高水解 P 因子,吸附孔比表面积增大,聚戊糖溶出率增加;但当 P 因子大于 674 时,聚戊糖溶出率变化不大,过高的 P 因子还会使木片比表面积和吸附累计孔体积均有所下降。处理液 pH 在 3.0 ~ 5.5 时,高温有利于聚戊糖的溶出,但同时促进了糠醛的产生[3]。在慈竹水热处理过程中,随着处理温度的升高,戊糖提取率以及水热处理液中单糖和低聚糖组分的含量有所增加,且处理温度越高增加趋势越明显。处理过程中溶出的单糖以木糖和阿拉伯糖为主,低聚糖以低聚木糖为主,且低聚糖的溶出量明显高于单糖。葡萄糖和低聚葡萄糖的溶出较少,表明水热处理对纤维素的损伤较小[4]。

　　系统的 pH 对碳水化合物的溶出有重要影响。乙酸/乙酸钠共轭酸碱对可以通过稳定水解过程中的 pH,从而对木片化学组分的溶出起到一定的调控作用。乙酸/乙酸钠可以抵抗水热处理过程中由于果胶质和半纤维素侧链乙酰基等水解所形成的酸性物质,从而将体系的 pH 维持在一定范围内。在调控半纤维素和木素降解溶出的同时,可一定程度上防止单糖的进一步降解和木素的缩合[5,6]。采用较低的乙酸/乙酸钠缓冲比(缓冲比为 0.1 ~ 0.5 时),有利于木片化学组分尤其是半纤维素的脱除[7,8]。研究发现,与以水为介质的水热处理相比,乙酸/乙酸钠缓冲体系可促进半纤维素溶出,抑制糖类物质(尤其是单糖)的进一步降解,可获得更多的低聚糖和单糖[9]。

　　木片的尺寸对水热处理中糖的溶出有重要影响。随着木片尺寸的降低,所抽提出的总糖、总聚糖和总寡糖含量增加。可见,半纤维素的溶解主要取决于纤维细胞壁组分的扩散和纤维间的质量传递。通常,高分子量半纤维素的抽提得率低于低分子量的半纤维素,而木片尺寸的降低有利于高分子量半纤维素的抽提[3,10]。

　　水热处理液循环处理杨木木片的研究表明,处理液中半纤维素糖的浓度取决于处理温度和循环次数。与未循环的处理液相比,在 170℃下循环一次或两次的处理液中半纤维素糖的浓度急剧升高。在 170℃下,循环一次的处理液中高分子量半纤维素的量由未循环的 2.58g/L 增至 6.18g/L,但相应的分子量由 9.2kDa 降至 7.6kDa[11]。

　　纤维原料蒸煮之前进行水热处理以分离提纯半纤维素是构建生物质精炼的一个有效途径[12]。慈竹水热处理后进行 Soda-AQ 法和硫酸盐法制浆,所得纸浆的细浆得率和卡伯值略有下降,而白度略有增加。纸浆的黏度随处理温度(140 ~ 170℃)的升高而增加,但当处理温度增至 180℃时,浆料黏度有所下降。处理温度在 170℃时慈竹产生的乙酸及糠醛量较少,戊糖提取率、单糖和低聚糖组分的得率均较高;且后续碱法制浆所得纸浆的卡伯值较低,得率和黏度损失较小,可同时兼顾处理液中糖类的综合利用和原料的制浆造纸性能[4]。

1.1.2　水热处理过程中化学组分的变化

　　在水热处理的高温酸性条件下,纤维原料化学组分的结构和含量均发生了一系列变化,并对后续制浆或生物质精炼过程产生重要影响。首先,半纤维素上的乙酰基和糖醛酸基在水解过程中脱落,形成乙酸和糖醛酸,从而导致处理液呈酸性。在酸性条件下,半纤维素中的糖苷键发生断裂和溶出,从而使得植物纤维原料中的半纤维素含量降低。随着处理温度的升高或保温时间的延长,处理液中的单糖含量增加。高温条件下单糖的不稳定性,导致其进一步的水解,形成一系列后续降解产物。

　　水热处理条件下的酸性较弱,因此纤维素葡萄糖苷键断裂的速度非常缓慢。虽然高温水热处理对纤维素会有一定的破坏,但由于纤维素分子内和分子间氢键的作用,多相反应只能在纤维素的表面上进行。因此,水热处理对纤维素的破坏作用很小。

　　木素作为植物细胞壁中最顽抗的化学组分,在水热处理过程中经历相转变、解聚/缩合、迁移、溶解、重新聚集和再沉积等复杂的固液相转变过程。部分木素从细胞壁中脱除而进入液相,或者以胶体状态的大木素颗粒(macro- lignin particles,MLPs)形式存在,或者以溶解状态的两性木素衍生物(amphiphilic lignin derivatives,ALDs)和小木素碎片(small lignin fragments,SLFs)形式存在[13]。同时,残留在原料中的木素由于其聚集和重新分布,在细胞壁某些区域和原料表面会形成许多液滴状物质,干燥后形成微球状颗粒。木片水热处理后,在最高温度下实行固液分离(等温相分离),木片外表面基本没有木素类物质沉积[14]。当固液分离温度由100℃降低为80℃时,木片外表面的微小球状沉积物明显增多,而水热处理液中总固形物、木素、糠醛及5-羟甲基糠醛的含量则明显降低,但其中的总糖和单糖含量降低不大。可见,随着温度的降低,液相中的木素及木素与糠醛等形成的缩合产物(包括假木素)的溶解度会有所下降,从而重新吸附于木片表面[2]。在最高温度175℃下,保温时间对木片表面物质的沉积有重要影响。在不进行保温的情况下,木片表面基本没有沉积物形成。当保温30min以后,木片表面的微小球状物质有所增多,表面木素含量增加了25%左右。继续延长保温时间,随着木素的迁移和溶出以及糖降解产物的增多,木片表面沉积物进一步增多。当保温时间分别为60min和90min时,木片表面的木素含量分别增加了48%和53%左右,木片表面几乎完全被木素覆盖。在水热处理后的降温阶段,大约有19.6mg/g的假木素会沉积在木片表面,假木素大约含有80.4%的解聚木素和10.6%的糠醛[14]。以微球形式存在于细胞壁内和沉积于原料表面的木素将妨碍药液的渗透和组分的可及性,从而阻碍低聚糖的溶出和脱木素过程,而以胶束形态存在于液相中的木素则会严重干扰低聚糖的分离纯化。

　　随着蒸煮温度的增加,杨木水热处理液中溶解和胶体木素(DCL)的缩合程度明显增加。与残留在杨木木片中的木素相比,处理液中的DCL组分含有更少的脂肪族羟基、更多的缩合型酚羟基和非缩合型酚羟基,以及更高的 S—OH/G—OH 比率。表明水热处理液中的木素更易发生侧链脂肪族羟基的脱水反应,β-O-4 的水解反应和木素分子间的缩合反应[15]。与磨木木素相比,木片中的残余木素含有更多的酚羟基,更高的 S—OH/G—OH 比率,更高的分子量,更少的脂肪族羟基和更窄的多分散性。高强度的水热处理,会导致木片中木素分子内 β-O-4 连接大幅度的断裂,使得 C—C 键增多。水热处理还可促进木素甲氧基的去除,从而提高木素的热稳定性[7]。

1.1.3 水热处理液中化学组分的分离纯化

水热处理液的化学成分与原料种类和处理条件有关,大致可分为糖类、糖类降解产物和木素解聚碎片。杨木水热处理液中检测到了阿拉伯糖、半乳糖、葡萄糖、木糖和甘露糖等,其中寡糖和单糖比例为 2.8∶1;木素碎片检测到对羟苯甲酸、香草醛、丁香醛、愈创木酚及大量的其他芳香族物质;糖降解产物检测到甲酸、乙酸、乙酰丙酸、糠醛和羟甲基糠醛。处理液中糖类、糖类降解产物和木素解聚碎片的浓度差别不大,提取某一种成分需要精细的分离纯化技术[16]。

水热处理液是以水为分散介质的分散体系,分散相是碳水化合物和木素的解聚产物,其分子量分布宽,极性跨度大。研究表明,处理液是包含粗分散体系、胶体分散体系和分子分散体系的多分散体系。在水热处理条件下,木素经过化学降解,分子量逐渐降低,由疏水逐步变为亲水,由不溶变为可溶,这是处理液为多分散相的主要成因。水热处理液的化学组分可分为半纤维素糖(hemicellulose-derived saccharides,HDS)和非糖化合物(non-saccharide compounds,NSC)[13]。非糖化合物主要是木素的降解产物,也包括小分子量的糖降解产物,如糠醛、甲酸和乙酸等。从处理液中提取寡糖对生物质精炼来说具有明显的经济和环境效益,然而由于处理液中木素衍生的污染物使得对寡糖的提取具有挑战性[2]。

非糖化合物去除的选择性可定义为 NSC 的去除量占 NSC 和 HDS 总去除量的比例,可用来评价各种分离技术的性能[17]。膜过滤是回收处理液中半纤维素的有效方法,但由于膜污染及寡糖和木素组分分子量分布的重叠问题,使得在实践中的应用变得相当困难[18,19]。在膜过滤前,对处理液进行 500mg/L 聚合氯化铝(PAC)处理,可大幅度提高膜过滤能力[18,20]。超滤处理(截留分子量为 50kDa 至 1kDa),对 HDS 和 NSC 具有相同的截留,因此超滤处理对 NSC 的去除来说没有选择性。聚合氯化铝絮聚处理,在 NSC 的选择性和 NSC 的去除率方面互相矛盾,因此在实践中也难以应用[17]。活性炭吸附等温线表明,在较低活性炭用量下,非糖化合物比半纤维素糖有着更为优先的吸附。随着活性炭用量的提高,NSC 去除率增大,但选择度降低。在 NSC 去除率达到 90% 时,NSC 选择度降低至 50%,吸附失去选择性。因此,活性炭处理水解液也存在 NSC 选择性和 NSC 去除率的权衡问题[21]。

可见,仅利用一种分离技术难以对处理液中木素和糖组分进行有效和经济的分离,几种不同分离技术的联合处理有望取得更好的效果。在高 pH 下利用聚合阳离子使 MLPs 和 ALDs 失稳,可除去 57.8% 的木素。残余的 SLFs 再经过 20nm 的大孔径树脂的吸附,可最终除去 95.2% 的木素,并回收 66.6% 的寡糖(OS)[13]。氢氧化钙处理和阴离子交换树脂吸附可除去高达 95.2% 的木素,并回收 78.8% 的糖[22]。杨木水热处理液经果胶酶处理后再进行阳离子聚合物絮凝,可降低约 50% 的阳电荷需要量[23]。此外,经过漆酶处理,木素的去除率可提高 7.4%,并可减少聚二甲基二烯丙基氯化铵(PDADMAC)处理时的糖损失[24]。Chen 等[25] 提出了一种木素选择性沉淀后再利用透析处理以回收水热处理液中 OS 的工艺。研究发现,聚合氯化铝对大分子木素具有高度选择性,可除去 25.1% 的木素,而 OS 的损失可忽略不计。经后续的透析处理,OS 的回收率可达 37.6%,纯度高达 94.1%。据此工艺,1kg 绝干木片可回收 56.36g OS。OS 主要为寡木糖,可分为分子量为 5.2kDa 和 0.51kDa 两部分。Tian 等[26] 提出了一种从水热处理液中纯化半纤维素糖的处理工艺,包含聚电解质絮凝、活性炭吸附和离子交换。结果表明,500mg/L 聚合氯化铝絮凝可除去的胶状木素约占非糖化合物的 20%;絮凝后的处理液经活性炭吸附,可有效除去处理液的色度,但对非糖化合物吸附的选择性较低;木素是重要的非糖化合物,酚型木素很容易被后续的阴离子交换树脂捕获,可除去大约 80% 的木素。Wang 等[27,28] 提出了利用石灰处理、树脂吸附和凝胶过滤联合处理水热处理液,以实现 HDS 和 NSC 分离的技术。1.2% 的石灰处理可除去的大分子木素约占 NSC 的 32.2%,且几乎不会导致半纤维素糖的损失;高达 94.0% 的 NSC(酚类木素)可用混合离子交换树脂除去;剩余的 NSC 物质,如糠醛和羟甲基糠醛可通过凝胶过滤从 HDS 中除去。Wang 等[16] 提出了石灰和混合离子交换树脂联合处理水热处理液以分离半纤维素糖的工艺。处理液经 0.5% 石灰处理后进行磷酸中和,可除去高达 44.2% 的非糖有机化合物(NSOC,主要为胶体物质),而几乎不会导致 HDS 的降解;石灰处理后的残余 NSOC 和钙离子可通过混合离子交换树脂除掉。Chen 等[29] 提出了一种利用微滤/超滤(MF/UF)膜和阴离子交换树脂分离杨木水热处理液中 OS 的工艺。在过滤前加入 NaOH,可以提高过滤能力,降低 MF(孔径 0.45μm)的污染,木素去除率达 31%;在此基础上,超滤处理可以除去剩余木素的 36.8%,同时利用乙醇或酸沉淀可以回收处理液中 OS 的 39%;滤液中的粗 OS 可经阴离子交换树脂进行纯化,纯度可达 96.4%。

1.2　甲酸分离技术及木质纤维组分的变化

1.2.1　甲酸分离工艺

甲酸又叫蚁酸,结构式为 HCOOH。甲酸是强还原剂,沸点与水接近,在101.3kPa 下为 100.56℃。甲酸能与水、乙醇等混溶。甲酸是一种重要的有机化工原料,广泛用于医药、农药、皮革、染料和橡胶等行业中。甲酸在大气中分解产物是二氧化碳和水,对环境的危害较小。甲酸是分子量最小和最强的脂肪族羧酸,化学反应活性较强,是纤维原料中木素和抽出物的良好溶剂。甲酸分子在解离过程中产生的 H^+ 和 $HCOO^-$,与纤维原料中的木素发生反应,导致木素中醚键或碳碳键的断裂和溶出。甲酸与过氧化氢能生成过氧甲酸,过氧甲酸能够氧化木素,从而使木素亲水性增强,同时具有较高的脱木素选择性。

作者从酸性助溶剂(对甲基苯磺酸, p-TsOH)对木质纤维进行连续分离研究[30,31]中获得启示,提出了利用甲酸水溶液在一定温度下快速流式分离(rapid flow-through fractionation, RFF)木质生物质的技术,可有效分离出木质纤维组分[32]。同时,发明了一种农林生物质化学组分的流式分离装置和方法[33]。利用RFF 技术,72wt%的甲酸在 130℃和较短的停留时间(2.6min)内,即可使得杨木75%的木素脱除[32]。在 130℃,利用含水甲酸溶液(72wt%)也可对麦草的化学组分进行快速分离。所得到的固形物富含纤维素,几乎可回收全部的聚葡萄糖,酶解后可获得73.8%的葡萄糖收获率。此外,大约20%的聚木糖仍残余在固形物之中。废液中含有大约80%的寡/单木糖,几乎未有糠醛的产生。大约75.4%的木素溶解在废液中,可分为水不溶木素(WIL)和水溶木素(WSL)。WIL 中保存着大约84.5%的 β-O-4 连接,保持着良好的木素结构[34]。对麦草 WSL 和 WIL 的分析表明,WIL 的分子量为3016,而 WSL 分子为含有2.8 个酚羟基和5 个苯丙烷结构的寡聚酚类,分子量为1123[35]。RFF 技术所获得木素能够较好地保持原本木素的结构,因此 RFF 木素可用于大批量木素模型物的制备,也可作为木素高值化应用的原材料[4]。

甲酸/过氧甲酸制浆是目前木质纤维组分进行甲酸分离的主要形式,主要有四种流程和工艺,即 Milox 法、ChemPolis 法、Formacell 法和 NP(nature pulping)法[1]。在甲酸蒸煮过程中,影响因素包括甲酸浓度、蒸煮最高温度、保温时间和液比等。通常甲酸蒸煮浓度可控制在80%~90%,购买的商品甲酸不需浓度调节可直接进行蒸煮。蒸煮温度和时间与原料类型直接相关。秸秆类易于蒸煮,可采用110~130℃;速生阔叶材可采用130~140℃;而对于竹子和针叶材则需要更高的蒸煮温度。对于间歇蒸煮来讲,保温时间一般在 30 ~ 45min 即可成浆,而连续蒸煮则可进一步缩短蒸煮时间。对于难以蒸煮的竹材来讲,蒸煮前的预浸和挤压处理有利于蒸煮和成浆。甲酸浆具有良好的可漂性,利用 DE_PP、$OD_1E_PD_2P$、$D_1E_PD_2P$ 和 $D_1E_PD_2P$ 漂序,可以将杨木、竹子、麦草和玉米秸分别漂至 89.1%、87.0%、84.4% 和 86.2% ISO。纸浆的 a-纤维素含量、聚合度等指标都达到溶解浆的标准。

甲酸中加入一定量的过氧化氢,可以生成过氧甲酸,更有利于木素的脱除。甲酸/过氧甲酸制浆过程中,可以采用硫酸和盐酸作为催化剂以强化脱木素过程。利用金属催化可促进木质纤维原料组分的甲酸分离,可在保证浆料高纤维素含量的基础上,提高木素的脱出率,获得相对分子量较低的木素产品,有利于木素的后续改性和高附加值利用[36]。在甲酸分离过程中加入甲醛,可抑制甲酸脱木素过程中的缩合反应,获得木素小分子产物。可在保证纸浆得率的前提下,提高木素的脱除率[37]。

作者在实验室中利用过氧甲酸技术,成功制备出玉米秸秆溶解浆,各项指标达到或超过速生阔叶材溶解浆的标准。玉米秸秆溶解浆的技术参数为:白度 89.8% ISO,a-纤维素 90.5%,金属离子 Fe 含量 19ppm,Cu 含量 1.54ppm,Mn 未检出,灰分 0.1%,黏度 500 ~ 600,溶解浆得率 34% ~ 37%。可见,该技术可实现玉米秸秆的高值化利用问题。但玉米秸秆的收购、贮存和备料有更大的难度,需要出台更好的配套政策,使得供需双方都有积极性。

甲酸法制浆特别是高温下的甲酸制浆,最为突出的优势就是蒸煮时间短,蒸煮脱木素效率高。蒸煮废液中的甲酸可进行回收再利用,同时还可获得高附加值的副产品。蒸煮废液中的甲酸可以通过精馏的方式进行回收利用,过程较简单。甲酸法制浆工艺除得到相对纯净的纸浆外,还可获得高纯度的木素、半纤维素糖等高附加值产品,或获得大量上述三者的混合产品[38]。甲酸法制浆另一优势是对环境友好,制浆中不使用含硫物质,使得废弃物对环境的污染大大减少。此外,甲酸浆可漂性较好,易于进行 ECF 或 TCF 漂白。另外,甲酸法制浆投资少,能大幅度降低水电气消耗可实现小规模化生产,且原料广泛,适用性强。当然,甲酸法制浆也存在一些缺陷和不足。甲酸具有燃烧性和爆炸性,因此对设备的耐腐蚀性和密封性要求高。为防止废液中溶解的木素重新沉积到纤维上,甲酸法制浆需要复杂的洗涤系统,包括甲酸洗涤和热水洗涤系统[39,40]。此外,由于蒸煮甲酸必须回用,因此制浆必须包括完善的甲酸精馏回收系统[39]。为了对甲酸中糖、木素、糠醛等副产品的有效利用,需要具有这些副产品的分离纯化系统。

1.2.2 甲酸分离过程中化学组分的变化

对竹子进行高压甲酸分离(85% 甲酸,液比为 7:1,最高温度 145℃,保温

45min)可获得 42.2% 的纸浆纤维素、31.5% 木素、8.5% 富含半纤维素的组分、3.56% 乙酸和 3.80% 糠醛。研究发现,α-芳基醚键和 β-芳基醚键的断裂是麦草甲酸制浆主要的脱木素反应。在高压(145℃下 45min)和常压(101℃下 120min)下,甲酸通过断裂木素内部化学键(β-O-4,β-β 和 β-5)的连接而快速有效地脱除木素[41]。在甲酸脱木素的过程中,木素也发生了分子内和分子间的缩合反应。木素的缩合使得木素分子量增加,木素脱除困难,且影响木素副产物的性能。除了发生上述反应外,部分木素结构还会发生甲酰化、酯化和去甲基化等反应[42]。高压制得的甲酸木素比常压制得的甲酸木素纯度高,产率高,酚类和羧基含量也较高[42]。

甲酸分离木质纤维的过程中,碳水化合物也发生了降解,包括大部分的半纤维素和少量的纤维素。在甲酸分离木质纤维的过程中,半纤维素中的苷键稳定性较差,易断开发生降解,形成寡糖或单糖溶出。虽然甲酸对木素和半纤维素的脱除有较好的选择性,但在蒸煮条件下仍会降解少量的纤维素,形成纤维素低聚糖,再进一步水解为葡萄糖单糖。碳水化合物除了发生水解反应外,还会发生甲酰化反应。在一定的蒸煮条件下,碳水化合物水解后的单糖会继续发生反应,形成一系列水解产物[43]。

木质纤维原料经水热处理后再进行甲酸分离,既可以通过水热处理获得较高得率的低聚糖,又可以通过后续的甲酸对木素进行快速分离。与甲酸木素和磨木木素相比,联合分离工艺获得的木素纯度更高,酚羟基更多,缩合酚羟基更少,紫丁香基/愈创木基比率(S/G)更高。这些结果表明,联合分离工艺可望为生物质精炼工业提供一种有前景的商业利用方法[44,45]。

1.3　木素和纤维素功能材料的制备及应用

前已叙及,木质纤维原料经水热处理或/和甲酸分离后,再经进一步的分离和纯化可获得较为纯净的木素、半纤维素和纤维素组分。这些分离出来的化学组分是生产生物能源、材料和化学品的重要原材料。而利用这些化学组分生产高附加值的功能材料,是生物质精炼的重要组成部分,也是生物质精炼实践应用的必要环节。

1.3.1　甲酸木素/甲酸纤维素复合膜的制备

基于不同 pH 下木素溶解度的变化,以甲酸木素为原料采用一步法可制备木素纳米颗粒。在中性条件下,甲酸木素在水溶液中形成了 60~80nm 大小均匀的球状纳米颗粒,并呈现了清晰的边界。动态激光光散射(DLS)分析结果显示,木素纳米颗粒的流体力学直径大于透射电镜分析中所得的粒径,这是由于木素纳米颗粒周围形成了水化层的缘故。球状木素纳米颗粒的均匀性和较高的稳定性,表明它们在制备纳米复合材料方面具有良好的应用前景[46]。

一定比例的甲酸木素纳米颗粒(LNPs)和甲酸纤维素纳米晶体(FP-CNC)悬浮液混合后,在磁力搅拌下稀释至0.1%(w/v)保持30min,并在0.1μm孔径的尼龙膜上过滤,然后在40℃下真空干燥4h,可获得木素/纤维素纳米复合膜[3]。与纯纤维素纳米膜相比,纳米复合膜的FP-CNC多层结构中均匀地填充了木素纳米颗粒,使得纳米复合膜的表面更加光滑和均匀。当FP-CNC/LNPs比值为5时,复合膜拉伸强度和杨氏模量与纯纤维素纳米膜相比,分别提高了44%和47%。由于LNPs的存在,纳米复合材料表现出对大肠杆菌的有效抗菌活性[46]。

1.3.2 改性甲酸木素纳米复合颗粒的设计及应用

以磁性颗粒为核,经过二氧化硅包覆后,再与羧甲基化甲酸木素交联物制备复合纳米颗粒[47]。通过羧甲基化将大量羧酸基团引入甲酸木素结构中,以增加其活性吸附位点。通过环氧氯丙烷(ECH)将磁性介孔二氧化硅纳米粒子与羧甲基化木素进行交联,从而提高其抗水性。研究表明,该复合纳米颗粒表现出对 Pb^{2+} (150.33mg/g)和 Cu^{2+} (70.69mg/g)较高的吸附能力。更重要的是, Pb^{2+} 和 Cu^{2+} 在复合颗粒上吸附平衡可在30s内完成,这是迄今已报道的最快的 Pb^{2+} 和 Cu^{2+} 吸附剂。这种超快吸附不仅与木素的纳米结构有关,也与羧甲基化木素所提供的丰富活性位点有关。复合纳米颗粒去除 Pb^{2+} 和 Cu^{2+} 的机理主要是离子交换和氢键作用。这种基于甲酸分离平台制备的纳米复合颗粒具有优异的吸附效果和效率,成本低且环保,有望满足水处理吸附剂大规模生产的性价标准。

1.3.3 纤维素的溶解及纤维素再生薄膜

由木质纤维原料制备得到的纳米纤维素是一种绿色、环境友好的纳米材料,具有一些独特的性能,如可再生、可生物降解及良好的机械性能等。纳米纤维素的制备,对新型材料的发展具有重要的意义[48]。有两种重要方法可获得纤维素均匀分散体系:一是通过一定的纤维素溶剂制备纤维素的溶解体系,二是利用酸解的方法制备纳米微晶纤维素水分散体系。利用所获得的纤维素分散体系,可进一步制备具有一定性能、特定功能的纤维素基材料或功能材料。

在氢氧化钠/尿素水溶液体系中,通过化学交联形成的纤维素水凝胶,可作为纤维素自组装的前体。实验证明纤维素水凝胶有极强的吸水能力,其大小主要取决于纤维素的交联程度。具有不同交联度及不同浓度的纤维素微凝胶,经蒸发后能组装形成纤维素的多种形态,包括完美的片状和高长径比的纤维结构。该化学交联的纤维素水凝胶再进一步通过压铸-蒸发的方法可制备紧密堆叠的纤维素有序薄膜。力学试验表明,该法制备的纤维素薄膜的抗拉强度和柔韧性都得到了显著提高,这主要是纤维素薄片有序堆积的结果[49]。微量浓度的纤维素微凝胶可作为软颗粒物质来稳定水包油(O/W)乳液,并能形成高内相乳液。微凝胶的两亲性、吸附性和稳定乳液的能力都与微凝胶的交联密度紧密相关。此外微凝胶具有的多孔渗透结构和丰富的羟基,可很容易地被其他分子功能化[50]。纤维素可以从氢氧化钠/尿素的水溶液中通过特定的凝固浴再生析出。研究表明,丙酮/水的体积比对再生纤维素薄膜的尺寸稳定性、成膜能力、微结构形貌和机械强度都有显著影响。在丙酮/水的体积比为2的条件下,再生的纤维素薄膜具有良好的尺寸稳定性和成膜能力[51]。向纤维素的氢氧化钠/尿素水溶液中加入少量的锂皂石可导致纤维素水溶液的溶胶−凝胶转变,证明锂皂石具有物理交联纤维素的性能。纤维素/锂皂石的交联作用也存在于固体薄膜中,其适当的交联能显著提高复合薄膜的抗拉强度[52,53]。这些结果基于纤维素溶解基础之上,为高强纤维素基薄膜和纤维素软物质的构建及其应用提供了重要信息。

1.3.4　纳米纤维素的制备与应用

利用TEMPO/NaBr/NaClO体系,可对硫酸水解漂白硫酸盐浆制备的纳米微晶纤维素(CNC,简称纳晶纤维素)进行改性,以制备氧化纳米微晶纤维素[54,55]。Xu等[56]对漂白杨木硫酸盐浆中分离得到的纳晶纤维素进行了表征,并研究了其在纸浆增强[6,57-59]、助留和助滤[55,60-63]方面的作用,获得了肯定效果。

Xu等[64]利用CNC和壳聚糖(chitosan,CS)制备了一种新型纳米复合凝胶,并将其作为茶碱的控释载体。首先用高碘酸盐氧化CNC获得双醛纳米纤维素(DACNC),然后将DACNC作为基质和交联剂与壳聚糖以不同质量比交联,制备CNC/CS复合物。随着水凝胶中壳聚糖比例的增加,等电点向碱性pH方向移动,复合材料的溶胀比也有所增加。因为载药凝胶的溶胀比在不同pH下有所不同,复合材料在人工胃液(pH 1.5)和人工肠液(pH 7.4)中所释放药物累计量分别为85%和23%。利用全漂阔叶木硫酸盐浆通过硫酸水解、高碘酸盐氧化和还原性胺化处理可制备氨基功能化纳晶纤维素(ANCC)。研究表明,随着乙二胺用量的增加,ANCC的伯胺含量逐渐增加(0.77~1.28mmol/g)。ANCC属两性化合物,等电点在pH 7~8之间。NCC的化学改性降低了其结晶度,但保留了纤维素 I 晶型结构。ANCC可用作吸附剂除去水体中阴离子染料,在酸性条件下可获得最大的去除率[65]。Jin等[66]通过两步法利用CNC和两性聚乙烯胺(PVAm)制备了一种新型的纳米复合微凝胶。该纳米复合材料为直径200~300nm的微球,在酸性条件下可以有效地去除复合水体中的阴离子染料。对刚果红4BS、酸性红GR和活性淡黄K-4G的吸附等温曲线与Sips模型吻合,对这三种阴离子染料的吸附均符合准二级动力学模型,表明具有化学吸附性质。Xu 等[67,68]利用黑荆树单宁和纳米纤维素制备了一种单宁–纳米纤维素(TNCC)复合材料。TNCC 对 Cr(Ⅵ)、Cu(Ⅱ)和 Pb(Ⅱ)的吸附性能的研究表明,在 pH 2 时对 Cr(Ⅵ)和在 pH 6 时对 Cu(Ⅱ)和 Pb(Ⅱ)有最大的吸附。对上述三种金属离子的吸附均遵循准二级动力学方程,表现出化学吸附的特性,吸附等温曲线都符合 Sips 模型。采用双醛纳米纤维素与硝酸银溶液进行反应,可得到纳米纤维素–纳米银(NC-AgNPs)复合材料[69]。复合物在400nm 处出现表面等离子体共振峰,证明了纳米银粒子的形成。透射电镜照片显示,合成的纳米银粒子为球形,尺寸从几个纳米到 30nm 不等。复合物对大肠杆菌有很强的抑制作用,把复合物添加到纸浆中,获得的纸张同样对大肠杆菌有很强的抑制作用。同时纸张的强度提高,透气度降低,显示出其在食品包装领域广阔的应用前景[70]。

1.3.5　纳米微晶纤维素的蒸发自组装性能

CNC 具有蒸发诱导自组装(EISA)的特性,即在蒸发作用下形成具有手性向列相结构的一维光子晶体,该结构成为制备有序功能材料的优良模板。通过 CNC 与硅改性的乳胶颗粒(SALs)的混合可进一步制备结构颜色可调的柔性乳胶膜。当二者的混合比例为 0.2~0.4 时,复合薄膜较为均匀,其中的乳胶颗粒能发生融合,交联成为整体的乳胶网络。除去 CNC 后所得到的乳胶薄膜具有一定的结构色,证明乳胶薄膜保留了 CNC 的手性向列相结构。CNC 的去除和蒸发作用会导致该乳胶薄膜内部的螺距减小,其反射色会发生蓝移,该结构色也可以通过水的吸脱附而可逆地调整。此外,薄膜中产生的孔隙能大大降低薄膜在拉伸变形过程中的内聚力,又加之交联乳胶的柔性骨架,赋予了该光学薄膜较高的机械强度[71]。如果继续向乳胶颗粒和 CNC 的水分散体系中加入氧化石墨烯(GO),再通过蒸发诱导自组装的方法可制备具有手性向列相结构的三元复合膜。由于重力和熵驱效应,导致 GO 在薄膜中呈不均匀的分布,大部分 GO 聚集在薄膜的顶部。CNC 被碱处理除掉后,形成了乳胶与 GO 的二元复合膜,该复合膜同时保留了手性向列相结构及GO 的不对称分布状态。该复合膜由于上下表面的润湿性不同,吸水后发生不同程度的膨胀,由此实现了颜色和驱动的同步响应[72]。如果其中的乳胶被替换成酚醛树脂(PFR),可制备 PFR-GO 的二元梯度复合薄膜,也具有类似的颜色和驱动双响应性能。不仅如此,条状的 PFR-GO 复合膜可以通过一定的甲醛溶液处理形成所需的各种形状,从而能够在适度控制下产生复杂的运动,并能够在多次润湿–干燥循环过程中表现出良好的形状恢复能力。该复合薄膜可作为驱动器在需要复杂动作的智能驱动装置中具有潜在的应用价值[73]。

N-甲基吗啉-N-氧化物(NMMO)的水溶液是优良的纤维素溶剂,该溶剂可被用来修饰 CNC 自组装薄膜。研究表明,NMMO 的溶解作用可以使 CNC 薄膜发生膨胀,其反射颜色发生红移,该膨胀效应源于 NMMO 分子能渗入到单个 CNC 的晶粒中。当 NMMO 被洗除之后,由于螺旋螺距的减小,CNC 薄膜的反射颜色又会发生蓝移。因为 NMMO 的高吸水性,其修饰的 CNC 薄膜在几分钟之内便表现出对湿度变化的可逆颜色响应。增加 NMMO 的掺杂量能扩大 CNC 薄膜的颜色响应范围。另外,NMMO 水溶液可作为墨水在 CNC 薄膜上刻画出湿度响应性图案[74]。CNC的蒸发组装作用还能诱导所加入的氧化碳纳米管(o-CNTs)产生较为有序的排列。实验表明,在蒸发自组装的诱导下,含 o-CNTs 和 CNC 的各向同性水分散溶液能逐渐转变成手性向列相溶致液晶(CNLCs),进一步蒸发后该手性向列相结构可以保留在最终的固体薄膜中。研究发现,少量的 o-CNTs(约 1.5 wt%)的掺入可以引起膜结构的明显变化。随着 o-CNTs 含量的增加,复合薄膜的螺距逐渐增加,反射光谱发生红移。由于 CNC 的空间限制作用,使得复合薄膜中的 o-CNTs 产生较为有序的排列,由此赋予纤维素基复合膜的导电各向异性。这些基于纳米微晶纤维素自组装的结果,可望在传感器、光电子等领域具有广泛的应用[75]。

参 考 文 献

[1] 秦梦华. 木质纤维素生物质精炼. 北京:科学出版社,2018.

[2] Chen H,Fu Y,Wang Z,et al. Degradation and redeposition of the chemical components of aspen wood during hot water extraction. Bioresources,2015,10(2):3005-3012.

[3] 刘超,刘娜,秦梦华,等. 杨木片高温热水解过程中聚戊糖的溶出特点. 纸和造纸,2014, 33(5):10-15.

[4] 张永超,傅英娟,秦梦华. 慈竹热水预水解提取半纤维素及其对后续碱法制浆的影响. 纸和造纸,2015,34(1):28-32.

[5] 于泉水,傅英娟,刘艳汝,等. 乙酸/乙酸钠调控 pH 对杨木预水解液物化性质的影响. 中华纸业,2017,38(10):6-11.

[6] 秦梦华,张永超,王兆江. 一种以共轭酸碱对作为介质的木质纤维素抽提方法:中国, 201410440766.1.2014.

[7] 刘艳汝,秦梦华,傅英娟,等. 杨木乙酸-乙酸钠强化预水解过程中固相组分的变化规律. 中华纸业,2017,38(12):37-42.

[8] Yu Q,Fu Y,Shao Z,et al. Structural changes of poplar wood lignin in hydrothermal pretreatment in acetic acid-sodium acetate system. Journal of Bioresources and Bioproducts,2017,2(4):158-162.

[9] 张永超,傅英娟,王兆江,等. 杨木半纤维素在乙酸-乙酸钠缓冲体系预水解过程中的溶出规律. 中国造纸学报,2015,(2):4-8.

[10] Li Z,Qin M,Xu C,et al. Hot water extraction of hemicelluloses from aspen wood chips of different sizes. Bioresources,2013,8(4):5690-5700.

[11] Li Z, Jiang J, Fu Y, et al. Recycling of pre-hydrolysis liquor to improve the concentrations of hemi-cellulosic saccharides during water pre- hydrolysis of aspen woodchips. Carbohydrate Polymers, 2017, 174:385-391.

[12] 王超,李宗全. 水解液中半纤维素分离提纯的研究进展. 造纸科学与技术,2015,34(4):37-41.

[13] Wang Z, Wang X, Fu Y. et al. Colloidal behaviors of lignin contaminants: destabilization and elimination for oligosaccharides separation from wood hydrolysate. Separation and Purification Technology, 2015, 145:1-7.

[14] Zhuang J, Wang X, Xu J, et al. Formation and deposition of cooling- induced pseudo lignin on liquid hot water treated wood. Wood Science and Technology, 2017, 51:165-174. 13

[15] 王鹏,秦影,傅英娟,等. 杨木自水解液中溶解木质素和胶体木质素的结构特征. 林产化学与工业,2017,37(4):59-66.

[16] Wang X, Zhuang J, Fu Y, et al. Separation of hemicellulose- derived saccharides from wood hydrolysate by lime and ion exchange resin. Bioresource Technology, 2016, 206:225-230.

[17] Wang Z, Wang X, Fu Y, et al. Saccharide separation from wood prehydrolysis liquor: comparison of selectivity toward non- saccharide compounds with separate techniques. RSC Advances, 2015, 5(37):28925-28931.

[18] Zhuang J, Xu J, Wang X, et al. Improved microfiltration of prehydrolysis liquor of wood from dissolving pulp mill by flocculation treatments for hemicellulose recovery. Separation and Purification Technology, 2017, 176:159-163.

[19] Wang Z, Wang X, Jiang J, et al. Fractionation and characterization of saccharides and lignin components in wood prehydrolysis liquor from dissolving pulp production. Carbohydrate Polymer, 2015, 126:185-191.

[20] 王兆江,秦梦华,李宗全. 一种从植物原料预水解液中提取低聚糖的方法:中国, 201310554290. X. 2013.

[21] Wang Z, Zhuang J, Wang X, et al. Limited adsorption selectivity of active carbon toward non-saccharide compounds in lignocellulose hydrolysate. Bioresource Technology, 2016, 208:195-199.

[22] Wang Z, Jiang J, Wang X, et al. Selective removal of phenolic lignin derivatives enables sugars recovery from wood prehydrolysis liquor with remarkable yield. Bioresource Technology, 2014, 174:198-203.

[23] 李宗全,秦梦华,傅英娟. 一种木质纤维水解液生物处理方法:中国,201610865111.8. 2017.

[24] Jiang J, Li Z, Fu Y, et al. Enhancement of colloidal particle and lignin removal from pre-hydrolysis liquor of aspen by a combination of pectinase and cationic polymer treatment. Separation and Purification Technology, 2018, 199(30):78-83.

[25] Chen X, Wang Z, Fu Y, et al. Specific lignin precipitation for oligosaccharides recovery from hot water wood extract. Bioresource Technology, 2014, 152:31-37.

[26] Tian G, Fu Y, Zhuang J, et al. Separation of saccharides from prehydrolysis liquor of lignocellulose to upgrade dissolving pulp mill into biorefinery platform. Bioresource Technology, 2017, 237:122-125.

[27] Wang X, Zhuang J, Jiang J, et al. Separation and purification of hemicellulose-derived saccharides from wood hydrolysate by combined process. Bioresource Technology, 2015, 196: 426-430.

[28] 王兆江, 秦梦华. 一种从木质纤维素水解液中制取低聚糖的方法: 中国, 201410153839. 9. 2014.

[29] Chen X, Yang Q, Si C, et al. Recovery of oligosaccharides from prehydrolysis liquors of poplar by microfiltration/ultrafiltration membranes and anion exchange resin. ACS Sustainable Chemistry & Engineering, 2016, 4(3): 937-943.

[30] Wu X, Zhang T, Liu N, et al. Sequential extraction of hemicelluloses and lignin for wood fractionation using acid hydrotrope at mild conditions. Industrial Crops and Products, 2020, 145: 112086.

[31] Wang Z, Qiu S, Hirth K C, et al. Preserving both lignin and cellulose chemical structures: Atmospheric pressure flow-through acid hydrotropic fractionation (AHF) for complete wood valorization. ACS Sustainable Chemistry & Engineering, 2019, 7(12): 10808-10820.

[32] Zhou H, Xu J, Fu Y, et al. Rapid flow-through fractionation of biomass to preserve labile aryl ether bonds in native lignin. Green Chemistry, 2019, 21(17): 4625-4632.

[33] 王兆江, 傅英娟, 秦梦华. 农林生物质化学组分的流式分离装置和方法: 中国, 201510311893. 6. 2015.

[34] Zhou H, Tan L, Fu Y, et al. Rapid nondestructive fractionation of biomass (≤ 15 min) using flow-through recyclable formic acid toward whole valorization of carbohydrate and lignin. ChemSusChem, 2019, 12(6): 1213-1221.

[35] Tian G, Xu J, Fu Y, et al. High β-O-4 polymeric lignin and oligomeric phenols from flow-through fractionation of wheat straw using recyclable aqueous formic acid. Industrial Crops and Products, 2019, 131: 142-150.

[36] 秦梦华, 张永超, 傅英娟, 等. 一种金属催化有机酸分离木质纤维素组分的方法: 中国, 201510782562. 0. 2016.

[37] 秦梦华, 张永超, 王兆江, 等. 一种小分子醛类有机物共混有机酸分离木质纤维素的方法: 中国, 201811646398. 0. 2018.

[38] 王兆江, 秦梦华. 有机溶剂处理农林废弃物制备有机肥料的方法: 中国, 201610227411. 3. 2016.

[39] 秦梦华, 王兆江, 傅英娟. 有机溶剂-水联合处理从木质纤维素中分离高纯度纤维素、木素和糖的方法: 中国, 201611228445. 0. 2017.

[40] 王兆江, 秦梦华, 张永超. 一种有机溶剂法纸浆洗涤和溶剂回收方法: 中国, 20160144380. 5. 2016.

[41] Zhang Y, Hou Q, Fu Y, et al. One-step fractionation of the main components of bamboo by formic acid-based organosolv process under pressure. Journal of Wood Chemistry and Technology, 2018, 38(3): 170-182.

[42] Zhang Y, Hou Q, Xu W, et al. Revealing the structure of bamboo lignin obtained by formic acid delignification at different pressure levels. Industrial Crops and Products, 2017, 108: 864-871.

[43] 张永超, 秦梦华. 甲酸/过氧甲酸脱木素及制浆工艺研究进展. 中华纸业, 2014, (14): 6-12.

[44] Zhang Y, Qin M, Xu W, et al. Structural changes of bamboo-derived lignin in an integrated process of autohydrolysis and formic acid inducing rapid delignification. Industrial Crops and Products, 2018, 115: 194-201.

[45] 秦梦华, 李宗全, 傅英娟, 等. 一种溶解浆的生产方法: 中国, 201210465141. 1. 2012.

[46] Zhang Y, Xu W, Wang X, et al. From biomass feedstock to nanomaterials: A green procedure for preparation of holistic bamboo multifunctional nanocomposites based on rapid- formic acid fractionation. ACS Sustainable Chemistry & Engineering, 2019, 7(7): 6592-6600.

[47] Zhang Y, Ni S, Wang X, et al. Ultrafast adsorption of heavy metal ions onto functionalized lignin-based hybrid magnetic nanoparticles. Chemical Engineering Journal, 2019, 372: 82-91.

[48] 姚文润, 徐清华. 纳米纤维素制备的研究进展. 纸和造纸, 2014, 33(11): 49-55.

[49] Yuan Z, Zhang J, Jiang A, et al. Fabrication of cellulose self-assemblies and high-strength ordered cellulose films. Carbohydrate Polymers, 2015, 117: 414-421.

[50] Zhang C, Yuan Z, Ji X. et al. Facile preparation and functionalization of cellulose microgels and their properties and application in stabilizing O/W emulsions. Bioresources, 2016, 11(3): 7377-7393.

[51] Geng H, Yuan Z, Fan Q, et al. Characterisation of cellulose films regenerated from acetone/water coagulants. Carbohydrate Polymers, 2014, 102: 438-444.

[52] 苑在武, 秦梦华. 一种纤维素基复合材料的制备方法: 中国, 201310587210. 0. 2014.

[53] Yuan Z, Fan Q, Dai X, et al. Cross-linkage effect of cellulose/laponite hybrids in aqueous dispersions and solid films. Carbohydrate Polymers, 2014, 102: 431-437.

[54] 姚文润, 徐清华, 靳丽强, 等. TEMPO/NaBr/NaClO 氧化对纳米微晶纤维素性能的影响. 林产化学与工业, 2015, 35(2): 31-37.

[55] Xu Q, Li W, Gao Y, et al. TEMPO/NaBr/NaClO-mediated surface oxidation of the nanocrystalline cellulose and its microparticulate retention system with cationic polyacrylamide. Bioresources, 2014, 9(1): 994-1006.

[56] Xu Q, Gao Y, Qin M, et al. Nanocrystalline cellulose from aspen kraft pulp and its application in deinked pulp. International Journal of Biological Macromolecules, 2013, 60: 241-247.

[57] 徐清华, 靳丽强, 李维功, 等. 改性纳米微晶纤维素作为造纸增强剂的应用: 中国, 201410008867. 1. 2014.

[58] 徐清华, 李宗全, 刘娜, 等. 阴离子纳米微晶纤维素作为纸张增强剂的应用: 中国, 201010559787. 7. 2010.

[59] 徐清华, 靳丽强, 秦梦华, 等. 阳离子纳米微晶纤维素作为纸张增强剂的应用: 中国, 201010559714. 8. 2010.

[60] Jin L, Xu Q, Yao W, et al. Cellulose nanofibers prepared from TEMPO-oxidation of kraft pulp and its flocculation effect on kaolin clay. Journal of Applied Polymer Science, 2014, 131: 40450.

[61] 徐清华, 刘娜, 李宗全, 等. 一种阳离子有机微粒及其制备与应用: 中国, 201010559743. 4. 2010.

[62] 靳丽强, 徐清华, 李宗全, 等. 一种阴离子有机微粒及其制备与应用: 中国, 201010559755. 7. 2010.

[63] 徐清华,靳丽强,姚文润,等. 改性纳米微晶纤维素作为造纸助留助滤剂的应用:中国, 201410008868.6.2014.

[64] Xu Q,Ji Y,Sun Q,et al. Fabrication of cellulose nanocrystal/chitosan hydrogel for controlled drug release. Nanomaterials,2019,9:253.

[65] Jin L,Li W,Xu Q. Amino-functionalized nanocrystalline cellulose as an adsorbent for anionic dyes. Cellulose,2015,22(4):2443-2456.

[66] Jin L,Sun Q,Xu Q. Adsorptive removal of anionic dyes from aqueous solutions using microgel based on nanocellulose and polyvinylamine. Bioresource Technology, 2015,197:348-355.

[67] Xu Q,Wang Y,Jin L,et al. Adsorption of Cu(II),Pb(II) and Cr(VI) from aqueous solutions using black wattle tannin-immobilized nanocellulose. Journal of Hazardous Materials,2017,339:91-99.

[68] 徐清华,靳丽强,王玉. 一种易于回收的纳米纤维素单宁微凝胶吸附剂的制备方法:中国, 201610302425.7.2016.

[69] 李维功,徐清华. 醛基纤维素的制备与应用进展. 纸和造纸,2014,33(6):63-67.

[70] Xu Q,Jin L,Wang Y,et al. Synthesis of silver nanoparticles using dialdehyde cellulose nanocrystal as a multi-functional agent and application to antibacterial paper. Cellulose,2019,26:1309-1321.

[71] Leng J,Li G,Ji X,et al. Flexible latex photonic films with tunable structural colors templated by cellulose nanocrystals. Journal of Materials Chemistry C,2018,6(6):2396-2406.

[72] Sun J,Ji X,Li G,et al. Chiral nematic latex-GO composite films with synchronous response of color and actuation. Journal of Materials Chemistry C,2019,7:104.

[73] Yang N,Ji X,Sun J. et al. Photonic actuators with predefined shapes. Nanoscale,2019,11:10088.

[74] Zhang Y,Tian Z,Fu Y. et al. Responsive and patterned cellulose nanocrystal films modified by N-methylmorpholine-N-oxide. Carbohydrate Polymers,2020,228:115387.

[75] Sun J,Zhang C,Yuan Z,et al. Compositefilms with ordered carbon nanotubes and cellulose nanocrystals. Journal of Materials Chemistry C,2018,6:2396.

第2章　木质纤维原料的水热处理技术

植物纤维原料的主要成分是纤维素、半纤维素和木素,另外还含有机溶剂抽出物等少量组分。在传统的硫酸盐法和烧碱法制浆过程中,植物纤维原料中的部分半纤维素与木素一起被溶解到蒸煮液中,在后续废液处理过程中通过燃烧产生热量。这不但造成生物质资源的浪费,而且产生大量的二氧化碳。近年来,针对全球能源、资源和环境问题的日趋严峻,人们提出了生物质精炼的概念。生物质精炼是一种基于有效利用生物质原料的各种化学组分,转化成高附加值产品如燃料、化学品和其他物质的过程。在传统的制浆造纸工业向生物质精炼的制浆造纸厂转变的过程中,半纤维素的高效利用得到了人们的重视。半纤维素是地球上除了纤维素外最丰富的植物聚糖[1]。针叶木中主要的半纤维素是聚甘露糖,而阔叶木中主要的半纤维素是聚木糖。利用富含半纤维素的纤维原料生产糠醛早已实现了工业化。除了糠醛,源于半纤维素的其他重要产品[2-5]如木糖醇和低聚糖包括寡木糖和寡甘露糖也已经在食品和药品行业中得到了广泛应用。半纤维素还可以生产水凝胶、医药缓释涂层和隔氧材料等生物基材料[1,6-9]。此外,半纤维素水解后还可以用来生产生物燃料[10,11]。提取半纤维素后的植物纤维原料仍可用于制浆造纸。

对于从木材或非木材中分离半纤维素,水热处理(hydrothermal treatment,HTT),也称为热水抽提或自水解,是一种有效分离木质纤维组分的方法[12,13]。在水热处理过程中,由于半纤维素脱乙酰基形成的乙酸等对半纤维素的水解具有催化作用,不需要其他化学药品的加入,因此水热处理被认为是一种环境友好型技术[14]。目前在硫酸盐法溶解浆生产过程中,蒸煮前通常采用热水或蒸汽预水解来有效地除去半纤维素。对于普通纸浆的生产,也有研究聚焦于在硫酸盐法、烧碱-蒽醌法蒸煮或者化机浆制浆前采用水热处理除去原料中的半纤维素[15-18]。在水热处理过程中,大部分半纤维素和部分木素溶解到处理液中。此外,水热处理过程中还会生成乙酸、甲酸、糠醛等小分子有机物。

与针叶木相比,阔叶木更适合于水热处理,这是由阔叶木的半纤维素类型、结构特点和乙酰基含量决定的[19]。在水热处理过程中,半纤维素和木素的溶出以及其他小分子物质的生成与处理条件密切相关,主要包括温度、时间、pH、液比以及原料尺寸等。本章主要介绍水热处理条件、木片尺寸、水热处理液循环次数等对半纤维素和其他物质的溶出与转化的影响,并探讨水热处理对木片碱法蒸煮效果的影响。

2.1　水热处理工艺对半纤维素溶出和转化的影响

2.1.1　温度和时间

水热处理温度是影响半纤维素溶出和转化最重要的因素。水热处理温度和时间密切相关,处理温度一般为 120℃ 至 240℃,处理时间由几分钟到几个小时。处理温度影响溶出半纤维素的分子量和得率,温度和时间的选择与分离出的半纤维素的最终用途有关[20,21]。较高的处理温度和较长的处理时间会使更多的物质溶出,但是太高的温度(>200℃)能导致几乎所有物质溶解,且随着处理温度的持续升高,处理液中的糖含量迅速降低[22]。Song 等[13]对云杉的研究表明,在 170～180℃ 下水热处理 60min,聚甘露糖(GGM)的得率较高,而更高的温度和更长的时间将导致 GGM 得率降低且溶解性降低。荆磊等[23]研究了稻草水热处理温度对半纤维素溶出的影响,表明当处理温度从 100℃ 升至 160℃ 时,处理液的 pH 随着处理温度的升高而增加,原料中残余的聚木糖含量降低。对玉米秸秆进行水热处理的研究也表明,半纤维素的降解程度随着温度的升高而增大[24]。处理温度和时间除了对半纤维素溶出及其物化特性产生影响外,还会对木素溶出以及半纤维素的转化产物如糠醛等小分子物质的生成产生重要影响。Borrega 等[25]对桦木的研究表明,在 180℃ 至 240℃ 的最高反应温度范围内,反应温度的升高导致聚木糖更大程度的降解,且处理液中乙酸含量增加,而处理时间的延长则提高了处理液中糠醛的浓度。

水热处理导致原料中半纤维素等组分溶出,使原料中碳水化合物的含量及分布发生变化。从图 2.1 可以看出,残余杨木木片得率、综纤维素和聚戊糖残留量均随着最高温度的升高而降低。尤其是当最高温度≥160℃ 时,木片中化学组分的溶出明显增加。因此,160℃ 是水热处理过程中木质纤维原料化学组分降解的最低反应温度,且随着保温时间的延长(≥30 min),各种化学组分的降解程度有所增加。从综纤维素和聚戊糖的残留量变化可以看出,水热处理主要降解的是半纤维素,而纤维素的降解程度很低。

图 2.1(d)表明,随着杨木木片水热处理温度和时间的增加,木素降解速率也增大,这对后续木片的蒸煮与纸浆的漂白均有益处。如果最高处理温度低于150℃,木素的降解溶出并不明显。当在最高反应温度 170℃ 下保温 60min,水热处理可以从木片中溶出大约 20% 的木素。但继续升高反应温度,并不能溶出更多的木素。相反,温度升高会导致木片中残留木素含量升高,这可能归因于高温或较长保温时间导致溶解木素再吸附或再沉积到木片表面。

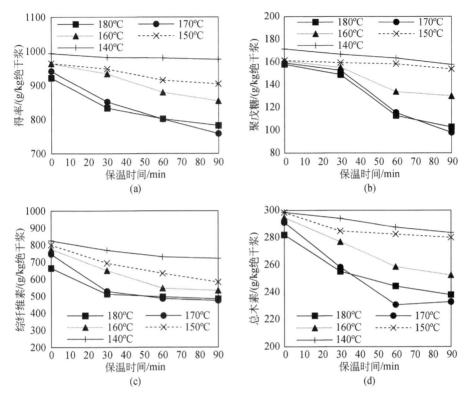

图 2.1　水热处理温度和时间对杨木木片化学组分的影响[26]

　　水热处理对半纤维素链上的乙酰基、糖醛酸基有很强的脱除作用,其中乙酰基的脱除尤为重要[27]。在木材水热处理过程中,木材中的乙酰基逐渐脱除并生成乙酸,产生的乙酸又对水解反应起重要的催化作用。随着水热处理温度的升高和保温时间的延长,乙酸产生的也越多,从而导致处理液酸性增加。从图 2.2 可以看出,随着处理温度和时间的增加,处理液中的乙酸浓度增加,处理液的 pH 降低。

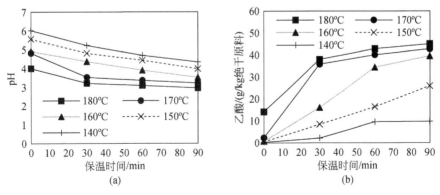

图 2.2　水热处理温度和时间对处理液 pH 和乙酸浓度的影响[26]

　　随着处理温度的升高和时间的延长,处理液中的糖浓度逐步增加。然而,当反应温度超过 170℃ 时,保温时间超过 60min 则会导致处理液中糖浓度降低(图 2.3)。造成这种现象的原因主要是随着处理条件的加强,部分溶出的糖会转化为糠醛和羟甲基糠醛等[28]。此外,在较强烈的处理条件下,在大量半纤维素降解的同时,木素的降解程度也会随之增加。由于木素容易发生缩合反应,使得水热处理过程中糖降解物质与木素降解产物形成类木素物质,并发生吸附和再沉积现象[29,30]。总之,在 160℃ 下处理时间 90min 或在 170℃ 下处理时间 ≤60min 可获得较高的糖浓度[26]。

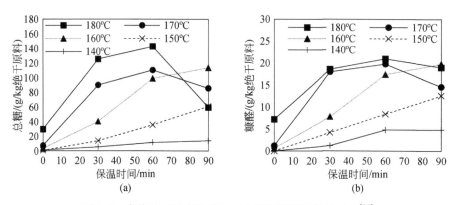

图 2.3　水热处理温度对处理液中糖和糠醛浓度的影响[26]

　　随着水热反应的进行和处理液 pH 的降低,从木片中降解溶出的糖会在高温酸性环境下发生进一步的脱水反应。其中部分戊糖会降解成糠醛和糠醛衍生物,而己糖则产生 5-羟甲基糠醛(HMF)或进一步反应生成乙酰丙酸(LA)等。戊糖水解生成糠醛,己糖水解生成 5-羟甲基糠醛和乙酰丙酸的反应分别见图 2.4 和图 2.5。

　　在通常的水热处理条件下(温度 150 ~ 180℃),纤维素的降解并不严重。因此,在无其他催化剂的存在下,纤维素转化为葡萄糖并进一步转化为 5-羟甲基糠醛的反应并不明显[32]。在水热处理过程中,戊糖进一步发生脱水反应转化为糠醛,从而导致处理液中半纤维素糖浓度的降低,并进一步影响处理液中半纤维素糖的转化利用。但戊糖的脱水反应在较低 pH(如加入 0.05mol/L 无机酸)和高温(如 200℃)下更容易进行。在温和的水热处理条件下,糠醛的生成量不大。从图 2.3(b)中可以看出,杨木木片水热处理温度或时间的增加导致其处理液中糠醛浓度也随之增加。这表明在聚戊糖进一步降解成单糖的同时,部分单糖在酸性环境下也会进一步降解成糠醛或其衍生物。然而,进一步增强水热处理强度(反应温度 ≥170℃,且保温时间 ≥60min),处理液中糠醛浓度反而会有所下降,这是由于糠醛在高温酸性条件下容易发生进一步的缩合反应,这种缩合反应也可能发生在糠醛与木素之间[33]。

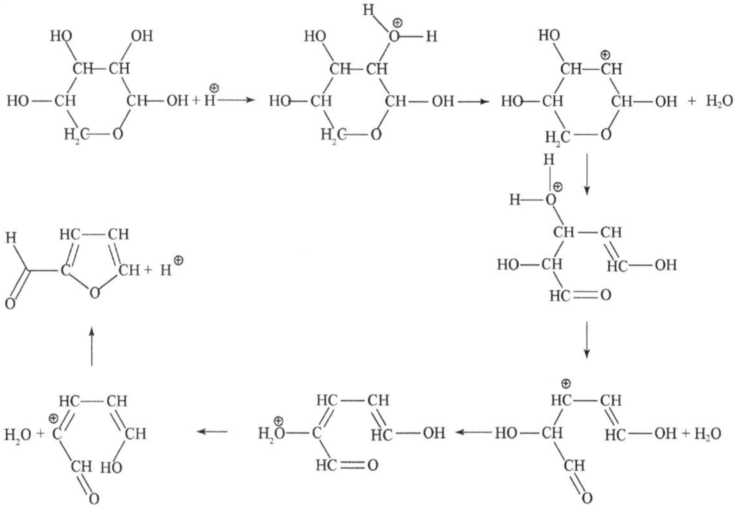

图 2.4　戊糖脱水生成糠醛的机理[31]

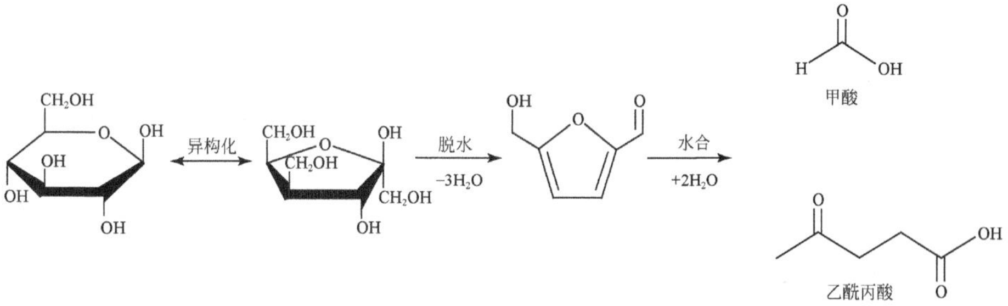

图 2.5　己糖转化为 HMF 和进一步转化为 LA 的示意图

2.1.2　*P* 因子及其对木片水热处理的影响

1. *P* 因子

Sixta 在基于碳水化合物糖苷键断裂活化能的基础上,给出了蓝桉树水解因子(简称 *P* 因子,prehydrolysis severity factor)的计算公式[34]。*P* 因子实际上是将温度和时间两个变量转化成一个变量,用于指导水热处理工艺条件的制定。水热处理后木片的性能会影响后续制浆条件的制定以及木素脱除率。一般来说,*P* 因子太小,水热处理条件较弱,溶出的半纤维素较少,达不到提取半纤维素的要求。*P* 因子过高,水热处理条件剧烈,会引起木素的缩合,后续制浆脱除木素困难。

P 因子的计算公式见(2.1),整个水热处理过程分为升温阶段和保温阶段,总的 P 因子为升温阶段和保温阶段的 P 因子之和。

$$P = \int_0^t \exp\left(40.48 - \frac{15106}{T}\right) dt$$

$$\approx \frac{t}{6}\left[\exp\left(40.48 - \frac{15106}{T_0}\right) + 4\exp\left(40.48 - 2 \times \frac{15106}{T_0 + T}\right)\right. \qquad (2.1)$$

$$\left. + \exp\left(40.48 - \frac{15106}{T}\right)\right]$$

式中,T_0—初始温度,K;T—任意时刻温度,K;t—由 T_0 升温至 T 的所需时间,h。

表 2.1 为杨木高温水热处理条件及其对应的 P 因子。

表 2.1　杨木高温水热处理条件及对应的 P 因子

最高温度/℃	150	160	170	160	160	170	180	170	170	180	180	180
保温时间/min	90	60	30	90	120	60	30	90	120	60	90	150
P 因子	192	304	376	440	576	674	811	973	1271	1445	2079	3346

2. P 因子对木片水热处理过程中聚戊糖溶出的影响

P 因子类似于蒸煮过程中的 H 因子,木片水热处理的反应过程可通过 P 因子控制。段超等[35]研究结果表明,随着 P 因子的增大,水热处理后木片的白度和得率逐渐降低并趋于稳定。处理后杨木木片中的聚戊糖含量、酸溶木素和 Klason 木素含量降低,而纤维素的含量变化不大,结晶度有所提高。图 2.6 表明,杨木木片聚戊糖含量随着 P 因子的增加而减少,而聚戊糖溶出率则迅速上升。当 P 因子≥674(170℃保温 60min)后,聚戊糖含量变化不大,聚戊糖溶出率上升也趋于缓慢。

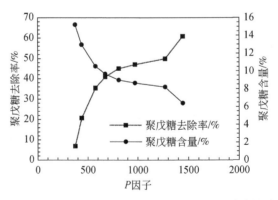

图 2.6　P 因子与杨木木片聚戊糖含量和聚戊糖去除率的关系[36]

3. P 因子对水热处理木片孔隙结构的影响

随着水热处理的进行和半纤维素等组分的溶出,木片结构发生变化,并与水热处理的强弱关系密切。随着 P 因子的增加,木片吸附累计孔体积和比表面积明显增加(如图2.7所示)。这是由于随着处理强度的增加,半纤维素和水溶性物质逐渐溶出而造成的。但是,当 P 因子为1445时,木片吸附累计孔体积和比表面积稍有下降,这可能是因为处理强度过于剧烈时,水热处理液中某些物质重新吸附和沉积在木片上造成的[35]。这些沉积物吸附于木片孔隙中,吸附孔被堵塞,致使吸附累计孔体积减少,比表面积下降。

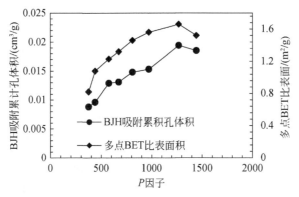

图 2.7　P 因子与水热处理木片孔隙结构的关系[36]

从图2.8(a)可以看出,原料木片纤维结构较完整,纤维表面比较光滑。而图2.8(b)显示,木片表面有明显的裂痕和断裂现象,纤维表面有大量球状颗粒物质出现,这是由于木片在水热处理过程中木素溶出后再沉积造成的。当 P 因子进一步增加,图2.8(c)中出现了更多的球状颗粒物质,表明有更多的木素溶出和再沉积。

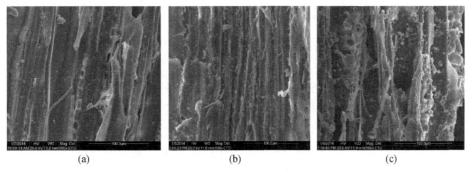

图 2.8　不同水热处理条件下木片表面 SEM 图(×500):包括原料木片表面(a),
P 因子为 674 的木片表面(b)和 P 因子为 2079 的木片表面(c)

2.1.3　水热处理 pH 对木片组分溶出的影响

在水热处理过程中,由于乙酸等酸性物质的产生,处理液的 pH 由开始时的中性逐渐变为酸性。随着处理强度的增强,较低的 pH 更有利于半纤维素的降解和溶出,使半纤维素的溶出得率提高。尽管酸性条件有利于半纤维素的溶出,但酸性条件也会导致半纤维素进一步降解转化为糠醛等物质,使处理液中半纤维糖浓度降低。此外,酸性较强也会导致纤维素发生降解。因此,为了提取更多的半纤维素并保证处理液中较高的半纤维素糖浓度,同时减少纤维素的降解,水热处理过程中处理液的 pH 不能太低。对于木素而言,水热处理强度适宜时木素会发生降解而溶出,但是在较高的处理强度下,木素缩合反应的发生反而会降低木素溶出速率及溶出量[37,38]。

可见,控制水热处理液的 pH 可大大减少降解副反应的发生,提高半纤维素的提取效率。据研究,当终点 pH 约为 3.5 时,半纤维素水解得率最高;当终点 pH 低于 3.5 时,水解得率会迅速降低[39]。半纤维素的降解反应及木素的缩合反应均受体系中 H_3O^+ 的浓度控制[40],因此在水热处理过程中,将 H_3O^+ 浓度控制在一定的范围内非常重要。Weil 等[41]在水热处理过程中加入氢氧化钠,使体系的 pH 保持在一定范围内,避免或减少了副反应的发生和聚糖的降解。Li 等[42]在水热处理过程中加入 2-萘酚或氢氧化钠,发现木素的缩合反应及聚糖的降解反应均相应减少。Song 等[43]使用邻苯二甲酸盐组成的缓冲溶液处理云杉时发现,加入缓冲溶液控制体系的 pH,所得水热处理液中单糖含量降低了 70%,而低聚糖含量有所提高。水热处理的 pH 也可以通过加入碳酸氢钠来控制,通过抑制乙酰基和糖苷键的水解从而提高溶出半纤维素的分子量[44]。

由于水热处理过程中半纤维素侧链乙酰基脱落会形成乙酸,因此乙酸/乙酸钠缓冲溶液可以调节水热处理体系的 pH,并改善半纤维素的溶出及其转化形式[45-47]。乙酸/乙酸钠缓冲体系中乙酸与乙酸钠共轭酸碱对之间的相互作用可以在一定范围内维持水热处理体系的酸碱平衡,有效控制处理过程中 pH 的变化,从而控制水热处理的强度,使半纤维素主要以低聚糖和单糖的形式溶出,并抑制糖进一步降解和转化[45]。

图 2.9 显示了乙酸/乙酸钠缓冲体系的初始 pH 对处理液中糖浓度的影响。随着乙酸/乙酸钠缓冲体系 pH 的降低,低聚糖的溶出量升高。当 pH 为 3.4 时,低聚糖的溶出量最高,达 6.47g/L,比单纯的水热处理过程多溶出了 17% 的低聚糖。可见,采用适当 pH 的乙酸/乙酸钠缓冲体系处理有利于低聚糖的溶出。但当 pH 为 3.0 时,低聚糖的溶出量明显下降,且低于单纯的水热处理。说明在 pH 较低的乙酸/乙酸钠缓冲体系中,较强的酸度导致部分低聚糖水解为单糖。因此,为获得高

收获率的单糖和低聚糖,乙酸/乙酸钠缓冲体系的 pH 调整为 3.4 最适宜。此外,在缓冲溶液处理过程中,终点 pH 相对于初始 pH 仅波动了 0.11～0.15 个单位,而水热处理时处理液由中性变为 pH 3.14。可见,乙酸与乙酸钠组成的缓冲体系可有效控制水热处理过程中 pH 的变化,从而控制水热处理中的反应强度,更有利于得到更多的低聚糖和单糖[45]。

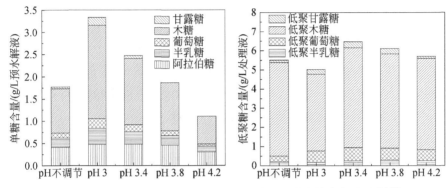

图 2.9　乙酸/乙酸钠缓冲体系对杨木水热处理液中糖浓度的影响[45]

缓冲溶液处理可有效减少半纤维素脱除乙酰基的反应,从而减少处理过程中乙酸的产生。缓冲体系处理过程中产生的乙酸量明显低于水热处理,且随着缓冲体系 pH 的升高,乙酸的产生量逐渐下降。同样,在 pH 3.4～4.2 的缓冲溶液处理过程中也产生了较少的糠醛,但当缓冲体系 pH 为 3.0 时,产生的糠醛量略高于水热处理,说明在处理液较强的酸度下,会促使单糖发生进一步降解(表 2.2)。另外,在酸性条件下,部分木素也会脱除溶出到处理液中,缓冲溶液处理脱除的酸溶木素量稍高于水热处理。可见,利用适宜 pH 的乙酸/乙酸钠缓冲溶液进行杨木木片处理,不仅可获得富含单糖和低聚糖的处理液,还可抑制处理液中乙酸和糠醛类物质的产生。

表 2.2　单纯的水热处理和不同 pH 的缓冲溶液处理后处理液中非糖组分的含量[45]

处理方式	初始 pH	终点 pH	乙酸/(g/L)	糠醛/(g/L)	酸溶木素/(g/L)
水热处理	7.0	3.14	1.80	0.97	2.11
	3.0	3.45	1.09	1.14	2.23
	3.4	3.67	0.97	0.51	2.21
缓冲体系	3.8	3.91	0.73	0.74	2.17
	4.2	4.07	0.53	0.59	2.11

2.1.4 液比对水热处理的影响

水热处理过程中,木片与液体的质量比(固液比,简称液比)对处理效率有一定影响。水热处理的液比一般从 1:3 到 1:10。众所周知,半纤维素的溶出和降解受 pH 的影响较大,而处理体系 pH 受半纤维素骨架上乙酰基的水解程度及体系中乙酸浓度的影响[48]。当液比较小时,处理体系会有较低的 pH,有利于半纤维素的溶出,但较小的液比所导致的半纤维素溶解性问题又会限制其溶出。研究表明,当在 170℃下处理桉木木片时,随着液比的降低(从 1:5 到 1:3.5),木糖的溶出增加。在水热处理过程中,溶出的木素随液比的增加显著增加,但是液比对碳水化合物的溶出影响很小[49]。另外,较大的液比会导致处理液中糖浓度降低,这对于处理液中糖的分离和纯化是不利的,也是不经济的。

2.2 木片尺寸对水热处理过程中半纤维素溶出的影响

木材原料采用水热处理的方法提取半纤维素时,通常原料呈木片或木粉状态。不管原料为木片还是木粉,半纤维素的水解主要受其在纤维细胞壁中扩散的影响[50]。研究表明,与木粉相比,水热处理云杉木片得到较少的 GGM[13]。对于木粉来说,木粉的粒径大小也对半纤维素的水解具有重要的影响。随着木粉粒径的减小,处理液中半纤维素和单糖的浓度显著提高,但对研磨的云杉边材、心材和热磨机械浆(TMP)的半纤维素的水解来说影响较小[50]。显然对于制浆用的木片来说,木片的大小也必然影响水热处理过程中半纤维素的水解和处理液的性能。

2.2.1 木片尺寸对处理液性能的影响

图 2.10 为杨木水热处理所用的不同尺寸的杨木木片和木粉。表 2.3 表明,木片尺寸对处理液的 pH 影响不大。随着木片尺寸的减小,处理液中的总固形物稍微增加,说明水解溶出的物质增多,即减小木片尺寸有利于纤维细胞壁中物质的溶出。虽然 5# 木粉的尺寸更小,但其水热处理后的总固形物并没有进一步增加。而随着木片尺寸的降低,处理液中木素浓度增加,5# 木粉水解后处理液中木素浓度最高。

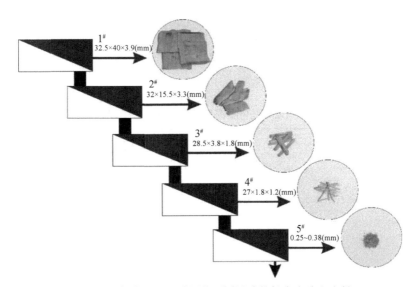

图 2.10　水热处理所采用的不同尺寸的杨木木片和木粉

表 2.3　木片尺寸对处理液性能的影响

样品编号	1#	2#	3#	4#	5#
pH	3.72	3.69	3.68	3.70	3.70
灰分含量/(mg/g)	4.12	4.09	4.15	4.20	4.70
木素浓度/(mg/g)	19.2	19.8	21.4	21.9	23.2
总固形物含量/(mg/g)	124.2	127.6	136.5	139.7	139.9

2.2.2　木片尺寸对处理液中糖组分的影响

　　表 2.4 和表 2.5 表明,杨木水热处理液中的主要糖组分是木糖,约占处理液总糖的 67%。总糖含量随着木片尺寸的减少而增加,这是由于在水热处理过程中,尺寸较小的木片内半纤维素更容易扩散,能更快地穿过木片组织结构,溶解到处理液中[50]。然而,5#木粉的总糖含量略低于 3#和 4#木片的总糖含量,且其总糖的减少主要是由于聚木糖的减少引起的(表 2.5)。这归因于木片水热处理时,聚木糖降解形成木糖,而部分木糖进一步脱水形成糠醛。如表 2.4 所示,处理液中糠醛含量随木片尺寸的减少而增加。而且,相较于不同尺寸的木片,5#木粉处理后产生的糠醛显著增加。对于 5#木粉,较高浓度的单糖(主要是木糖,见表 2.5)造成更多单糖脱水形成糠醛,使得处理液中总糖的含量较低。

　　表 2.5 表明,不同尺寸(1#至 4#)的木片对处理液中单糖含量的影响不明显。然而,木粉(5#)对单糖浓度影响很大,远高于不同尺寸的木片。降低木片尺寸,聚

糖浓度增加,尺寸最小的 4# 木片水热处理后所得处理液中的聚糖浓度最高,约占总糖的92%。但由 5# 木粉获得的聚糖含量远低于木片,只占总糖的68%。可见,水热处理时,减小木片尺寸有助于聚糖的提取,但木片尺寸过小如木粉,聚糖的得率反而降低。

表 2.4　杨木木片水热处理液中总糖和糠醛含量(mg/g,以绝干木片为基准)

样品编号	鼠李糖	阿拉伯糖	木糖	葡萄糖醛酸	半乳糖醛酸	4-氧甲基葡萄糖醛酸	甘露糖	半乳糖	葡萄糖	总糖	糠醛
1#	2.00	3.11	47.34	0.57	1.57	1.67	4.82	4.00	5.53	70.61	2.3
2#	2.07	3.23	49.41	0.78	2.24	2.23	4.88	4.30	4.90	74.04	3.7
3#	2.13	3.20	53.57	0.81	2.58	2.52	5.49	4.44	4.17	78.91	4.2
4#	2.22	3.17	55.10	0.79	2.46	2.53	4.98	4.62	4.34	80.21	6.0
5#	2.28	3.61	50.61	0.76	2.88	2.54	4.86	4.92	4.06	76.52	9.2

表 2.5　杨木木片水热处理液中单糖和聚糖含量(mg/g,以绝干木片为基准)

样品编号	单糖								总单糖	聚糖
	阿拉伯糖	鼠李糖	木糖	甘露糖	半乳糖	葡萄糖醛酸	半乳糖醛酸	葡萄糖		
1#	1.79	0.87	3.91	0.26	0.79	0.09	0.23	0.66	8.60	62.01
2#	1.59	0.68	2.54	0.16	0.60	0.07	0.09	0.32	6.05	67.99
3#	1.49	0.66	2.55	0.17	0.60	0.06	0.28	0.26	6.07	72.84
4#	1.63	0.73	2.58	0.17	0.64	0.07	0.34	0.28	6.44	73.77
5#	4.70	4.32	13.41	0.20	1.03	0.05	0.95	0.18	24.84	51.68

2.2.3　木片尺寸对处理液中半纤维素分子量的影响

水热处理液经 XAD-7 树脂处理后,加入乙醇(无水乙醇与处理液体积比为4∶1)沉淀出半纤维素,再经乙醇、丙酮和甲基叔丁基醚洗涤,在40℃下真空烘箱干燥24h,分离纯化出来的高分子量半纤维素(high molecular hemicelluloses, HMHs)的重均分子量(M_w)和分子量分布通过尺寸排阻色谱法(SEC)测定,如图2.11 和图2.12所示。随着木片尺寸的减小,高分子量半纤维素含量及其重均分子量均有所增加。5# 木粉水热处理后获得了最多的高分子量半纤维素(22.8mg/g),约占处理液中总糖的30%;而在尺寸最大的 1# 木片的处理液中,这一比例只有约22%。随着木片尺寸的减小,由水热处理液中分离提纯的半纤维素的重均分子量从 1# 的9.1 kDa增加到 3# 的12.2kDa。再继续降低木片尺寸,半纤维素的重均分子量增加不大。总之,在最高温度170℃下处理60min后,木粉处理液中的高分子量半纤维素含量及其重均分子量都是最高的。但由表2.4和表2.5可知,木粉中提取的总糖和聚糖明显少于木片,说明将木片磨成木粉对于低分子量聚糖即低聚糖的提取是不利的。

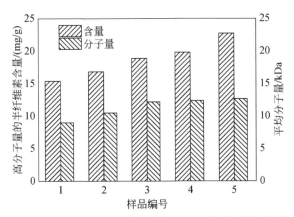

图 2.11　从水热处理液中分离纯化的 HMHs 含量及其重均分子量

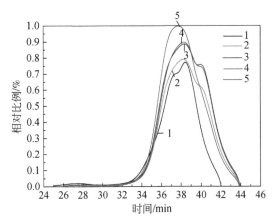

图 2.12　从水热处理液中分离纯化的 HMHs 的分子量分布

在水热处理过程中,降解的半纤维素的溶出受到木材本身结构传质和纤维细胞壁的限制[50]。分子量较低的聚糖(低聚糖)和一部分单糖由于其自身尺寸小较易溶解出来。而尺寸比较小的木片由于其传质距离短,相对于尺寸较大的木片,更利于半纤维素的溶出。因此,木片尺寸的减小有利于高分子量聚糖的溶出。而与木片相比,木粉水热处理会抽提出更多的单糖和高分子量聚糖[51]。

2.3　水热处理对木片碱法蒸煮的影响

在溶解浆的生产过程中,通常采用水热处理方法在制浆前除去原料中的半纤维素。水热处理后,植物纤维原料中大量的半纤维素由于降解而溶解出来。同时,原料中的部分木素也会随着半纤维素的脱除而溶出,且木素结构也会发生相应的变化。在水热处理的酸性条件下,木材的酸解反应会导致木素各种连接键的断裂,其中最主要是木素 β-O-4 键的断裂。在温和的酸性条件下,α-醚键比 β-醚键有更高的反应速度。此外,木素酸催化还发生侧链羟基的脱除反应和侧链的重排反应[52]。半纤维素和木素的溶出使料片更加疏松多孔,在后续蒸煮过程中可以加速化学药品的渗透,节省化学药品用量,降低能耗。与未经水热处理的原料相比,经过水热处理的木片脱木素更加容易,也更易于漂白[53]。

胡会超[54]研究了竹子热水水解对硫酸盐法制浆和 ECF 漂白的影响,表明水热处理可以提高竹片蒸煮脱木素效率。达到相同卡伯(kappa)值,可节省 2% ~3% 的有效碱用量,纸浆黏度更高,己烯糖醛酸生成量更低。但有研究发现,水热处理后,蒸煮所得纸浆的得率和物理强度下降较多,打浆性能也明显下降[26,39]。然而,Cordeiro 等[55]对蔗渣水解后进行烧碱法蒸煮的研究表明,相对于对照样,蔗渣水热处理后再进行蒸煮,在相同用碱量下所得纸浆具有更高的细浆得率和更低的卡伯值。段超等[56]的研究也表明,水热处理有利于后续制浆过程中木素的脱除,可降低蒸煮用碱量。宋雪萍等[57]通过对竹子水热处理后进行碱性过氧化氢机械制浆的研究得出,在制浆工艺中可省掉预汽蒸段。Lu 等[58]对杨木木片水热处理后进行了烧碱法蒸煮。结果表明,与未经水热处理的木片相比,木片经水热处理后进行烧碱法蒸煮,所得纸浆的得率损失很少,并且浆渣显著减少。随着水热处理时间和温度的增加,蒸煮后纸浆的卡伯值降低。当处理时间在 90min 以内时,随着温度的提高,蒸煮后纸浆黏度升高;但当处理时间超过 90min,蒸煮后纸浆的黏度随时间的延长而降低。于建仁等[59]的研究表明,随着水热处理强度的增加,半纤维素的提取效率增加,但水热处理对纸浆得率、黏度等指标会产生不利影响。张永超等[61]对慈竹水热处理后进行碱法蒸煮发现,水热处理有利于促进后续碱法蒸煮过程中木素的脱除。慈竹水热处理后进行 Soda-AQ 法和硫酸盐法制浆,所得纸浆的细浆得率和卡伯值略有降低,而白度稍有增加。纸浆黏度随着处理温度(140~170℃)的升高均有不同程度的增加,但当温度为 180℃ 时,纸浆黏度降低。

水热处理强度对后续碱法制浆和氧脱木素过程中木素的脱除程度及其动力学有显著的影响[60]。阔叶木生产溶解浆时,制浆前进行温和的水热处理,其硫酸盐蒸煮的 H 因子和未漂浆的卡伯值均有大幅度降低。水热处理后进行有机溶剂蒸煮时也发现类似的现象[62]。其原因之一是木素芳基醚键断裂导致了木素解聚,从而导致木素酚羟基含量增加。此外,木材的孔隙率增加,可促进制浆化学品和木素降解物的扩散。碳水化合物与木素之间共价键的断裂也会促进木素的脱除。

伴随着木素的降解反应,木素在水热处理过程中也会发生缩合反应。在酸性条件下,质子的存在导致不同形式的正碳离子的形成。这些正碳离子与木素碎片中的亲核部位反应,形成 C—C 键而发生缩合反应[52]。木素的缩合反应不但会影响处理液的性能,给半纤维素糖类的分离提纯带来困难,还会给后续蒸煮过程中木素的脱除带来困难。一般来说,水热处理温度越高,木素的缩合反应越严重,从处理后木片的外观颜色即可看出,木素缩合后颜色变深(图 2.13)[63]。

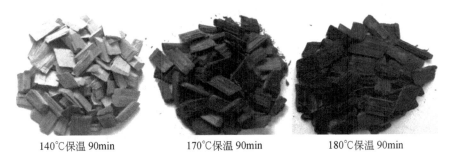

140℃保温 90min　　　　170℃保温 90min　　　　180℃保温 90min

图 2.13　不同温度下水热处理后的木片外观

表 2.6 为不同水热处理条件下杨木木片的碱法蒸煮结果。随着水热处理强度的增强,蒸煮后浆料得率有所降低。纸浆得率的降低主要是由于水热处理过程中半纤维素的大量溶出。另一方面,水热处理过程中半纤维素等组分的溶出导致木片孔隙率增加,提高了蒸煮时药液的渗透速率,使木素的溶出增加。在相同的用碱量下,水热处理温度越高,得到的纸浆黏度越低,说明水热处理后原料中的碳水化合物在蒸煮过程中更容易受到降解。此外,水热处理过程中木素溶出的较多,也会导致在后续蒸煮过程中碳水化合物发生相对更多的碱性降解。

表 2.6　水热处理对碱法蒸煮后浆料性能的影响[63]

处理条件	蒸煮条件	纸浆得率/%	kappa 值	黏度/(mL/g)
对照组	18%用碱量	47.2	24.7	1050
	20%用碱量	46.4	23.2	1050
140℃保温 60min	18%用碱量	46.9	23.3	1080
	20%用碱量	43.2	18.3	1070
150℃保温 60min	18%用碱量	43.9	20.8	1070
	20%用碱量	38.9	17.7	1050

处理条件	蒸煮条件	纸浆得率/%	kappa 值	黏度/(mL/g)
160℃保温 60min	18% 用碱量	38.2	19.9	940
	20% 用碱量	37.3	17.4	900
170℃保温 60min	18% 用碱量	37.2	19.3	760
	20% 用碱量	36.1	16.9	760

注:对照组是指未经处理的杨木木片直接进行 18% 和 20% 用碱量(以 Na_2O 计) 的碱法蒸煮,下同。

表 2.7 表明,在相同用碱量的情况下,随着水热处理强度的增加,碱法蒸煮所得纸浆的白度增加。水热处理有益于提高碱法纸浆的白度应归因于水热处理促进了后续蒸煮过程中木素及木素发色基团的脱除。但在 170℃温度下处理 60min 时,成纸白度又有所下降,这是由于高温酸性条件下木素的缩合反应导致其发色基团增多,这些发色基团在蒸煮过程中难以脱除,从而降低了纸浆的白度。

表 2.7　水热处理对纸浆物理性能的影响[63]

处理条件	用碱量/%	白度/%	不透明度/%	撕裂指数/(mN · m^2/g)	耐破指数/(kPa · m^2/g)	抗张指数/(mN · m^2/g)
对照组	18	31.3	99.1	5.9	6.13	86.2
	20	34.2	99.2	7.4	6.14	88.7
140℃保温 60min	18	31.9	99.4	7.8	5.59	83.4
	20	35.5	99.4	7.8	5.64	85.8
150℃保温 60min	18	35.0	99.4	8.9	5.04	70.8
	20	36.9	99.5	9.6	5.07	73.6
160℃保温 60min	18	38.4	99.5	6.9	3.20	47.2
	20	40.3	99.5	7.4	3.60	48.1
170℃保温 60min	18	36.3	99.5	4.9	2.97	46.1
	20	38.9	99.7	4.8	2.91	46.7

随着水热处理强度的增加,成纸的不透明度有轻微上升,但变化不大;撕裂指数呈先上升而后降低的趋势;而耐破指数和抗张指数则均呈明显下降趋势。纤维结合力、纤维平均长度和纤维分布等对纸浆撕裂强度均有影响,但纤维平均长度对撕裂强度的影响最大。随着水热处理程度的加剧,纤维素分子链在高温酸性条件下的部分降解,使得在碱法蒸煮过程中更容易降解,从而导致撕裂指数降低。纤维长度和纤维间的结合力是影响耐破指数和抗张指数的重要因素。由于水热处理过程中半纤维素的大量脱除,导致蒸煮后纸浆中的半纤维素含量很低,纤维间的结合力下降,从而致使成纸的耐破指数和抗张指数呈下降趋势。另一方面,对于水热处

理过的木片,其纤维素分子的可及性增强,碱液更容易破坏碳水化合物的原有结构,导致成纸物理指标的下降。表 2.8 显示,随着水热处理强度的增加,纸浆纤维长度呈先增加而后降低的趋势;纤维本身强度和纤维结合力呈降低趋势,这与成纸的物理强度变化规律相符合。

表 2.8　水热处理对纸张零距抗张强度的影响[63]

处理条件	用碱量/%	FS/(N·m/g)	L/%	B/(N·m/g)
对照组	18	83.28	0.26	1.73
	20	87.26	0.29	1.82
140℃保温 60min	18	79.66	0.28	1.69
	20	84.98	0.29	1.74
150℃保温 60min	18	78.57	0.33	1.57
	20	82.16	0.30	1.61
160℃保温 60min	18	72.54	0.26	1.54
	20	77.33	0.28	1.60
170℃保温 60min	18	64.66	0.23	1.49
	20	69.74	0.27	1.66

2.4　水热处理液循环利用对处理液性能的影响

水热处理液中半纤维素糖类的后续分离和利用,要求处理液中的半纤维素糖浓度越高越好,这可以通过提高水热处理温度、延长处理时间或缩小固液比来实现。水热处理液中除了含有半纤维素糖,还含有半纤维素脱乙酰基生成的乙酸等催化物质。因此,将水热处理液循环使用,即利用处理液对原料进行水热处理,既可以使处理液中的半纤维素糖逐渐积累,同时可以利用处理液中的乙酸起到催化水解的作用。然而,水热处理液循环使用不可避免地会使处理液中的半纤维素糖发生降解,从而对处理液的性能产生影响。

2.4.1　水热处理液循环利用对处理液中乙酸和糖浓度的影响

在杨木水热处理过程中,乙酰化的半纤维素发生脱乙酰反应生成乙酸,可进一步催化半纤维素的水解。图 2.14 表明,随着水热处理液循环使用次数的增加,处理液中乙酸的含量明显增多,处理液的 pH 随之降低。而且,水热处理的温度越高,处理液循环使用所导致的乙酸浓度升高越明显。

杨木水热处理过程中会依次发生半纤维素的降解,相应聚(寡)糖产物的溶解,低(寡)聚糖进一步水解成单糖以及单糖脱水生成其他副产物如糠醛、5-羟甲基糠醛和乙酰丙酸等[64-66]。水热处理液循环使用所累积的乙酸会催化这些副产物的生成[67]。尤其是处理液中的糖类物质,在高温酸性的条件下会降解生成更多的单糖和其他副产物。图 2.15 表明,在 150℃ 和 160℃ 的条件下进行水热处理,溶出的半纤维素糖数量较少;当温度提高到 170℃ 时,处理液中单糖和聚糖含量均明显增加。在不同的水热处理温度下,处理液的循环使用对于处理液中半纤维素糖浓度的影响是不同的。在 150℃ 和 160℃ 的水热处理温度下,随着循环次数的增加,处理液中单糖和聚糖的浓度均有所增加。在 170℃ 条件下,处理液循环使用第一次和第二次时,半纤维素总糖比未循环使用的处理液分别增加了 81% 和 132%;但当处理液第三次循环使用时,半纤维素总糖又有所下降。尤其是随着处理液循环使用次数的增加,总糖中低聚糖的比例降低(图 2.15),而生成的小分子降解产物如糠醛、5-羟甲基糠醛和乙酰丙酸则逐渐增多(图 2.16)。当水热处理温度为 180℃ 时,随着处理液循环利用次数的增加,处理液中的半纤维素总糖和聚糖均明显减少,同时生成更多的小分子降解产物。乙酰丙酸为 5-羟甲基糠醛在高温酸性条件下的降解产物[65]。另外,仅由糠醛的数量并不能解释 180℃ 条件下循环使用处理液时戊糖的全部损失,这表明在高温酸性条件下通过一系列化学反应生成了某些其他糖类衍生物[64,68,69]。

　　图 2.15 还表明,在水热处理液循环使用过程中,处理液中葡萄糖的浓度均比较低,说明处理液中酸类物质的积累并不会导致纤维素的严重水解。然而图 2.16 显示处理液中还含有 5-羟甲基糠醛和乙酰丙酸这两种来自于六碳糖的降解产物,尤其是在 170℃ 和 180℃ 下循环使用处理液时,两者的浓度较高。可见,在高温下循环使用处理液时应考虑纤维素的降解问题。

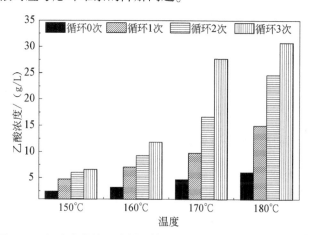

图 2.14　杨木水热处理液循环使用对处理液中乙酸浓度的影响

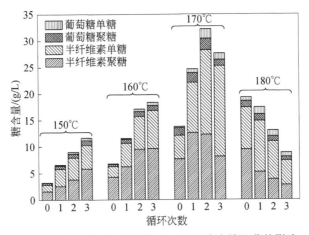

图 2.15　水热处理液循环使用对处理液中糖组分的影响

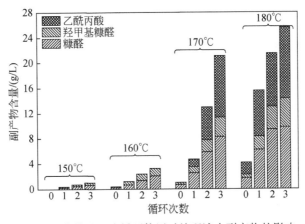

图 2.16　水热处理液循环使用对处理液中副产物的影响

2.4.2　水热处理液循环利用对处理液中高分子量半纤维素的影响

采用乙醇沉淀法从不同循环次数下的处理液中提取高分子量半纤维素
(HMHs),分析其含量和重均分子量,结果见图 2.17。随着水热处理液循环次数的
增加,分离出来的 HMHs 的平均分子量呈逐渐降低的趋势。例如处理液循环使用
一次,分离出来的 HMHs 的重均分子量由原处理液中的 9.2kDa 下降为 7.6kDa。
这是因为随着处理液循环次数的增加,处理液中的乙酸等酸性物质逐渐累积,高浓
度的乙酸加速了半纤维素的降解。尤其是已经溶入处理液中的半纤维素更容易进
一步水解,因此分离出的 HMHs 分子量较低。

图 2.17 表明,水热处理液第一次循环使用时,处理液中 HMHs 的含量最高。多次循环使用水热处理液,HMHs 的含量又降低,这是因为处理液中由部分 HMHs 降解为较低分子量的半纤维素在用乙醇沉淀时未能沉淀出来,而是留存于液相中[70-72]。处理液中 HMHs 的含量取决于半纤维素的释放和降解的多少,而这主要与水热处理条件有关,如处理时间、处理温度、处理液的 pH 和液比等。当处理液第一次循环使用时,由木片中半纤维素降解新生成的 HMHs 多于处理液中已有的 HMHs 进一步降解的量,因此处理液中的 HMHs 含量增加。然而,处理液多次循环使用,在较低的 pH 条件下,新溶出的 HMHs 的量少于进一步降解的 HMHs,因此处理液中 HMHs 的含量降低。可见,在 170℃ 条件下将水热处理液循环使用一次可以获得较多的高分子量半纤维素,尽管其重均分子量有所降低;而在 180℃ 条件下,半纤维素的含量随着水热处理液循环使用次数的增加而降低[73]。

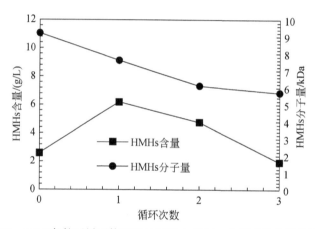

图 2.17　170℃条件下循环使用对处理液中 HMHs 含量及其分子量的影响

2.4.3　水热处理液循环利用对木素浓度及其在木片表面沉积的影响

如图 2.18 所示,随着水热处理液循环使用次数的增加,处理液中的木素逐渐累积,木素浓度升高。同时,溶解进入处理液中的木素在高温酸性条件下容易发生缩合反应。当处理液冷却时,它们会由于溶解度的降低而变为各种类型的沉淀。其中,一部分木素会重新吸附在木片表面,呈微球状。图 2.19 表明,随着水热处理液循环次数的增加,木片表面沉积的微球状木素逐渐增多。木素在木片表面的沉积,将对后续制浆过程产生不利影响。

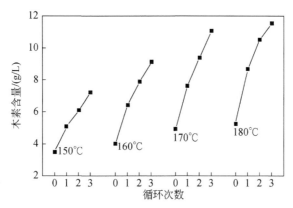

图 2.18 水热处理液循环对处理液中木素含量的影响

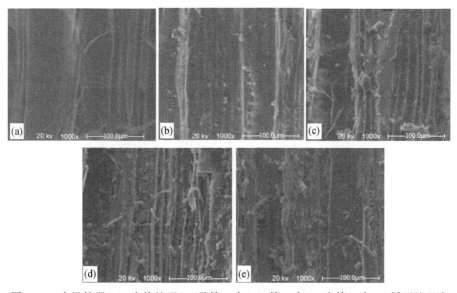

图 2.19 未经处理(a),水热处理(b)及第一次(c)、第二次(d)和第三次(e)循环处理液
处理木片表面的 SEM 图

参 考 文 献

[1] Mikkonen K S, Tenkanen M. Sustainable food-packaging materials based on future biorefinery products:Xylans and mannans. Trends in Food Science & Technology,2012,28(2):90-102.

[2] Mohamad N L, Kamal S M M, Mokhtar M N. Xylitol biological production:a review of recent studies. Food Reviews International,2015,31(1):74-89.

[3] Rafiqul I S M,Sakinah A M M. Processes for the production of xylitol-a review. Food Reviews International,2013,29(2):127-156.

[4]Akpinar O,Erdogan K,Bakir U,et al. Comparison of acid and enzymatic hydrolysis of tobacco stalk xylan for preparation of xylooligosaccharides. Lwt-Food Science and Technology,2010,43（1）: 119-125.

[5]Yamabhai M,Sak-Ubol S,Srila W,et al. Mannan biotechnology:from biofuels to health. Critical Reviews in Biotechnology,2016,36（1）:32-42.

[6]Egüés I,Stepan A M,Eceiza A,et al. Corncob arabinoxylan for new materials. Carbohydrate Polymers,2014,102:12-20.

[7]Sun X F,Wang H H,Jing Z X,et al. Hemicellulose-based pH-sensitive and biodegradable hydrogel for controlled drug delivery. Carbohydrate Polymers,2013,92（2）:1357-1366.

[8]Damez C,Bouquillon S,Harakat D. et al. Alkenyl and alkenoyl amphiphilic derivatives of D-xylose and their surfactant properties. Carbohydrate Research,2007,342（2）:154-162.

[9]Zhu Ryberg Y Z,Edlund U,Albertsson A C. Conceptual approach to renewable barrier film design based on wood hydrolysate. Biomacromolecules,2011,12（4）:1355-1362.

[10]Boucher J,Chirat C,Lachenal D. Extraction of hemicelluloses from wood in a pulp biorefinery,and subsequent fermentation into ethanol. Energy Conversion and Management,2014,88:1120-1126.

[11]van Heiningen A. Converting a kraft pulp mill into an integrated forest biorefinery. Pulp & Paper Canada,2006,107（6）:38-43.

[12]Yoon S H, Macewan K, van Heiningen A. Hot-water pre-extraction from loblolly pine（*Pinus taeda*）in an integrated forest products biorefinery. Tappi Journal,2008,7（6）:27-32.

[13] Song T, Holmbom B, Pronovich A. Extraction of galactoglucomannan from spruce wood with pressurised hot water. Holzforschung,2008,62（6）:659-666.

[14]Garrote G,Dominguez H,Parajo J C. Mild autohydrolysis:an environmentally friendly technology for xylooligosaccharide production from wood. Journal of Chemical Technology and Biotechnology, 1999,74（11）:1101-1109.

[15]Liu W,Yuan Z,Mao C,et al. Removal of hemicelluloses by NaOH pre-extraction from aspen chips prior to mechanical pulping. Bioresources,2011,6（3）:3469-3480.

[16]Vena P F,Brienzo M,García-Aparicio M P,et al. Hemicelluloses extraction from giant bamboo（*Bambusa balcooa* Roxburgh）prior to kraft or soda-AQ pulping and its effect on pulp physical properties. Holzforschung,2013,67（8）:863-870.

[17]Vila C,Romero J,Francisco J L,et al. On the recovery of hemicellulose before kraft pulping. Bioresources,2012,7（3）:4179-4189.

[18]Vila C,Romero J,Francisco J L,et al. Extracting value from Eucalyptus wood before kraft pulping: effects of hemicelluloses solubilization on pulp properties. Bioresource Technology,2011,102（8）: 5251-5254.

[19]Leschinsky M,Zuckerstätter G,Weber H K,et al. Effect of autohydrolysis of *Eucalyptus globulus* wood on lignin structure. Part 2:Influence of autohydrolysis intensity. Holzforschung, 2008, 62（6）:653-658.

[20] Leppänen K, Spetz P, Pranovich A, et al. Pressurized hot water extraction of Norway spruce hemicelluloses using a flow-through system. Wood Science & Technology, 2011, 45(2): 223-236.

[21] Palm M, Zacchi G. Separation of hemicellulosic oligomers from steam-treated spruce wood using gel filtration. Separation & Purification Technology, 2004, 36(3): 191-201.

[22] Liu S, Lu H, Hu R. A sustainable woody biomass biorefinery. Biotechnology Advances, 2012, 30(4): 785-810.

[23] 荆磊, 金永灿, 张厚民, 等. 自水解预处理对稻草化学成分及酶解性能的影响. 纤维素科学与技术, 2010, 18(2): 1-10.

[24] 徐永建, 敬玲梅. 玉米秸秆制备微晶纤维素预水解的研究. 黑龙江造纸, 2010, 38(3): 8-10.

[25] Borrega M, Nieminen K, Sixta H. Degradation kinetics of the main carbohydrates in birch wood during hot water extraction in a batch reactor at elevated temperatures. Bioresource Technology, 2011, 102(22): 10724-10732.

[26] Chen H, Fu Y, Wang Z, et al. Degradation andredeposition of the chemical components of aspen wood during hot water extraction. Bioresources, 2015, 10(2): 3005-3012.

[27] Mittal A, Chatterjee S G, Scott G M. Modeling xylan solubilization during autohydrolysis of sugar maple wood meal: reaction kinetics. Holzforschung, 2009, 63(3): 307-314.

[28] 迟聪聪, 张曾, 刘轩. 桉木木片高温预水解反应历程的研究. 中国造纸, 2008, 27(12): 6-10.

[29] Liu C L, Wyman C E. The effect of flow rate of compressed hot water on xylan, lignin, and total mass removal from corn stover. Industrial & Engineering Chemistry Research, 2015, 42(21): 2781-2788.

[30] Bujanovic B M, Goundalkar M J, Amidon T E. Increasing the value of a biorefinery based on hot-water extraction: Lignin products. Tappi Journal, 2013, 11(1): 19-26.

[31] Zeitsch K J. The Chemistry and Technology of Furfural and its Many By-products. Amsterdam: Elsevier Science, 2000.

[32] Mirzaei H M, Karimi B. Sulphanilic acid as a recyclable bifunctional organocatalyst in the selective conversion of lignocellulosic biomass to 5-HMF. Green Chemistry, 2016, 18(8): 2282-2286.

[33] Wayman M, Chua M G S. Characterization of autohydrolysis aspen(*Populus tremuloides*)lignins. 2. Alkaline nitrobenzene oxidation studies of extracted autohydrolysis lignin. Canadian Journal of Chemistry, 1979, 57(19): 2603-2611.

[34] Sixta H. Multistage kraft pulping//Sixta H. Handbook of Pulp. Weinheim: Wiley-VCH, 2006: 708-720.

[35] 段超, 冯文英, 张艳玲, 等. 预水解因子对杨木木片相关性能的影响. 中国造纸, 2013, 32(5): 1-6.

[36] 刘超, 刘娜, 秦梦华, 等. 杨木片高温热水解过程中聚戊糖的溶出特点. 纸和造纸, 2014, 33(5): 10-15.

[37] Leschinsky M, Zuckerstätter G, Weber H K, et al. Effect of autohydrolysis of *Eucalyptus globulus* wood on lignin structure. Part 1: Comparison of different lignin fractions formed during water pre-hydrolysis. Holzforschung, 2008, 62(6): 645-652.

[38] Li M F, Chen C Z, Sun R. C. Effect of pretreatment severity on the enzymatic hydrolysis of bamboo in hydrothermal deconstruction. Cellulose, 2014, 21(6):4105-4117.

[39] Yoon S H, Macewan K, Heiningen A V. Hot-water pre-extraction from loblolly pine (*Pinus taeda*) in an integrated forest products biorefinery. Tappi Journal, 2008, 7(6):27-31.

[40] Chen X, Lawoko M, van Heiningen A. Kinetics and mechanism of autohydrolysis of hardwoods. Bioresource Technology, 2010, 101(20):7812-7819.

[41] Weil J, Brewer M, Hendrickson R, et al. Continuous pH monitoring during pretreatment of yellow poplar wood sawdust by pressure cooking in water. Applied Biochemistry and Biotechnology, 1998, 70-72(1):99-111.

[42] Li J, Göran G. Improved lignin properties and reactivity by modifications in the autohydrolysis process of aspen wood. Industrial Crops & Products, 2008, 27(2):175-181.

[43] Song T, Pranovich A, Holmbom B. Effects of pH control with phthalate buffers on hot-water extraction of hemicelluloses from spruce wood. Bioresource Technology, 2011, 102(22): 10518-10523.

[44] Song T, Pranovich A, Holmbom B. Characterisation of Norway spruce hemicelluloses extracted by pressurised hot-water extraction (ASE) in the presence of sodium bicarbonate. Holzforschung, 2011, 65(1):35-42.

[45] 张永超, 傅英娟, 王兆江, 等. 杨木半纤维素在乙酸–乙酸钠缓冲体系预水解过程中的溶出规律. 中国造纸学报, 2015, (2):4-8.

[46] 刘艳汝, 秦梦华, 傅英娟, 等. 杨木乙酸–乙酸钠强化预水解过程中固相组分的变化规律. 中华纸业, 2017, 38(12):37-42.

[47] 于泉水, 傅英娟, 刘艳汝, 等. 乙酸/乙酸钠调控 pH 对杨木预水解液物化性质的影响. 中华纸业, 2017, 38(10):6-11.

[48] Tunc M S. Effect of liquid to solid ratio on autohydrolysis of *Eucalyptus globulus* wood meal. Bioresources, 2014, 9(2):3014-3024.

[49] Borrega M and Sixta H. Production of cellulosic pulp by subcritical water extraction followed by mild alkaline pulping. Proceeding of 16th International Symposium on Wood, Fiber and Pulping Chemistry. Tianjin, China. 2011, 1:651-654.

[50] Song T, Pranovich A, Holmbom B. Hot-water extraction of ground spruce wood of different particle size. Bioresources, 2012, 7(3):4214-4225.

[51] Li Z, Qin M, Xu C, et al. Hot water extraction of hemicelluloses from aspen wood chips of different sizes. Bioresources, 2013, 8(4):5690-5700.

[52] Santos R B, Hart P W, Jameel H, et al. Wood based lignin reactions important to the biorefinery and pulp and paper industries. Bioresources, 2013, 8(1):1456.

[53] Chirat C, Lachenal D, Sanglard M. Extraction of xylans from hardwood chips prior to kraft cooking. Process Biochemistry, 2012, 47(3):381-385.

[54] 胡会超. 竹子半纤维素的热水预抽提及其对 KP 法制浆和 ECF 漂白性能的影响[硕士学位论文]. 广州:华南理工大学, 2010.

[55] Cordeiro N, Ashori A, Hamzeh Y. Effects of hot water pre-extraction on surface properties of bagasse soda pulp. Materials Science & Engineering C: Materials for Biological Applications, 2013,33(2):613-617.

[56] 段超,冯文英,张艳玲. 热水预水解对杨木半纤维素提取及后续硫酸盐法制浆的影响. 中国造纸学报,2013.28(2):1-7.

[57] 宋雪萍,谭增毅,黄凯,等. 热水预提取对竹子APMP制浆过程木素结构变化的影响. 造纸科学与技术,2012,(6):1-6.

[58] Lu H, Hu R, Ward A, et al. Hot-water extraction and its effect on soda pulping of aspen woodchips. Biomass & Bioenergy,2012.39(8):5-13.

[59] 于建仁,张曾,伍红,等. 半纤维素预提取对桉木纤维形态及浆料性能的影响. 造纸科学与技术,2007,26(6):25-28.

[60] Schild G, Müller W, Sixta H. Prehydrolysis kraft and ASAM paper grade pulping of eucalypt wood. A kinetic study. Das Papier,1996,50(1):10-12.

[61] 张永超,傅英娟,秦梦华. 慈竹热水预水解提取半纤维素及其对后续碱法制浆的影响. 纸和造纸,2015,34(1):28-32.

[62] Lora J H, Wayman M. Delignification of hardwoods by autohydrolysis and extraction. Tappi Journal,1978,61(6):47-50.

[63] 陈海燕. 杨木预水解过程中木素结构的变化及其对后续制浆的影响[硕士学位论文]. 济南:齐鲁工业大学,2015.

[64] Li H, Saeed A, Jahan M S, et al. Hemicellulose removal from hardwood chips in the pre-hydrolysis step of the kraft-based dissolving pulp production process. Journal of Wood Chemistry and Technology,2010,30(1):48-60.

[65] Gullón P, Romaní A, Vila C, et al. Potential of hydrothermal treatments in lignocellulose biorefineries. Biofuels, Bioproducts and Biorefining,2012,6(2):219-232.

[66] Rivas S, Muñoz M J G, Vila C, et al. Manufacture of levulinic acid from pine wood hemicelluloses: A kinetic assessment. Industrial & Engineering Chemistry Research,2013,52(11):3951-3957.

[67] Lu H, Liu S, Zhang M, et al. Investigation of the strengthening process for liquid hot water pretreatments. Energy & Fuels,2016,30(2):1103-1108.

[68] Danon B, van der Aa L, De Jong W. Furfural degradation in a dilute acidic and saline solution in the presence of glucose. Carbohydrate Research,2013,375:145-152.

[69] Rasmussen H, Sørensen H R, Meyer A S. Formation of degradation compounds from lignocellulosic biomass in the biorefinery:Sugar reaction mechanisms. Carbohydrate Research,2014,385:45-57.

[70] Buranov A U. Mazza G. Extraction and characterization of hemicelluloses from flax shives by different methods. Carbohydrate Polymers,2010,79(1):17-25.

[71] Chen M H, Bowman M J, Dien B S, et al. Autohydrolysis of *Miscanthus × giganteus* for the production of xylooligosaccharides (XOS): Kinetics, characterization and recovery. Bioresource Technology,2014,155:359-365.

[72] Zhu Y, Kim T H, Lee Y Y, et al. Enzymatic production of xylooligosaccharides from corn stover and corn cobs treated with aqueous ammonia//McMillan J D, Adney W S, Mielenz J, et al. Twenty-Seventh Symposium on Biotechnology for Fuels and Chemicals. Totowa: Humana Press, 2006:586-598.

[73] Li Z, Jiang J, Fu Y, et al. Recycling of pre-hydrolysis liquor to improve the concentrations of hemicellulosic saccharides during water pre-hydrolysis of aspen woodchips. Carbohydrate Polymers, 2017,174:385-391.

第3章 水热处理过程中木质纤维原料化学组分的变化规律

制浆前对木质纤维原料进行水热处理,与后续制浆相结合,可使其中的半纤维素、纤维素和木素依次分离而得到有效利用[1]。然而在水热处理的高温酸性条件下,木质纤维原料超微结构以及化学组分的结构、含量与分布均会发生一系列变化,对后续制浆过程产生重要影响。因此,明确水热处理过程中木质纤维中半纤维素、纤维素和木素的结构变化规律,对后续制浆或组分分离工艺的制定和优化至关重要。

3.1 水热处理过程中碳水化合物的降解与结构变化

相对于酸水解、碱抽提、酶水解以及超临界水处理等措施,水热处理以其经济性、有效性和环保性而成为优先选择[2]。高温水热处理过程中,水分子发生电离,产生水合氢离子[3],使半纤维素侧链上的乙酰基脱落形成乙酸,为聚糖的酸水解提供有效动力[4,5],产生自催化酸水解效应。半纤维素在酸催化作用下首先以低聚糖的形式溶出,部分低聚糖会进一步水解为单糖,进而脱水形成糠醛,糠醛又会降解为醛类、酮类、有机酸等其他副产物[3,6]。与半纤维素相比,纤维素葡萄糖苷键断裂的速度非常缓慢。然而,半纤维素和纤维素在水热处理过程中糖苷键的断裂使得其化学结构发生相应变化,将改变其在后续分离过程中的反应和溶出行为。

3.1.1 半纤维素的降解与结构变化

半纤维素是木质纤维原料中低分子量、无定形的不均一聚糖,主要由甘露糖基、木糖基、半乳糖基、阿拉伯糖基和葡萄糖基组成。木质纤维原料不同,半纤维素的各种糖基比列和结构(如支链连接位置、连接类型和取代度等)也不尽相同[7],但共同特点是其分子中有大量的支链。相对于针叶木,阔叶木的半纤维素含有更多的乙酰基。半纤维素与纤维素微细纤维间以氢键和范德华力交织连接,与木素间以化学键结合在一起,形成木素-碳水化合物复合体(LCC)[8]。不同区域的半纤维素可能拥有不同的固有反应活性[9]。木质纤维原料中的半纤维素一部分很容易溶解;另一部分则由于顽抗性较强而难以提取[10],主要是与纤维素形成紧密氢键的半纤维素,因此半纤维素的溶出遵循快速反应和慢速反应两种途径[9]。在水热处理过程中,木质纤维原料中的化学组分与水分子会发生一系列作用,比如半纤维素最初的主要反应是脱乙酰基[10,11]。如图 3.1 所示,半纤维素侧链上的乙酰基和糖醛酸基在水解过程中脱落,形成乙酸和糖醛酸,导致水解液的 pH 随温度升高和时间延长而降低。在酸性条件下,半纤维素的糖苷键发生断裂,半纤维素与其他成分的连接键如 LCC 的酯键也会断裂。因此,半纤维素大分子降解溶于水热处理液(也称水解液)中,使木质纤维原料中的半纤维素含量降低,分子结构发生改变。同时,半纤维素在细胞壁各微区中的分布发生相应变化。

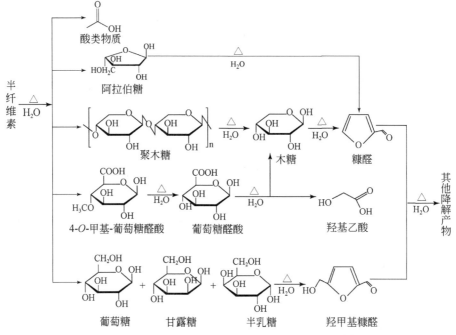

图 3.1　半纤维素在水热处理过程中的化学反应[8]

在水热处理过程中,半纤维素中的阿拉伯糖支链最容易水解脱除,且溶于处理液中的阿拉伯糖主要以单糖的形式存在;其次是半乳糖容易溶出,葡萄糖、木糖则需要在相对较高温度和较长处理时间条件下降解溶出;最难降解和溶出的是甘露糖。表 3.1 表明,水热处理过程中甘露糖在木片中的残留率最高。另外,纤维素和木素对半纤维素的溶出有一定限制作用,与纤维素形成紧密氢键的半纤维素难以脱除,与木素通过醚键等共价键连接的半纤维素也难以脱除,但 LCC 的溶出会促使半纤维素溶于处理液中。通过优化水热处理条件,可以将大约 80% 的半纤维素从木质纤维原料中溶出。尽管水热处理过程中,侧链乙酰基、糖醛酸基及阿拉伯糖基大量脱落使半纤维素的分支度降低(表 3.1),但半纤维素侧链上仍保留一定的乙酰基、葡萄糖醛酸和阿拉伯糖基[2,12]。

水热处理后,残留于木片中的半纤维素因降解而聚合度降低。另一方面,部分相对分子质量较低的半纤维素，由于传质扩散受阻而滞留于木片中。表 3.2 为在 45℃下，以 20% 氢氧化钠抽提水热处理木片 60min 后溶出的总糖量，这些糖部分来源于水热处理过程中已经降解为低聚糖而未扩散进入处理液的半纤维素。随着水热处理程度的提高，木片中被碱抽提出来的总糖量呈现先升高然后降低的趋势。水热处理温度升高或处理时间延长，半纤维素降解程度增加，因此木片中被碱抽提出来的糖总量上升。但水热处理程度越高，溶出的半纤维素量越大，残留在木片中的半纤维素越低，因此可被碱抽提出来的糖总量又下降。

表 3.1　水热处理条件对木片中残留化学组分的影响

处理条件	阿拉伯糖 /%	半乳糖 /%	葡萄糖 /%	木糖 /%	甘露糖 /%	木素 /%	抽出物 /%	聚木糖 分支度
原料	0.49	1.18	44.94	13.88	3.16	23.77	2.31	0.0353
$T_{150}t_{60}$	0.28	0.89	38.98	11.76	2.77	23.02	6.50	0.0238
$T_{160}t_{60}$	0.23	0.76	44.02	10.60	2.53	20.57	5.96	0.0217
$T_{170}t_{60-1}$	–	0.64	40.93	7.05	2.13	19.88	10.31	–
$T_{180}t_{60}$	–	0.54	52.49	5.57	2.04	22.99	13.64	–
$T_{170}t_{0}$	–	0.96	41.96	12.89	2.88	27.36	6.81	–
$T_{170}t_{15}$	–	0.92	45.87	12.36	2.85	27.36	11.91	–
$T_{170}t_{30}$	–	0.81	51.07	11.01	2.88	23.92	9.87	–
$T_{170}t_{60-2}$	–	0.61	44.89	7.92	2.44	21.08	9.63	–
$T_{170}t_{90}$	–	0.59	54.54	7.28	2.51	19.18	9.68	–

注：杨木为速生杨 107（*Populus euramericana* 'Neva'），水热处理时的液比为 1∶6，在最高温度为 170℃下保温 60min 记为 $T_{170}t_{60}$，下同。

表 3.2　水热处理木片中碱抽提出的糖组分及数量

处理条件	阿拉伯糖/(mg/g)	半乳糖/(mg/g)	葡萄糖/(mg/g)	木糖/(mg/g)	甘露糖/(mg/g)
$T_{150}t_{60}$	0.3756	0.5679	1.3068	7.0598	0.3389
$T_{160}t_{60}$	0.2652	0.6328	1.9401	9.8468	0.8413
$T_{170}t_{60-1}$	0.3045	0.4332	2.2632	6.3674	2.0295
$T_{180}t_{60}$	0.3147	0.3424	2.1227	3.0977	2.8190
$T_{170}t_{0}$	0.3959	0.5387	0.9254	3.1917	0.3668
$T_{170}t_{15}$	0.3274	0.6377	1.2302	9.7196	0.8892
$T_{170}t_{30}$	0.2931	0.6247	2.0223	10.5768	1.6148
$T_{170}t_{60-2}$	0.3033	0.4754	1.9401	6.8141	2.1531
$T_{170}t_{90}$	0.2995	0.3683	1.6974	3.9491	2.0774

3.1.2　纤维素的结构变化

纤维素是由 D-葡萄糖单元以 β-1,4 糖苷键连接而成的链状大分子,多条纤维素分子单链可聚集形成束状纤维素纤丝聚集体[13]。纤维素由于具有结晶态结构和较高聚合度,因而比半纤维素更加稳定。纤维素微纤丝被半纤维素和木素所包裹,水热处理过程中,在半纤维素降解溶出及木素发生降解溶出或缩合的同时,酸的催化作用能降低纤维素葡萄糖苷键发生水解反应的活化能。因此,纤维素大分子中葡萄糖单元之间的糖苷键在强酸性条件下是不稳定的。但是水热处理过程中,由于酸性较弱,因此具有高聚合度和晶态结构的纤维素中葡萄糖苷键断裂的速度非常缓慢。只有在水热处理温度高于 180℃ 以上时,纤维素才能部分降解[10]。在高温酸性条件下,纤维素发生水解使纤维素大分子降解为低聚糖或单糖。因此,强烈的水热处理条件导致纤维素的聚合度降低。但由于纤维素分子内和分子间氢键的作用,多相反应只能在纤维素纤丝聚集体表面上进行,水热处理对纤维素的破坏作用很小。因此,纤维素的聚合度以及纤维素纤丝聚集体的尺寸、晶型结构与结晶度、形貌、排列等变化不大。

Yu 等[14]对微晶纤维素热水解行为的分析发现,纤维素无定形区糖苷键在水热处理过程中开始发生断裂的温度是 150℃,而结晶区纤维素在 180℃ 条件下才开始出现糖苷键断裂。纤维素无定形区的水解速率是结晶区的 3～30 倍[15]。在水热处理过程中,纤维素的水解反应通常只发生在无序排列、稳定性较低的非结晶区,纤维素纤丝聚集体的晶型结构(纤维素Ⅰ型)基本不变[16],但无定形纤维素的降解溶出导致木质纤维原料的结晶指数略微增大(表 3.3)。无定形的木素和半纤维素的降解溶出也是造成木质纤维原料相对结晶度升高的重要原因。表 3.3 表明,提高水热处理温度和延长处理时间,杨木木片的结晶度进一步增加。而纤维素结晶尺寸的增加可能是由于在水热处理的高温条件下,纤维素分子间发生了共结晶现象。Pingali 等[17]的研究指出,在颤杨的蒸汽爆破处理过程中,最初被限制在纤维素微纤丝内的水分子被不可逆驱逐而释放于周围含水层,使得原纤合并为具有更有序表面分子链的纤维束(图 3.2),且纤维素的形态变化主要发生在升温阶段。

由于水热处理溶出了大部分半纤维素和少量木素,使更多的纤维素纤丝聚集体暴露在外,纤维素在细胞壁中的空间分布发生变化。另外,细胞壁中半纤维素和木素的脱除、纤维细胞纹孔膜的破裂导致原料结构疏松[16,18,19],增加了细胞壁的孔隙率和比表面积(表 3.3)。上述变化可以提高后续化学药剂或生物酶对木素或纤维素的可及性,有利于后续处理效率的提高[20]。

表 3.3　水热处理对木片结晶度、比表面积及孔体积的影响

处理条件	结晶度/%	结晶尺寸/(D002/nm)	比表面积/(m²/g)	孔体积/(mL/g)
原料木片	53.37	2.05	0.922	0.0099
$T_{150}t_{60}$	53.44	2.06	1.083	0.0103
$T_{160}t_{60}$	54.87	2.12	1.407	0.0119
$T_{170}t_{60-1}$	59.66	2.33	1.454	0.0146
$T_{180}t_{60}$	60.05	2.61	1.558	0.0142
$T_{170}t_0$	53.93	1.95	1.061	0.0139
$T_{170}t_{15}$	53.55	2.03	1.207	0.0101
$T_{170}t_{30}$	57.29	2.21	1.249	0.0134
$T_{170}t_{60-2}$	58.54	2.44	1.290	0.0145
$T_{170}t_{90}$	59.26	2.43	1.402	0.0223

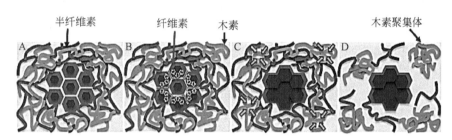

图 3.2　预处理过程中细胞壁木素的聚集及纤维素的共结晶现象示意图[17]

3.2　水热处理过程中木素的迁移与结构变化

木素作为植物细胞壁中最顽抗的化学组分[21]，其结构单元间 C—C 键、C—O 键的多种连接方式使得木素大分子具有高异质性和不规则性。在水热处理过程中，经历相转变、解聚/缩合、迁移、溶解、重新聚集和再沉积等复杂的固液相转变过程[22]。木素被部分从细胞壁中脱除而进入液相。同时，残留在木质纤维原料中的木素由于聚集和重新分布，在细胞壁某些区域和原料表面形成许多液滴状物质，干燥后呈微球状颗粒[23]；而溶入液相中的木素解聚物，尤其是其中分子量较高的部分在处理液冷却时会形成木素聚集物并部分重新沉积于原料表面[24]，或者形成以胶体状态稳定存在的木素胶束[25]。以微球形式存在于细胞壁内、纹孔处和沉积于原料表面的木素[26]将妨碍药液的渗透和组分可及性，阻碍低聚糖的溶出或脱木素过程；以胶束形态存在于液相中的木素则会严重干扰低聚糖的分离纯化。尤其是，

在水热处理过程中木素被改性而脱除有限,残留木素的复杂结构和物化性质及其微区再分布对后续处理影响更大[27];而液相中低聚糖对木素解聚物重新聚集的参与将大大降低聚糖的提取率。

3.2.1　水热处理后木片中木素的结构变化

1. 木片中木素的 FT-IR 分析

杨木木片经水热处理后残留木素的 FT-IR 谱图见图 3.3[28]。木素分子结构中典型官能团相应的特征峰为:羟基的 O—H 伸缩振动 3438cm^{-1},甲基、亚甲基的 C—H 不对称伸缩振动 2947cm^{-1},甲基、亚甲基的—CH$_2$—对称伸缩振动 2849cm^{-1},酯基的羰基伸缩振动 1735cm^{-1},共轭/非共轭的羧基或非共轭的 β-酮(Hibbert 酮)羰基振动 1710cm^{-1}[29],共轭苯环羰基伸缩振动 1659cm^{-1},芳香族骨架振动 1597、1506 和 1421cm^{-1},愈创木基(G)单元 1269、1228 和 1033cm^{-1},紫丁香基(S)单元 1329 和 1126cm^{-1}[29-31],甲基中的 C—H 弯曲振动和甲基、亚甲基的 C—H 不对称弯曲振动 1466cm^{-1},G 单元苯环在 2、5、6 位上平面外的 C—H 振动 918cm^{-1},S 单元苯环在 2、6 位上平面外的 C—H 振动 854cm^{-1}。经水热处理后,残留于木片中木素的 FT-IR 谱图与杨木磨木木素的基本相似,表明在水热处理过程中木素的基本结构没有明显变化。然而,随着水热处理温度的升高,木片中残留木素在 1735cm^{-1} 处的酯键羰基伸缩振动和 1367cm^{-1} 处的乙酸酯中甲基的 C—H 伸缩振动逐渐消失,

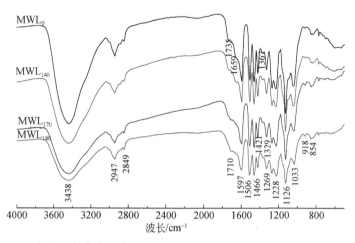

图 3.3　杨木原料磨木木素(MWL$_0$)和水热处理后杨木磨木木素的 FT-IR

注:杨木为速生杨 107(*Populus euramericana* 'Neva'),水热处理时的液比为 1∶6,最高温度(T_{max})分别为 140℃、170℃和 180℃,在 T_{max} 下保温 60min。在 T_{max} 为 140℃、170℃和 180℃条件下的磨木木素样品分别标记为 MWL$_{140}$、MWL$_{170}$、和 MWL$_{180}$。

表明木素结构中的酯键逐渐水解。同时,随着水热处理温度的升高,1659cm⁻¹处的共轭苯环羧基伸缩振动的相对强度逐渐减弱;而在1710cm⁻¹处出现了非共轭的 β-酮(Hibbert 酮)的羰基吸收峰[32,33],表明木素结构中的 β-O-4 接键发生了断裂。另外,随着水热处理温度的升高,1329cm⁻¹处的 S 单元(包括 5 位取代的 G 单元)中 C—O 振动和1269cm⁻¹处的 G 单元中 C—O 振动强度有所减弱,也证明了木素结构中醚键的断裂。

2. 木素的¹H-和¹³C-NMR 分析

水热处理后木片中残留木素的¹H-NMR 相应峰[28,33,34]的归属为:G 单元上的苯环质子δ7.4 ~ 6.7ppm,S 单元上的苯环质子δ6.7 ~ 6.3ppm,含 β-O-4、β-β 或 β-5 连接的侧链氢δ6.0 ~ 4.0ppm,甲氧基中的氢δ3.8 ~ 3.6ppm,脂肪族乙酸酯中的氢δ2.2 ~ 1.6ppm,侧链脂肪族上的氢δ1.4 ~ 0.6ppm。随着水热处理温度由140℃升高到180℃,β-O-4 连接键中的质子信号(δ4.9 ~ 4.1ppm)强度逐渐减弱,证明木素中的 β-O-4 连接键部分断裂。同时,木素的苯环质子信号(δ7.4 ~ 6.3ppm)强度逐渐减弱,说明在较高的水热处理强度下,木素分子间发生了 C—C 键的缩合。

图 3.4 为木片中残留木素的¹³C-NMR 谱[28]。木素结构单元中芳香碳的峰有δ151.9ppm(醚化的 S 单元的 $C_{3,5}$)、δ149.0ppm(醚化的 G 单元的 C_3)、δ147.4ppm(酚型 G 单元的 C_3 和 S 单元的 $C_{3,5}$)、δ137.9ppm(G 单元或 S 单元的 C_4)、δ134.6ppm(醚化 G 单元或 S 单元的 C_1)、δ130.1ppm(酚型的 G 单元或 S 单元的 C_1)、δ118.1ppm(G 单元的 C_6)、δ115.7ppm(G 单元的 C_5)、δ111.3ppm(G 单元的

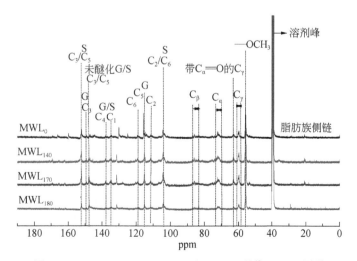

图 3.4　MWL_0、MWL_{140}、MWL_{170} 和 MWL_{180} 的¹³C-NMR 图谱

C_2)和 $\delta104.5ppm$(S 单元的 $C_{2,6}$)。$\delta73.9\sim69.4$、$\delta87.5\sim83.5$ 和 $\delta61.0\sim58.6ppm$ 分别对应于 β-O-4 连接键的 C_α、C_β 和 C_γ[35]。$\delta62.7ppm$ 归属于通过均裂反应,侧链氧化的 C=O 键的 C_γ[34]。$\delta55.4ppm$ 为甲氧基上的 C。

　　表 3.4 列出了杨木磨木木素(MWL_0)及水热处理后木片中残留木素(MWL_{140}、MWL_{170} 和 MWL_{180})的甲氧基和芳香族 C 的数量。MWL_0 中的甲氧基含量为 76/100 Ar,而在 140℃、170℃ 和 180℃ 经过 60min 的水热处理后,木片中木素的甲氧基含量分别下降为 67/100Ar、62/100Ar 和 57/100Ar。说明杨木木片在水热处理过程中发生了木素甲氧基的脱除反应。随着水热处理温度的升高,木片残留木素中苯环 C—H 比例降低,而苯环 C—O 和 C—C 的比例增加,木素的缩合度逐渐增加,证明水热处理导致木素分子间发生了缩合。而且,水热处理温度高于 170℃ 以上,木素间的缩合程度较高。木素分子的缩合反应可能发生在富电子的碳原子上,如 G 单元中的 C_5 及 G、S 单元中的 C_2、C_6,而残留木素中较多的 β-5 连接表明,木素缩合易发生在 G 单元中的 C_5 上[37]。而当水热处理温度低于 170℃ 时,木片中残留木素中苯环 C—H 的大量存在,表明此时木素的聚合程度比较低[32]。

表 3.4　水热处理后木片残留木素中的甲氧基和主要连接键数据

木素[a]	MWL_0	MWL_{140}	MWL_{170}	MWL_{180}
甲氧基[b]	76	67	62	57
苯环 C 上连接的 H[b]	65	52	50	48
苯环 C 上连接的 O[b]	25	25	24	19
苯环 C 上连接的 C[b]	22	23	26	30
缩合度[c]	0.72	0.82	1.00	1.02
β-O-4 连接(β-O-4,A)[d]	64.3	62.5	51.1	40.2
树脂醇结构(β-β,B)[d]	6.8	5.0	6.3	5.8
β-5 结构(β-5,C)[d]	4.6	4.3	5.4	6.7

　　注:a磨木木素。

　　b定量的依据为[13]C-NMR 图谱中芳香区域内($\delta101.5\sim162ppm$)含有 600 个芳香碳原子,结果表示为每 100Ar 所含的量。

　　c缩合度=(苯环 C 上连接的 C+苯环 C 上连接的 O)/苯环 C 上连接的 H[36]。

　　d基于 2D HSQC NMR,结果表示为每 100Ar 所含的量。

3. 木素的 2D ^{13}C-^{1}H HSQC NMR 分析

　　图 3.5 为杨木 MWL_0 和水热处理后木片中残留木素(MWL_{140}、MWL_{170} 和

MWL$_{180}$）的 2D ^{13}C-^{1}H HSQC NMR 谱图。木素主要结构单元对应的^{13}C—^{1}H 见表 3.5[38]。木素分子间的主要连接键如表 3.4 所示。杨木 MWL$_0$ 中的 β-O-4 结构的含量为 64.3/100Ar，与文献中的数据相近[39]。其 β-β 和 β-5 连接键的数量分别为 6.8/100Ar 和 4.6/100Ar。木片经水热处理后残留木素的 β-O-4 连接降低，β-5 连接增加，而 β-β 连接仅有少许下降。与杨木 MWL$_0$ 相比，随着水热处理温度的升高，MWL$_{140}$、MWL$_{170}$ 和 MWL$_{180}$ 中 β-O-4 结构分别减少了 2.8%、20.5% 和 37.5%，说明木素中的部分 β-O-4 连接断裂。木片中残留木素的 β-5 连接随着处理温度的升高而升高，表明水热处理过程中木素结构单元间发生了一定程度的缩合反应。

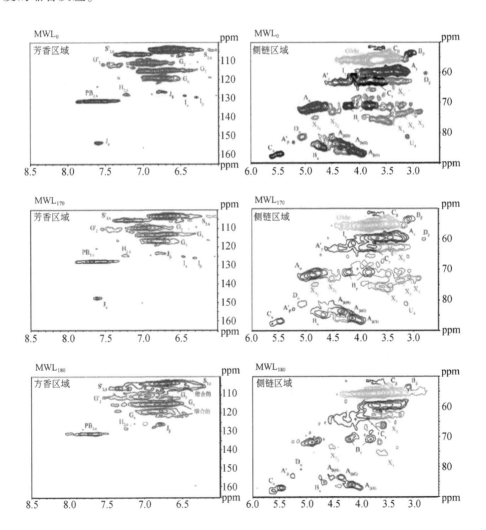

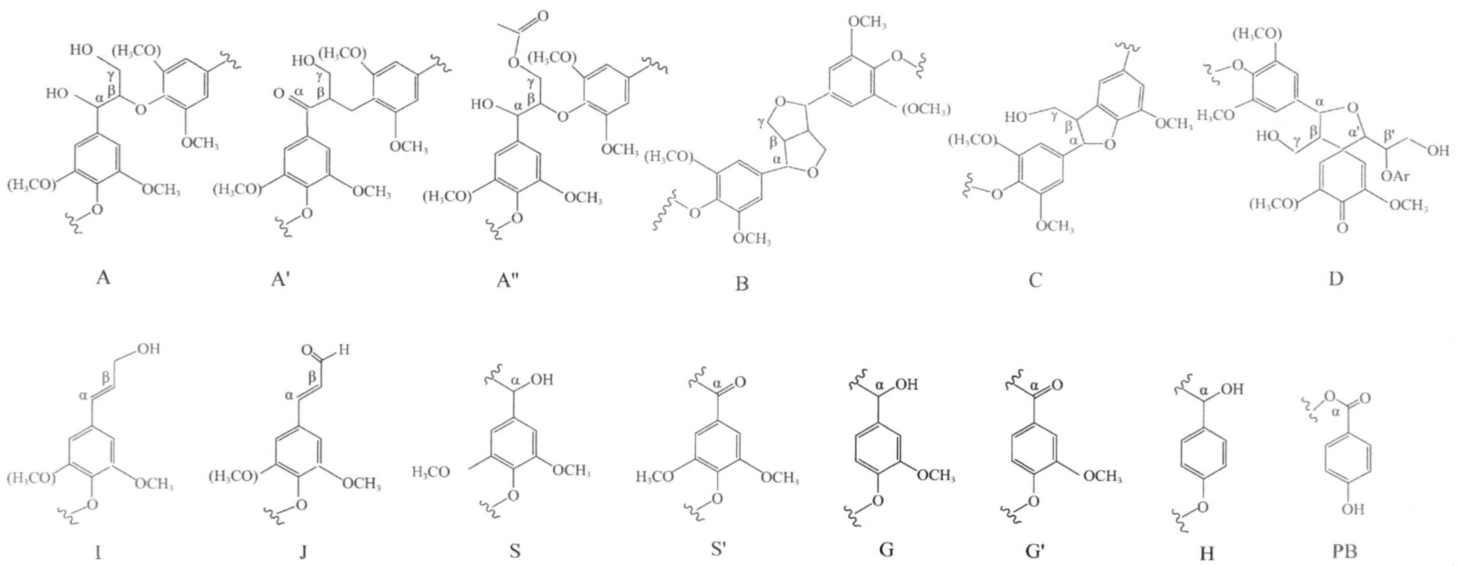

图3.5　杨木磨木木素(MWL₀)、水解后木片中木素(MWL₁₇₀)和处理液中木素(MWL₁₈₀)的2D ¹³C-¹H HSQC NMR图谱（左，侧链区域；右，苯环区域）(OMe：甲氧基；A：β-O-4芳基醚键；A'：β-O-4的β-O-4；B：β-β；C：β-5；D：β-1；I：肉桂醇端基；J：肉桂醛端基；S：紫丁香基苯基丙烷单元；S'：含氧化的α-酮基的紫丁香基苯基丙烷单元；G：愈创木基苯基丙烷单元；G'：含氧化的α-酮基的愈创木基苯基丙烷单元；G：具Cα═O的β基苯基丙烷单元；H：对羟基苯基丙烷单元；PB：对-羟基苯甲酸酯结构)

表 3.5　木素 2D ^{13}C-^{1}H HSQC NMR 图谱中主要结构单元对应的 ^{13}C-^{1}H

标识	δ_C/δ_H/ppm	结构归属
C_β	53.1/3.76	β-5(C)的 C_β—H_β
B_β	54.5/3.08	β-β(松脂酚)(B)的 C_β—H_β
OMe	56.1/3.40-4.25	甲氧基的 C—H
D_β	59.3/2.8	β-1(D)的 C_β—H_β
A_γ	59.8/3.5	β-O-4(A)的 C_γ—H_γ
I_γ	61.5/4.16	肉桂醇端基(I)中的 C_γ—H_γ
A'_γ	63.1/4.41	具 C_α=O 的 β-O-4(A')的 C_γ—H_γ
C_γ	63.8/3.81	β-5(C)的 C_γ—H_γ
B_γ	70.9/3.8	β-β(松脂酚)(B)的 C_γ—H_γ
B_γ	71.0/4.2	β-β(松脂酚)(B)的 C_γ—H_γ
A_α	71.7/4.8	β-O-4(A)的 C_α—H_α
D_α	81.3/5.05	β-1(D)的 C_α—H_α
$A_{\beta(H)}$	82.9/4.5	H 单元 β-O-4(A)的 C_β—H_β
$A_{\beta(G)}$	83.6/4.3	G 单元 β-O-4(A)的 C_β—H_β
A'_β	83.6/5.2	具 C_α=O 的 β-O-4(A')的 C_β—H_β
B_α	85.0/4.72	β-β(松脂酚)(B)的 C_α—H_α
$A_{\beta(S)}$	86.0/4.1	S 单元 β-O-4(A)的 C_β—H_β
C_α	87.5/5.46	β-5(C)的 C_α—H_α
$S_{2,6}$	104.0/6.59	S 单元的 $C_{2,6}$—$H_{2,6}$
$S'_{2,6}$	105.7/7.19	具 C_α=O 的 S'单元的 $C_{2,6}$—$H_{2,6}$
G_2	111.7/6.98	G 单元的 C_2—H_2
G'_2	112.2/7.36	具 C_α=O 的 G'单元的 C_2—H_2
G_5	115.5/6.86	G 单元的 C_5—H_5
G_6	119.5/6.89	G 单元的 C_6—H_6
J_β	126.4/6.76	肉桂醛端基(J)的 C_β—H_β
$H_{2,6}$	128.2/7.19	H 单元的 $C_{2,6}$—$H_{2,6}$
$PB_{2,6}$	131.3/7.60	对-羟基苯甲酸酯结构(PB)的 $C_{2,6}$—$H_{2,6}$
J_α	153.4/7.58	肉桂醛端基(J)的 C_α—H_α

4. 木素的羟基变化

采用定量^{31}P-NMR 分析了水热处理后木片中残留木素的羟基含量。表 3.6 列出了木素中脂肪族羟基、酚羟基和羧基的含量。杨木木素中的羟基主要为脂肪族羟基。随着水热处理温度的升高,木素中脂肪族羟基的含量逐渐减少,而酚羟基的含量逐渐升高。脂肪族羟基含量的减少是由于脱水反应,即木素分子侧链丙基的酸催化消除反应[40];酚羟基含量(G—和 S—OH)的增加是由于木素中芳基醚键的断裂[30]。另外,随着水热处理温度的提高,木素中缩合酚羟基的含量逐渐增加,这是在高温酸性条件下木素分子间发生的缩合反应所导致的。表 3.6 还显示,随着水热处理温度的升高,木素中 S 型酚—OH 的增加速率要大于 G 型酚—OH。水热处理后木片中残留木素的 S—OH/G—OH 比值分别为 0.52(MWL$_0$)、0.66(MWL$_{140}$)、1.07(MWL$_{170}$)和 1.09(MWL$_{180}$)。考虑到 G 型酚—OH 的增多既可能是由于 β-芳基醚键(β-O-4)的断裂,也可能是由于 S 型结构单元的脱甲基作用[41],因此可以认为 S 结构单元的 β-O-4 比 G 结构单元的更容易断裂。另一个导致 S—OH/G—OH 比值升高的原因可能是 G 结构单元在 C$_5$ 位上发生了缩合反应。

表 3.6　水热处理后木片中残留木素中的羟基含量(mmol/g)

木素样品	脂肪族—OH	酚—OH				羧基
		缩合	非缩合			
			S	G	PB 或 H	
MWL$_0$	4.66	0.15	0.23	0.44	0.28	0.12
MWL$_{140}$	4.31	0.19	0.31	0.47	0.26	0.11
MWL$_{170}$	3.78	0.41	0.62	0.58	0.22	0.12
MWL$_{180}$	3.25	0.58	0.76	0.70	0.23	0.13

5. 木素相对分子质量的变化

为了明确水热处理对杨木木素分子量的影响,采用 GPC-MALLS 技术测定了水热处理后木片中残留木素的相对分子质量(M_w)和多分散性(M_w/M_n)。由表 3.7可以看出,在水热处理最高温度 140℃下保温 60min,残留在木片中的木素分子量和多分散性有少许降低。木素结构中芳基醚键的断裂使木素分子量有所下降,而木片中的小分子木素以及因芳基醚键断裂而产生的碎片化木素的部分溶出使残留在木片中的木素分子更加均一。但当水热处理温度高于 170℃时,与杨木 MWL$_0$ 的M_w(5854g/mol)相比,残留在木片中木素的分子量明显升高,同时木素的多分散性随着水热处理温度的提高也有所增加。一方面,木片中的小分子木素及因芳基醚键断裂而产生的碎片化木素逐渐溶入处理液中;另一方面,在高温酸性条件下木素分子间会发生缩合反应,因而导致木素的分子量增加。因此,木素结构中芳基醚键的断裂以及木素缩合反应的发生导致木片中残留木素的分子量分布变宽,多分散性增大。

表 3.7　水热处理后木片中残留木素的相对分子质量和热稳定性

木素样品	M_w/(g/mol)	M_w/M_n	V_m/(%/℃)	T_m/℃	T_g/℃
MWL_0	5854	1.55	0.42	301.1	160
MWL_{140}	5629	1.53	0.42	291.1	163
MWL_{170}	6218	1.67	0.37	350.5	173
MWL_{180}	6825	1.79	0.36	359.3	187

6. 木素的热稳定性

残留木素热重分析(DTG)表明,木素的热分解分为三个阶段[图 3.6(a)]:失重的第一阶段(低于120℃)属于木素中残余水分的蒸发阶段[42];温度在200℃至450℃为第二阶段,木素之间的连接键断裂且单体酚类蒸发,为木素的主要失重阶段;第三阶段为温度大于500℃时,失重的原因归于木素中苯环的解体[42]。表 3.7 显示,MWL_{140} 与 MWL_0 的分解速率(V_m)相同,均为0.42%/℃。但是,与 MWL_0 的 T_m(301.1℃)相比,MWL_{140} 对应于 V_m 的 T_m 降为291.1℃。可见,与杨木磨木木素相比,140℃下水热处理木片中的残留木素更易分解。然而,与 MWL_0 和 MWL_{140} 相比,MWL_{170} 和 MWL_{180} 的分解速率要略低,分别为0.37%/℃和0.36%/℃,且 MWL_{170} 和 MWL_{180} 的对应于 V_m 的 T_m 分别为340.5℃和359.3℃,比 MWL_0 和 MWL_{140} 的要高。此外,在 600℃ 时,MWL_{170}(33.29%)和 MWL_{180}(37.12%)的剩余残渣也要比 MWL_0(26.28%)和 MWL_{140}(29.45%)的要高。影响木素热稳定性的因素很多,包括木素的固有结构、各种官能团、支化度及分子量等[31,43]。MWL_{170} 和 MWL_{180} 较高的 T_m 归因于其较低的 β-O-4 芳基醚键含量[43] 和更高的缩合度[33],而其在 600℃ 时较多的剩余残渣可能是由于 MWL_{170} 和 MWL_{180} 中的—OCH_3 含量较低。

由图 3.6(b)中差示扫描量热(DSC)分析可以看出,MWL_0 的玻璃化转变温度(T_g)为160℃,而 MWL_{140}、MWL_{170} 和 MWL_{180} 的 T_g 分别为163℃、173℃和187℃。水热处理后杨木木片中的残留木素有更高的玻璃化转变温度,是由于缩合反应导致木素分子自由度受限。玻璃化转变温度和分解温度的升高,表明水热处理对木素的热稳定性有一定影响,随着水热处理温度的提高,木素的热稳定性增加。

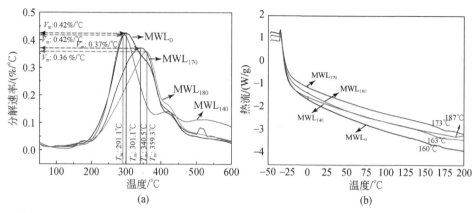

图 3.6　MWL$_0$、MWL$_{140}$、MWL$_{170}$ 和 MWL$_{180}$ 的微分热重曲线(a)和差示扫描量热法曲线(b)

3.2.2　处理液中木素的结构特征

在水热处理过程中,伴随着半纤维素的水解溶出,木素结构中部分芳基醚键断裂所导致的木素碎片化使得部分木素溶于处理液中[24]。这部分解离到处理液中的木素以两种形式存在,即溶解的木素和胶体形式的木素,可统称为溶解与胶体木素(DCL)。处理液中 DCL 的结构和含量与水热处理条件及木质纤维种类等有关[44]。它们的存在对于处理液中低聚糖的分离和纯化[45]以及木素的高值化利用[46]有重要影响。因此,对不同水解强度下,杨木处理液中 DCL 进行结构表征,阐明水热处理强度与 DCL 结构特性的关系,可为处理液中木素的高值化利用以及低聚糖的有效分离提供理论依据。

1. 处理液中 DCL 的 FT-IR 分析

处理液中 DCL 的 FT-IR 图谱指纹区如图3.7所示。其 FT-IR 谱图与水热处理后木片中残留木素的 FT-IR 谱图(图3.3)非常相似,表明它们具有相似的化学结构[47]。水热处理过程中溶入处理液的木素分子中酯键水解导致其在 1735cm^{-1} 处的酯基特征峰消失;木素结构中部分 β-O-4 连接键断裂使其在 1328cm^{-1} 处的 S 单元 C—O 振动强度和在 1268cm^{-1} 的 G 单元 C—O 振动强度均减弱,而在 1709cm^{-1} 处出现了非共轭的 β-酮羰基特征峰。另外,在 1657cm^{-1} 处的共轭苯环羰基振动峰逐渐消失。

2. DCL 中主要连接键及官能团的变化

对不同水热处理强度下获得的 DCL 进行了 ^{1}H、^{13}C 和 2D HSQC NMR 分析。与

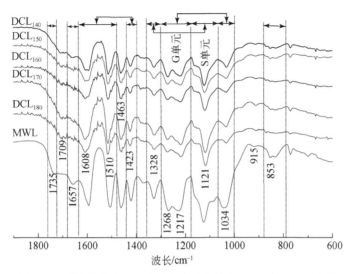

图 3.7 不同水热处理温度下杨木处理液中 DCL 的 FT-IR 图谱

注：杨木为速生杨 107（*Populus euramericana* 'Neva'），水热处理时的液比为 1∶6，最高温度（T_{max}）为 140 ~ 180℃，在 T_{max} 下保温 60min。不同的 T_{max}（140℃、150℃、160℃、170℃和 180℃）下获得的 DCL 分别标记为 DCL_{140}、DCL_{150}、DCL_{160}、DCL_{170} 和 DCL_{180}。

残留在木片中的木素相比，DCL 的 ^{1}H-NMR 谱中（图 3.8）苯环质子信号（$\delta 7.4$ ~ 6.3ppm）强度减弱幅度较大[47]，说明 DCL 分子间发生 C—C 键缩合的程度较大。另外，木素分子在高水热处理强度下进一步降解为香草醛等小分子也可能是苯环质子信号减弱的原因。相比于木片中残留木素的 ^{13}C-NMR（图 3.4），DCL 的 ^{13}C-NMR 谱中 $\delta 149.0$ppm（醚化的 G 单元的 C_3）处的信号消失，而 $\delta 147.4$ppm（酚型 G 单元的 C_3 和 S 单元的 $C_{3,5}$）处的信号强度增加，说明 DCL 中的 β-O-4 连接键断裂程度较大[47]。在杨木处理液中 DCL 的 2D HSQC NMR 图谱中[47]，愈创木基苯丙烷单元的 G_2、G_5、G_6 所对应的 δ_C/δ_H 分别为 111.0/7.0、115.1/6.9 和 119.2/6.8ppm；紫丁香基苯丙烷单元 $S_{2,6}$ 和带有氧化的 α-酮基团的 $S'_{2,6}$ 对应的 δ_C/δ_H 分别为 104.0/6.7 和 106.3/7.2ppm；对羟基苯甲酸结构单元 $PB_{2,6}$ 对应的 δ_C/δ_H 为 131.3/7.7ppm。DCL 结构中的甲氧基（OMe）、β-芳基醚键（β-O-4，A）、松脂酚（β-β，B）和 β-5（C）对应的位移 δ_C/δ_H 分别为 55.6/3.7ppm（OMe）、71.9/4.9ppm（A_α）、83.6/4.3ppm（A_β）、59.6/3.6ppm（A_γ）、84.8/4.7ppm（B_α）、53.4/3.1ppm（B_β）、71.0/4.2 和 70.8/3.8ppm（B_γ）、87.2/5.5ppm（C_α）和 62.3/3.9ppm（C_γ）[47]。

表 3.8 为处理液中 DCL 的甲氧基、单元间连接键以及芳香族 C 的定量数据。随着水热处理温度的升高，处理液中木素的甲氧基含量逐渐降低，β-O-4 连接明显减少，而缩合度和 β-5 连接有显著的增加（尤其是 T_{max}>170℃时）。例如，

T_{max}由 140℃增至 170℃,甲氧基由 DCL_{140} 的 60/100Ar 降为 DCL_{170} 的 55/100Ar,β-O-4 连接由 27.6/100Ar 降为 14.1/100Ar,β-5 连接由 6.8/100Ar 增至 7.8/100Ar,而缩合度则由 0.92 增至 1.27。可见,水热处理温度的增加会促进处理液中木素甲氧基的脱除、β-O-4 连接的断裂和 C—C 键的缩合。处理液中的木素与残留在木片中的木素在缩合反应和降解反应的程度上有明显不同。在相同水热处理温度下,处理液中的木素发生甲氧基脱除和 β-O-4 断裂更为彻底,发生 β-5 等缩合反应更为严重,因而使得处理液中 DCL 具有更高的缩合度。例如,水热处理温度 180℃时,处理液中 DCL 的甲氧基、β-O-4 连接、β-5 连接和木素缩合度分别为 49/100Ar、14.3/100Ar、8.3/100Ar 和 1.38(表 3.8),而残留在木片中木素的相应量则分别为 57/100Ar、40.2/100Ar、6.7/100Ar 和 1.02(表 3.4)。处理液中的 DCL 具有较高缩合度的原因,应归于在处理液中木素大分子之间具有较高的碰撞概率和较小的空间位阻。木素分子的缩合反应可能发生在富电子的碳原子上,如 G 和 S 单元中的 C_2 和 C_6,尤其是 G 单元中的 C_5[37],导致 DCL 中的 β-5 连接远高于木片中残留木素。尽管随着水热处理温度的升高,木素的 β-β 连接有所增加,但仍远低于原料 MWL 和残留在木片中的木素。这可能是由于不同类型的木素在处理液中溶解差异所致,含有 β-β 连接的木素大分子难以在水热处理条件下溶于处理液中。

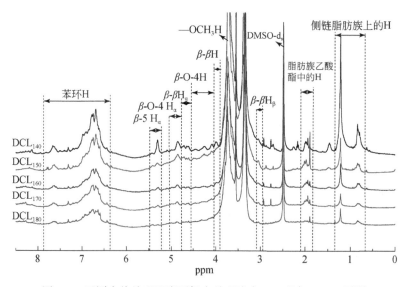

图 3.8   不同水热处理温度下杨木处理液中 DCL 的 ^{1}H-NMR 图谱

表 3.8　处理液中 DCL 的甲氧基及主要连接键数量

木素	OCH_3 [a]	苯环 C—H [a]	苯环 C—O [a]	苯环 C—C [a]	缩合度 [b]	β-O-4 [c]	β-β [c]	β-5 [c]
MWL	76	65	25	22	0.72	64.3	6.9	4.6
DCL_{140}	60	52	24	24	0.92	27.6	2.3	6.8
DCL_{150}	59	50	26	25	1.02	23.9	2.4	6.9
DCL_{160}	56	48	23	29	1.08	22.4	2.6	7.1
DCL_{170}	55	44	24	32	1.27	14.1	2.8	7.8
DCL_{180}	49	42	23	35	1.38	14.3	2.9	8.3

注:a定量的依据为 ^{13}C-NMR 图谱中芳香区域内(101.5～162)含有 600 个芳香碳原子,结果表示为每 100Ar。

b缩合度=(苯环 C 上连接的 C+苯环 C 上连接的 O)/苯环 C 上连接的 H [36]。

c基于 2D-HSQC NMR,结果表示为每 100Ar 所含的量。

表 3.9 为利用定量 ^{13}P-NMR 技术测得的处理液中 DCL 的脂肪族羟基、酚羟基和羧基含量。在相对较低的水热处理温度下(<160℃),溶于处理液中的 DCL 中含有较多的脂肪族羟基。当水热处理温度超过 160℃时,DCL 中的酚羟基含量超过脂肪族羟基,这与水热处理木片中的残留木素(表 3.6)有所不同。显然,随着水热处理温度的提高,DCL 中脂肪族羟基含量逐渐减少,而酚羟基含量明显增加。DCL 中脂肪族羟基的减少应归因于脂肪族侧链酸催化脱除所导致的脱水反应 [40]。随着水热处理温度的提高,S 型木素酚羟基的增加则应归因于木素芳香醚键断裂所导致的木素解聚 [30];而 G 型酚羟基单元的增加可能即归因于 β-O-4 连接的断裂或者 S 型单元的脱甲基反应 [41]。同时,提高水热处理温度,DCL 中缩合型酚羟基的含量增加,表明较高温度下的水热处理会促进酚羟基木素单元间的缩合反应。此外,S 型酚羟基的增加速度远高于 G 型酚羟基,表明 S 型木素结构单元中 β-O-4 连接的断裂远比 G 型单元容易。例如,温度 140℃时,S–OH/G–OH 比率为 0.81;而180℃时,该比率则上升到 1.51。另一个可能是更多的 G 单元和 H 单元由于 C_5 处较强的反应活性而发生了缩合反应。可见,随着水热处理温度的提高,处理液中DCL 的酚羟基增多,脂肪族羟基减少,S/G 羟基比增加。与残留在木片中的木素相比,处理液中 DCL 含有更少的脂肪族羟基,更多的酚羟基(尤其是缩合型和 S 非缩合型)。表明处理液中的木素更易发生侧链脂肪族羟基的脱水反应、β-O-4 连接的断裂、甲氧基脱除反应以及木素分子间的缩合反应。从表 3.9 中还可以看出,水热处理温度的增加并未使 DCL 中羧基含量有所变化,尽管 DCL 中羧基含量远高于原料中 MWL 的含量。这也表明,较低的水热处理温度(140℃)即可使原料木素中的酯键水解,支持了 FT-IR 所检测到的结果。

表 3.9 处理液中 DCL 的羟基含量(mmol/g)

| 木素样品 | 脂肪—OH | 酚—OH | | | | 羧酸 |
| | | 缩合 | 非缩合 | | | |
			S 型	G 型	PB 或 H 型	
MWL	4.66	0.15	0.23	0.44	0.28	0.12
DCL$_{140}$	3.79	0.40	0.77	0.95	0.45	0.35
DCL$_{150}$	4.06	0.39	0.98	0.83	0.39	0.36
DCL$_{160}$	3.33	0.68	1.45	1.06	0.46	0.30
DCL$_{170}$	2.72	0.71	1.51	1.05	0.39	0.33
DCL$_{180}$	2.15	0.73	1.51	1.00	0.36	0.38

3. DCL 相对分子质量的变化

表 3.10 列出了处理液中 DCL 的相对分子质量及其多分散性。在较低温度(低于 150℃)下进行水热处理,处理液中 DCL 的相对分子质量低于杨木原料的 MWL,这是由于此条件下溶入处理液中的木素为原料中的小分子木素及芳基醚键断裂而碎片化的木素。此时木素分子间的缩合程度较低,因此 DCL 的分子量较低。但水热处理温度超过 160℃,处理液中 DCL 的相对分子质量显著增加,应归因于处理液中 DCL 分子间更多的缩合反应。与残留在木片中的木素相比,相应处理液中 DCL 的相对分子质量更高,表明溶于处理液后木素分子间碰撞概率更多,更容易发生缩合反应。

表 3.10 处理液中 DCL 的相对分子质量、多分散性和热稳定性

木素	M_w/(g/mol)	M_w/M_n	V_m/(%/℃)	T_m/℃
MWL	5854	1.55	0.42	301.1
DCL$_{140}$	5238	1.50	0.42	291.6
DCL$_{150}$	5734	1.56	0.39	343.2
DCL$_{160}$	6271	1.61	0.37	349.4
DCL$_{170}$	6923	1.72	0.34	351.7
DCL$_{180}$	7122	1.83	0.30	308.4

4. DCL 的热稳定性

表 3.10 表明,处理液中 DCL 的热稳定性变化规律与木片中残留木素的基本相似。随着水热处理温度的提高,DCL 的 V_m 逐渐降低,而与之相对应的 T_m 呈现先

升高而后降低的趋势。由于木素的热稳定性涉及木素的固有结构、各种官能团、支化度和分子量等多种因素[31]，水热处理所导致的木素分子量变化、β-O-4 芳基醚键断裂、甲氧基脱除、缩合反应等均会影响木素的热稳定性。

3.3　假木素的形成以及木素类物质的沉积

在水热处理过程中，随着木质纤维化学组分中酯键和醚键的水解断裂，不溶性的高分子物质逐渐变为溶解性更高、分子量更小的木素分子，从而迁移溶入处理液中。溶于液相中的这些物质间会发生相互作用，甚至发生缩合反应生成新的不溶性物质。处理液较低的 pH 是木素及其溶出衍生物发生缩合反应的根源。而且，碳水化合物的降解产物糠醛及其他副产物相互间也会发生缩合和树脂化，形成类似木素结构的缩合产物，即假木素（pseudo-lignin）[26]。这些物质或以胶体的形式存在于处理液中，使低聚糖的分离纯化更加困难；或以微球的形式吸附沉积于原料表面[26]，阻碍低聚糖的溶出或妨碍后续脱木素过程。

研究表明[48]，假木素对后续处理的不利影响要高于木素。然而，假木素的形成途径与机制迄今仍未完全明确。有研究者推断[49]，聚糖降解产物如糠醛、5-羟甲基糠醛重聚或与木素聚合形成了类木素物质。Liu 等[6]通过对水解液进行酸处理证明，戊糖或其中间体可以与糠醛、类木素酚类物质发生缩合反应或树脂化。这些反应可能包括[6]：糠醛与糖及糖中间体缩合，如形成糠醛木糖或二糠醛木糖等；糠醛与木糖碎裂反应产物如甘油醛、丙酮醛、羟乙醛、丙酮醇及乳酸等缩合；糠醛与木素酚类物质缩合；糖与苯酚缩合，以及糠醛自身缩聚形成黑色树脂[9]等。Sannigrahi 等[26]分析经稀酸处理过的综纤维素表面，发现表面存在球状假木素物质。Kumar 等[50]对微晶纤维素及其与山毛榉聚木糖或木糖混合物进行了稀酸处理，结果发现，即使在中等处理强度下也会产生由半纤维素衍生的假木素。Hu 等[48]的研究也发现，假木素可来源于经稀酸处理的纤维素和半纤维素，证明在酸性条件下，假木素可以纯粹由聚糖降解产物形成。进一步的分析表明[6,26,48]，假木素结构中含有羰基、羧基、甲氧基、芳香族及脂肪族结构。然而，尽管有研究者认为[36]，至少糠醛参与了木素的缩合反应，但是 Leschinsky 等的研究结果并未支持这一假说。因此，聚糖的降解产物是否参与了木素的缩合反应仍未获得一致结论[36]。

3.3.1　水热处理后木片外观变化情况

原料木片外观呈米白色，表面没有沉积物存在，且细胞壁平滑、结构致密而完整，表面接触角为 87.3°。经过水热处理后，木片颜色变深，呈棕褐色，而且木片外表面的颜色远深于木片内部(图3.9)。由于木质纤维中的发色基团和助色基团主要来源于木素,木片外表面更深的颜色表明,沉积在木片外表面和分布于木片表层组织中的木素浓度增加或结构变化较大。在水热处理的高温条件下,当温度高于木素的玻璃化转变温度时,木素呈熔融状态而具有一定流动性,会在木片组织内迁移。而到达木片表面的木素遇到水时,会由于自身的疏水性自组装成类球状[51],附着在木片表面。另一方面,在水热处理的高温酸性条件下,在木素大分子发生解聚而溶出的同时,木素分子间也会经由正碳离子途径发生缩合反应。木片外表面由于与处理液直接接触,位于该区域的木素分子发生缩合的概率很大,而存在于液相中的木素分子由于碰撞概率的增加,发生缩合的概率更高。此外,已降解溶出的木素分子还会与糖类降解产物如糠醛等缩合,形成假木素。在水热处理完成后的降温过程中,以上这些物质由于溶解度的降低会以类球状的形式沉积在木片表面。因此,经水热处理后木片的内部[图3.9(b)]比较干净,基本没有小球状木素类沉积物存在,由于部分木素的脱除,接触角下降为68.1°。而在木片外表面[图3.9(c)]沉积了许多微小球状物质,接触角上升为97.2°。而且,由于水热处理后半纤维素和木素发生降解并部分脱除,细胞壁结构被破坏而变得疏松,木片表面凹凸不平,有细小碎裂。

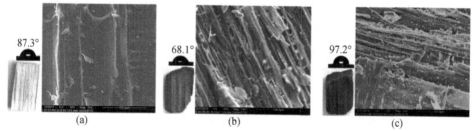

图3.9　杨木木片(a)以及水热处理后木片的内部(b)和外表面(c)对比

3.3.2　木片表面沉积物的化学组成

为了确定木片表面沉积物的化学组成,对木片表面沉积物进行了红外光谱分析,并与处理液中木素和聚木糖进行了对比。表面沉积物的 FT-IR 谱图中 3400cm^{-1}处为羟基的 O—H 伸缩振动峰,2925cm^{-1}和2845cm^{-1}处为甲基 CH_3 和亚甲基 CH_2 的 C—H 不对称和对称伸缩振动吸收峰,表明存在木素侧链结构。图3.10中,1601cm^{-1}、1509cm^{-1}和1421cm^{-1}处的吸收峰为苯环骨架振动,1460cm^{-1}处的吸收峰为苯环的 C—H 变形振动,表明沉积物中存在木素特有的苯环结构。1329cm^{-1}处的吸收峰为紫丁香基(S)的 C—O 振动,1265cm^{-1}处的吸收峰为愈创木基(G)的 C—O 振动,1222cm^{-1}处的吸收峰为 C—C、C—O 和 C═O 振动,1709cm^{-1}

处为非共轭酮基、羰基及酯键的 C ═O 振动吸收峰。木片表面沉积物具有与木素非常相似的红外谱图,说明木片表面沉积物中主要是木素类物质。然而,木片表面沉积物在 1164cm⁻¹ 和 1028cm⁻¹ 处出现了聚木糖的特征吸收峰,表明木片表面沉积物中含有一定量的聚糖。

　　木片表面沉积物的元素分析与处理液中木素和聚木糖的对比见表 3.11。表面沉积物的元素组成与处理液中的木素大致相同,而与聚木糖差异很大,进一步证明沉积在木片表面的物质主要由木素类物质组成。这些物质可能来源于木素由木片内部向外表面的迁移,也可能来源于已溶于液相中木素、木素缩合物或糖类降解产物缩合形成的假木素等的再沉积。当然,溶于处理液中的聚糖因溶解度变化也会重新吸附在木片表面[19],因此表面沉积物中也含有一定量的聚糖。这些聚糖也可能来自于沉积在木片表面的木素–碳水化合物复合体[16]。另外,分别采用丙酮、丙酮/水及二氧六环对水热处理后的木片进行抽提,采用 SEM 观察了木片外表面沉积物质的形态变化。经过二氧六环抽提的木片,表面微小球状沉积物大大减少,表面变得比较干净。由于二氧六环抽提主要是去除木素,微小球状沉积物的消失再次证明木片表面沉积物的主要成分是疏水性的木素类物质。经丙酮/水抽提除去表面有机溶剂抽提物及糖类的木片,表面沉积物由类球状变成了不规整形状,且尺寸变小了,沉积物的量也有所减少,说明沉积于木片表面的沉积物中除了含有主要组分木素外,聚糖和其他有机物会与木素一起形成油状物沉积于木片表面。

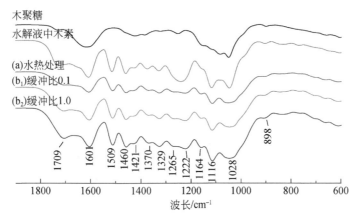

图 3.10　水热处理(a)和乙酸/乙酸钠强化水热处理(b₁、b₂)木片表面
沉积物的 FT-IR 谱图(指纹区)

表 3.11　木片表面沉积物的元素组成

	O/%	C/%	H/%	N/%	S/%
处理液中聚木糖	63.79	27.60	6.92	0.28	1.41
处理液中木素	43.75	53.86	1.63	0.67	0.09
木片表面沉积物(水热处理 a)	43.05	51.39	5.22	0.26	0.07
木片表面沉积物(强化水热处理 b_1)	41.64	51.32	6.67	0.30	0.07
木片表面沉积物(强化水热处理 b_2)	38.69	51.42	9.51	0.29	0.09

3.3.3　木片表面沉积物的形成规律

1. 固液分离温度与木片表面沉积物的关系

木片水热处理完成后,在最高保温温度下实行固液分离(等温相分离),木片外表面基本没有木素类物质沉积[52]。当固液分离温度由 100℃ 降低为 80℃ 时,木片外表面的微小球状沉积物明显增多(图 3.11),而处理液中的总固形物、木素、糠醛及 5-羟甲基糠醛含量则明显降低(表 3.12),但其中的总糖和单糖含量降低不大。说明溶于液相中的木素、木素与糠醛等物质形成的缩合产物(包括假木素)会由于温度的降低而重新吸附于木片表面,但聚糖由于自身的亲水性,并不趋向于在木片表面沉积。当固液分离温度由 80℃ 继续降低为 55℃ 时,木片外表面的微小球状沉积物增加不明显,处理液中总固形物、木素及糠醛类物质的含量降低也不大。因木素与糠醛以及糠醛间的缩合反应主要发生在较高的温度下[52],因此当固液分离温度下降至大约 80℃ 时,疏水性物质在木片表面的沉积基本完成。再继续降低固液分离温度,聚糖在液相中的溶解度降低,析出的聚糖分子由于相互间的氢键作用更趋向于集聚在一起形成颗粒,而木素类物质由于溶解度下降和自身的胶体性质,会与聚糖一起稳定存在,不再吸附于木片表面。随着温度的降低,处理液的不透光率、浊度和颗粒粒径逐渐增加。总之,水热处理完成后固液分离时温度的下降

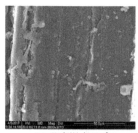

　　(a) 分离温度100℃　　　　　(b) 分离温度80℃　　　　　(c) 分离温度55℃

图 3.11　固液分离温度对木片表面形貌的影响

是导致木素类疏水性物质在木片表面沉积以及处理液中微小/胶体颗粒形成的主要原因。

表 3.12 固液分离温度对处理液中固形物及化学组分的影响

固液分离温度/℃	100	80	55
总固形物/(g/L)	34.40	24.76	26.36
木素/(g/L)	6.98	5.19	4.59
聚糖/(g/L)	18.07	16.71	15.35
单糖/(g/L)	3.93	3.48	3.39
糠醛/(g/L)	1.23	0.99	0.72
5-羟甲基糠醛/(g/L)	0.41	0.27	0.25

注:水热处理条件为最高温度175℃,升温时间100min,保温时间45min。

2. 水热处理时间对木片表面沉积物的影响

在最高温度 170℃ 下,保温时间对木片表面物质沉积的影响见图 3.12 和表 3.13。在未进行保温的情况下,表面木素含量大约为 72%,木片表面基本没有沉积物形成。这是因为:一是由于此时由木片内部向木片表面迁移的木素较少;二是由于溶出且进入液相中的木素也较少,且木素的缩合反应较少;三是由于溶出的糖类较少,单糖的降解产物糠醛、5-羟甲基糠醛等的量更少。当保温 15min 以后,

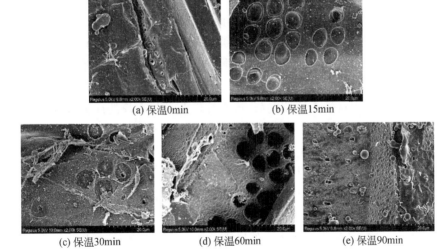

(a) 保温0min　　　　　　　　(b) 保温15min

(c) 保温30min　　　　(d) 保温60min　　　　(e) 保温90min

图 3.12 水热处理时间(温度 175℃下)对木片外表面形貌的影响

木片表面的微小类球状物质有所增多,木片表面木素含量增加了 25%。而继续延长保温时间,随着水解的进行,木素的迁移和溶出以及糖降解产物增多,木片表面沉积物增多,当保温时间分别为 60min 和 90min 时,木片表面的木素含量分别增加了 48% 和 53%,木片表面几乎完全被木素覆盖。可见,木片表面沉积物产生的规律与糖类和木素溶出以及糖降解产物形成的规律相同。

表 3.13 水热处理时间对木片外表面木素含量的影响

保温时间/min	氧碳比	C1	C2	C3	木素含量/%
0	0.4689	38.42	50.57	11.0	72.22
30	0.3841	50.76	36.64	12.6	89.18
60	0.2908	59.14	29.7	11.16	107.84
90	0.2799	65.95	20.08	13.97	110.0

3. 水热处理体系对木片表面物质沉积程度的影响

水热处理体系与乙酸/乙酸钠缓冲溶液强化水热处理体系(b_1,缓冲比为 0.1;b_2,缓冲比为 1.0)所得木片表面微小球状物质沉积的程度不同(图 3.13)。水热处理的木片表面附着有大量微小球状沉积物,而两种乙酸/乙酸钠缓冲溶液体系所得木片的表面沉积物有所减少,且缓冲比为 1.0 的体系木片表面沉积物要少于缓冲比为 0.1 的体系。一方面,乙酸/乙酸钠缓冲溶液通过调控处理体系的氢离子浓度,减少了糠醛等糖降解产物的产生以及木素的缩合反应,也减少了木素与糠醛的反应和假木素的形成,从而降低了木片表面沉积物。另一方面,沉积在木片外表面物质的量不但与处理液中溶出物质的浓度有关,与液相中物质的溶解度有关,也与木素及假木素等物质在液相中的物化性质如电离程度、疏水性等有关。乙酸/乙酸钠缓冲溶液缓冲比为 1.0 时,终点 pH 相对较高,处理液中的木素类物质电离程度较高,由于其带有相对较高的负电荷,疏水性较低且与木片的斥力较大,不易吸附沉积在木片表面。当乙酸/乙酸钠缓冲溶液的缓冲比分别为 0.03、0.1、0.3、1.0 和 3.0 时,所得木片表面接触角分别为 106.3°、97.9°、89.1°、78.0° 和 77.4°,而在相同温度和时间下水热处理的木片表面接触角为 106.8°。可见,利用缓冲溶液调控水热处理体系的氢离子浓度(pH),不但可以使半纤维素主要以低聚糖的形式溶出,防止糖类进一步降解为糠醛等小分子物质[20],还可以抑制木素分子间以及木素与糖类降解产物之间的缩合和假木素的形成及其在木片表面的沉积。

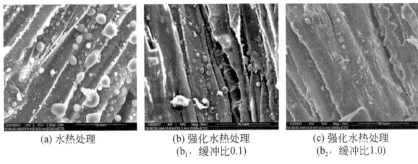

(a) 水热处理　　　　　　(b) 强化水热处理　　　　　　(c) 强化水热处理
　　　　　　　　　　　　　　(b₁, 缓冲比0.1)　　　　　　　(b₂, 缓冲比1.0)

图 3.13　水热处理体系对木片表面沉积物的影响

参 考 文 献

[1] Heiningen V. Converting a kraft pulp mill into an integrated forest biorefinery. Pulp & Paper Canada, 2006, 107(6): 38-43.

[2] Chen X, Lawoko M, van Heiningen A. Kinetics and mechanism of autohydrolysis of hardwoods. Bioresource Technology, 2010, 101: 7812-7819.

[3] Liu S, Lu H, Hu R, et al. A sustainable woody biomass biorefinery. Biotechnology Advances, 2012, 30: 785-810.

[4] Akiya N, Savage P E. Roles of water for chemical reactions in high-temperature water. Chemical Reviews, 2002, 102(8): 2725-2750.

[5] Xu Z, Huang F. Pretreatment methods for bioethanol production. Applied Biochemistry and Biotechnology, 2014, 174: 43-62.

[6] Liu H, Hu H, Jahan M S, et al. Furfural formation from the pre-hydrolysis liquor of a hardwood kraft-based dissolving pulp production process. Bioresource Technology, 2013, 131: 315-320.

[7] Li Z, Pan X. Strategies to modify physicochemical properties of hemicelluloses from biorefinery and paper industry for packaging material. Reviews in Environmental Science and Bio/Technology, 2018, 17: 47-69.

[8] 金强, 张红漫, 严立石, 等. 生物质半纤维素稀酸水解反应. 化学进展, 2010, 22(4): 654-662.

[9] Carrasco E, Roy C. Kinetic study of dilute-acid prehydrolysis of xylan-containing biomass. Wood Science and Technology, 1992, 26: 189-208.

[10] Borrega M, Nieminen K, Sixta H. Degradation kinetics of the main carbohydrates in birch wood during hot water extraction in a batch reactor at elevated temperatures. Bioresource Technology, 2011, 102: 10724-10732.

[11] Mittal A, Chatterjee S G, Scott G M. Modeling xylan solubilization during autohydrolysis of sugar maple wood meal: reaction kinetics. Holzforschung, 2009, 63(3): 307-314.

[12] 朱宁, 石海强, 曹楠, 等. 水热预水解分离相思木半纤维素及其组分与结构分析. 化工学报, 2016, 27(6): 2605-2611.

[13]金克霞,江泽慧,刘杏娥,等. 植物细胞壁纤维素纤丝聚集体结构研究进展. 材料导报(A),
2019,33(9):2997-3002.

[14]Yu Y,Wu H W. Significant differences in the hydrolysis behavior of amorphous and crystalline
portions within microcrystalline cellulose in hot-compressed water. Industrial & Engineering
Chemistry Research,2010,49:3902-3909.

[15]Zhang Y H,Lynd L R. Toward an aggregated understanding of enzymatic hydrolysis of cellulose:
noncomplexed cellulase systems. Biotechnology and Bioengineeering,2004,(88):797-824.

[16]段超,冯文英,张艳玲,等. 预水解因子对杨木木片相关性能的影响. 中国造纸,2013,32(5):
1-6.

[17]Pingali S V,O'Neill H M,Nishiyama Y,He L,et al. Morphological changes in the cellulose and
lignin components of biomass occur at different stages during steam pretreatment. Cellulose,2014,
21:873-878.

[18]Cordeiro N,Ashori A,Hamzeh Y,et al. Effects of hot water pre-extraction on surface properties of
bagasse soda pulp. Materials Science and Engineering C,2013,33(2):613-617.

[19]周生飞,李静,詹怀宇. 半纤维素热水预提取及其沉积对竹浆性能的影响. 造纸科学与技术,
2009,28(4):28-31.

[20]Guo,X,Fu Y,Miao F,et al. Efficient separation of functional xylooligosaccharide,cellulose and
lignin from poplar via thermal acetic acid/sodium acetate hydrolysis and subsequent kraft pulping.
Industrial Crops & Products,2020,153:112575.

[21]Sun Q,Foston M,Meng X,et al. Effect of lignin content on changes occurring in poplar cellulose
ultrastructure during dilute acid pretreatment. Biotechnology for Biofuels,2014,7:150-163.

[22]Trajano H L,Engle N L,Foston M,et al. The fate of lignin during hydrothermal pretreatment. Bio-
technology for Biofuels,2013,6:110-126.

[23]Donohoe B S,Decker S R,Tucker M P,et al. Visualizing lignin coalescence and migration through
maize cell walls following thermochemical pretreatment. Biotechnology and Bioengineering,2008,
101(4):913-925.

[24]Leschinsky M,Zuckerstätter G,Weber H K,et al. Effect of autohydrolysis of *Eucalyptus globulus*
wood on lignin structure. Part I:comparison of different lignin fractions formed during water pre-
hydrolysis. Holzforschung,2008,62:645-652.

[25]Leschinsky M,Weber H K,Patt R,et al. Formation of insoluble components during autohydrolysis
of *Eucalyptus ylobulus*. Lenzinger Berichte,2009,87:16-25.

[26]Sannigrahi P,Kim D H,Jung S,et al. Pseudo-lignin and pretreatment chemistry. Energy & Envi-
ronmental Science,2011,4:1306-1310.

[27]Holopainen-Mantila U,Marjamaa K,Merali Z,et al. Impact of hydrothermal pre-treatment to
chemical composition, enzymatic digestibility and spatial distribution of cell wall polymers.
Bioresource Technology,2013,138:156-162.

[28]Wang P,Fu Y,Shao Z,et al. Structural changes to aspen wood lignin during autohydrolysis
pretreatment. BioResources,2016,11(2):4086-4103.

[29] Xiao L P, Shi Z J, Xu F, et al. Characterization of MWLs from *Tamarix ramosissima* isolated before and after hydrothermal treatment by spectroscopical and wet chemical methods. Holzforschung, 2012, 66(3):295-302.

[30] Sun S N, Li H Y, Cao X F, et al. Structural variation of eucalyptus lignin in a combination of hydrothermal and alkali treatments. BioresourceTechnology, 2015, 176:296-299.

[31] Sun R C, Tomkinson J, Jones G L. Fractional characterization of ash-AQ lignin by successive extraction with organic solvents from oil palm EFB fibre. Polymer Degradation and Stability, 2000, 68(1):111-119.

[32] Li J, Gellerstedt G. Improved lignin properties and reactivity by modifications in the autohydrolysis process of aspen wood. Industrial Crops and Products, 2008, 27(2):175-181.

[33] Wang K, Jiang J X, Xu F, et al. Effects of incubation time on the fractionation and characterization of lignin during steam explosion pretreatment. Industrial & Engineering Chemistry Research, 2012, 51(6):2704-2713.

[34] Kim J Y, Shin E J, Eom I Y, et al. Structural features of lignin macromolecules extracted with ionic liquid from poplar wood. Bioresource Technology, 2011, 102(19):9020-9025.

[35] Wen J, Sun S, Xue B, et al. Recent advances in characterization of lignin polymer by solution-state nuclear magnetic resonance(NMR)methodology. Materials, 2013, 6(1):359-391.

[36] Leschinsky M, Zuckerstätter G, Weber H K, et al. Effect of autohydrolysis of *Eucalyptus globulus* wood on lignin structure. Part 2: Influence of autohydrolysis intensity. Holzforschung, 2008, 62(6):653-658.

[37] Wang K, Yang H, Guo S, et al. Comparative characterization of degraded lignin polymer from the organosolv fractionation process with various catalysts and alcohols. Journal of Applied Polymer Science, 2014, 131(1):39673-39681.

[38] Samuel R, Cao S, Das B K, et al. Investigation of the fate of poplar lignin during autohydrolysis pretreatment to understand the biomass recalcitrance. RSC Advances, 2013, 3(16):5305-5309.

[39] Li J, Henriksson G, Gellerstedt G. Lignin depolymerization/repolymerization and its critical role for delignification of aspen wood by steam explosion. Bioresource Technology, 2007, 98(16):3061-3068.

[40] Hage R E, Chrusciel L, Desharnais L, et al. Effect of autohydrolysis of *Miscanthus* ×giganteus on lignin structure and organosolv delignification. Bioresource Technology, 2010, 101(23):9321-9329.

[41] Rauhala T, King A W T, Zuckerstätter G, et al. Effect of autohydrolysis on the lignin structure and the kinetics of delignification of birch wood. Nordic Pulp and Paper Research Journal, 2011, 26(4):386-391.

[42] Wörmeyer K, Ingram T, Saake B, et al. Comparison of different pretreatment methods for lignocellulosic materials. Part II: Influence of pretreatment on the properties of rye straw lignin. Bioresource Technology, 2011, 102(5):4157-4164.

[43] Kim J Y, Oh S, Hwang H, et al. Structural features and thermal degradation properties of various lignin macromolecules obtained from poplar wood(*Populus albaglandulosa*). Polymer Degradation Stability, 2013, 98(9): 1671-1678.

[44] Gullón P, Conde E, Moure A, et al. Selected process alternatives for biomass refining. A review. The Open Agriculture Journal, 2010, 4: 135-144.

[45] Wang Z, Jiang J, Wang X, et al. Selective removal of phenolic lignin derivatives enables sugars recovery from wood prehydrolysis liquor with remarkable yield. Bioresource Technology, 2014, 174: 198-203.

[46] Zhu J, Pan X. Woody biomass pretreatment for cellulosic ethanol production: Technology and energy consumption evaluation. Bioresource Technology, 2010, 101(13): 4992-5002.

[47] 王鹏, 秦影, 傅英娟, 等. 杨木自水解液中溶解木质素和胶体木质素的结构特征. 林产化学与工业, 2017, 37(4): 59-66.

[48] Hu F, Jung S, Ragauskas A. Pseudo-lignin formation and its impact on enzymatic hydrolysis. Bioresource Technology, 2012, 117: 7-12.

[49] Hu F, Ragauskas A J. Pretreatment and lignocellulosic chemistry. BioEnergy Research, 2012, 5(4): 1043-1066.

[50] Kumar R, Hu F, Sannigrahi P, et al. Carbohydrate derived-pseudo-lignin can retard cellulose biological conversion. Biotechnology and Bioengineering, 2013, 110(3): 737-753.

[51] 林玲, 曹石林, 马晓娟, 等. 竹材预水解过程木素迁移行为研究. 林产化学与工业, 2014, 34(5): 79-83.

[52] Zhuang J, Wang X, Xu J, et al. Formation and deposition of pseudo-lignin on liquid-hot-water-treated wood during cooling process. Wood Science & Technology, 2017: 1-10.

第4章 水热处理液中半纤维素糖和木素碎片的分离纯化

水热处理液(又称预水解液)成分较为复杂,占主导地位的是源于半纤维素水解的糖类物质,同时含有木素解聚产生的碎片。此外,水热处理过程中半纤维素的乙酰基和葡萄糖醛酸基断裂产生乙酸和糖醛酸,糖类物质进一步脱水降解产生糠醛或羟甲基糠醛等。另外,水热环境导致水溶性抽提物和无机盐在水热处理过程中大量溶出,以上物质最终转移至水热处理液中。研究表明,上述物质构成了水热处理液固形物成分的91.4%~95.6%[1]。通常,水热处理液中的糖类物质包括单糖和寡糖。对于阔叶木和草类原料的水热处理,糖基构成上以木糖为主,阿拉伯糖和甘露糖次之,这些糖在食品和保健领域具有很高的价值。同样,水热处理液中的木素碎片在结构功能上类似多酚,也具有重要的利用价值,可以升级转化为抗氧化剂、酚醛胶黏合剂、高分子共混料、碳纤维、生物炭和芳香醛等高附加值产品[2]。

目前,多数纸浆厂将水热处理液并入黑液,经过浓缩进入碱回收,最终燃烧处理。从生物质全组分炼制的角度,处理液中的糖和木素碎片等有机物的价值应该得到重视加以利用,生产高附加值产品,以提升生物质利用的整体经济效益。考虑到水热处理液成分的复杂性,应该系统研究水热处理中各组分的物理化学性质,开发高选择度的分离和纯化技术,为水热处理液的资源化利用奠定理论基础并提供工业指导。

4.1 水热处理液中化学组分的产生及其结构特征

研究水热处理液的物理化学性质是开发分离技术的基础。水热处理液在室温下呈现棕色悬浊状态,浑浊程度与放置的时间和温度有关。研究表明,不溶物的形成有两方面的原因:一方面,处理液从高温环境冷却至室温,溶解度的降低导致不溶物的产生;另一方面,水热处理液中含有的木素碎片具有很高的反应活性,在室温下缓慢聚合而产生不溶物。由于处理液中含有芳香醛和糖类物质,因此有淡淡的香甜气味。处理液中含有半纤维素脱乙酰基产生的乙酸,因此水热处理液呈酸性,pH一般为3.5~4.0。

4.1.1 水热处理液中的化学组成

水热处理液的化学成分与原料种类和水热处理条件有关,其成分大致分为糖类、糖类降解产物和木素解聚碎片三类。表 4.1 列出了实验室制备的杨木水热处理液的成分[3],可以看出,处理液中糖类、糖类降解产物和木素解聚碎片的浓度差别不大。水热处理液成分与原料的种类和生产工艺有很大关系,表 4.2 列出了间歇工艺和连续工艺水热处理液的化学组成。间歇处理的数据源于加拿大某纸浆厂[1],使用的原料是枫木、白杨木和白桦木的混合木片。具体水热处理条件是:液比 1:2.8,温度 170℃,时间 45min。连续处理的数据源于国内某纸浆厂,使用的原料是桉木和相思木的混合木片,设备是卡米尔式的连续反应器。具体工艺条件是:液比 1:4,温度 155~160℃,时间 120min,收集的是经过喷放闪蒸后的水热处理液。可以看出,水热处理液中的主要成分是源于半纤维素的糖类,其次是乙酸和木素,还有相当比例的灰分。对于间歇水热处理工艺,糖占水热处理液的质量分数介于 1.50wt%~1.65wt%,稍高于木素的质量分数 1.01wt%~1.18wt%。对于连续水热处理工艺,半纤维素糖的浓度明显高于间歇水热处理工艺,达到了 2.5wt%,而木素的浓度低于间歇水热处理工艺,这体现了连续水热处理的选择性优势。此外,表 4.2 中的工业水热处理工艺的液比低于表 4.1 中实验室水热处理工艺的液比,但木素含量仍低于实验室水热处理液,这是因为工业水热处理使用高温水蒸气,而实验室使用液态高温水。文献表明[4],对于水热处理,高温液态水对木素的溶出能力显著高于高温水蒸气。

表 4.1　实验室制备的杨木水热处理液的化学组成(g/L)

类型	糖的类型 寡糖	糖的类型 单糖	木素碎片		糖降解产物	
阿拉伯糖	0.12	0.52	对羟基苯甲酸	0.95	甲酸	4.31
半乳糖	0.35	0.37	香草醛	0.10	乙酸	2.91
葡萄糖	0.82	0.16	丁香醛	0.17	乙酰丙酸	0.08
木糖	7.28	2.15	愈创木酚	0.02	糠醛	1.31
甘露糖	1.04	0.26	其他	8.77	羟甲基糠醛	0.11
总量	9.61	3.46		10.01		8.72

注:水热处理温度 170~175℃,时间 60min,液比 1:6,等温分离收集水热处理液。

表 4.2　纸浆厂水热处理液的化学组成（wt%）

化学组成	工业间歇处理	工业连续处理
葡萄糖	0.17~0.20/0.15~0.17ᵃ	
木糖	0.46~0.52/0.20~0.29	2.5
甘露糖	0.09~0.10/0.14~0.17	
半乳糖	0.07~0.08/0.02~0.04	
阿拉伯糖	0.01~0.02/0~0.02	2.5
鼠李糖	0.02/	
果糖	0.07~0.09/	
木素	1.01~1.18	0.5
糠醛	0.18~0.33	NA
乙酸	1.21~1.52	0.5
甲醇	0.02	NA
无机物	1.05~1.37	0.35

注：a/ 之前和之后分别是单糖和寡糖量，NA 表示未能获取数据。

4.1.2　碳水化合物的反应及其产物

在水热处理的反应环境下，木质纤维原料的半纤维素首先发生化学反应。图 4.1 以阔叶木半纤维素聚木糖为例，展示了一系列的水解和脱水反应。阔叶木的聚木糖骨架上连接有 O-乙酰基、甲基葡萄糖醛酸基和碳水化合物–木素复合物（LCC），水解反应导致糖苷键断裂，产生木糖（单糖和寡糖）、阿拉伯糖、4-O-甲基–葡萄糖醛酸和 LCC。酯的水解产生乙酸，乙酸进一步催化聚木糖的水解。在较强的水热条件下，产生的木糖和阿拉伯糖发生脱水反应，产生糠醛。纤维素具有很高的聚合度和结晶度，分子间氢键较强，在水热条件下不像半纤维素一样容易反应。图 4.1 显示纤维素经水解作用生成葡萄糖，在较强的水热条件下，葡萄糖进一步脱水生成羟甲基糠醛。羟甲基糠醛经过一系列复杂的反应，转化为乙酰丙酸和甲酸。在上面的一系列反应当中，产生的糠醛和羟甲基糠醛稳定性较差，容易聚合产生颜色较深的黏性化合物，这增加了糖分离纯化的难度[5,6]。

对于碳水化合物反应产物的检测，需要有针对性地分开进行。单糖如木糖、葡萄糖、阿拉伯糖、半乳糖和甘露糖的检测，最常用的方法是离子色谱或常规液相色谱法。离子色谱配备的脉冲安培电化学检测器一般较液相色谱配备的示差检测器灵敏，并且能够同时检测糖醛酸[7]。对于浓度低的单糖样品，建议采用离子色谱。搭配有多糖分析柱的离子色谱，能够非常精准地分析处理液中的寡糖[8]。图 4.2 展示了杨木处理液中木糖和寡木糖的色谱洗脱曲线，寡木糖实现了较好的分离。

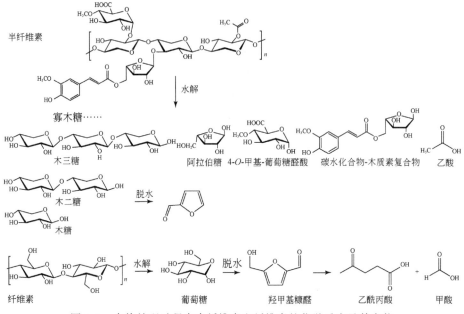

图 4.1　水热处理过程中半纤维素和纤维素的化学反应及其产物

由于高于六个聚合度的寡木糖标准样品非常缺乏,目前对水热处理液中的寡糖总量的检测普遍采用间接的方法进行,即通过酸解将寡糖转化为单糖,酸解前后单糖的增量即为寡糖量。常规的液相色谱在分析处理液成分方面也有优势。美国可再生能源实验室推荐的方法[9],能够同时测量木质纤维处理液中常见的单糖及其降解产物,包括糠醛、羟甲基糠醛、乙酰丙酸、乙酸和甲酸,已经被研究者广泛采用。经过干燥和酸性醇解处理,气相色谱同样能够提供详细的处理液中碳水化合物的结构和组成信息,包括单糖数量和糖醛酸支链数量[10]。

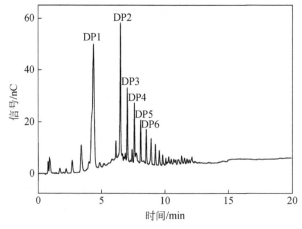

图 4.2　杨木水热处理液中木糖和寡木糖的离子色谱洗脱图(根据文献[8]绘制)

水热处理液中存在的可溶性 LCC 很难利用色谱技术进行测量。Huang 等[11]利用二维核磁谱(2D-HSQC)对水热处理液中的糖类及 LCC 进行了详细的表征,图4.3是毛竹水热处理液中糖和 LCC 的 2D-HSQC 谱图。图中显示了丰富的糖结构信息,包括低聚木糖的还原端(X_R)和非还原端(X_{NR})、2-O-乙酰基木糖(X_2)、3-O-乙酰基木糖(X_3)、阿拉伯糖(Ara)和 4-O-甲基-葡萄糖醛酸基(U)等。此外,酚基-糖苷形式的 LCC(PhGlc)也出现在谱图中。目前,2D-HSQC 已经成为研究水热处理液组分细微化学结构的有力工具。

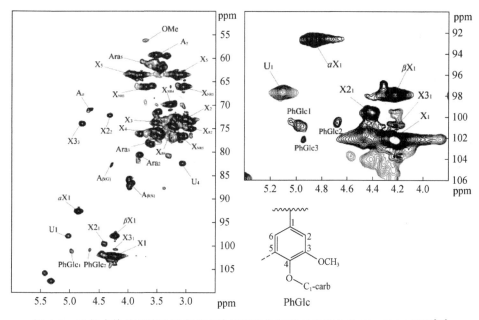

图4.3　毛竹水热处理液经过离子交换树脂纯化得到的糖组分的 2D-HSQC 谱图[11]

4.1.3　木素的反应及其产物

木素是植物细胞壁中丰度仅次于纤维素的组分。在生物合成上,木素是由香豆醇、松柏醇和芥子醇三种芳香醇前体经自由基聚合而成的交叉连接型酚聚合物。在结构上,木素是由对羟苯基、紫丁香基和愈创木基三种苯丙烷单元通过醚键和碳碳键相互连接形成的具有三维网状结构的生物高分子,含有丰富的芳环结构、脂肪族和芳香族羟基以及醌基等活性基团。木素结构单元与纤维素和半纤维素碳水化合物通过酯键、醚键和糖苷键连接形成木素-碳水化合物复合体。通常情况下,很难分离得到结构完全不受破坏的原本木素。此外,木素侧链 γ-碳的羟基通常发生酰化而通过酯键连接不同的次结构单元,如乙酰基和对羟基苯酰基[12,13]。

在水热处理环境下,木素经历着从细胞壁中固态高聚物转化为处理液中液态小碎片的转变,从而发生一系列的物理化学变化,主要包括相转化、化学反应和溶解三个过程。许多研究发现,植物原料处理后在木片表面出现许多木素小球。这可以说是相转化的体现,这些研究涉及杨木、桉木、麦草等多种原料的水热法、稀酸法等多种预处理[14,15]。植物细胞壁内的木素经历玻璃化、橡胶化、汇集结合和迁移过程,从细胞壁内部转移到外部[16],反应结束后的冷却导致其收缩变硬并沉积到原料表面形成小球[17]。除了形态和形貌方面的变化,在水热环境下,木素发生以解聚和缩聚为主旋律的化学反应。如图 4.4 所示,木素结构内部存在的酯键会首先通过水解作用发生断裂[图 4.4(a)],木素侧链 γ-碳连接木素次结构单元的酯键,水解断裂后产生如图 4.4(a)所示的乙酸、对甲基苯甲酸和香豆酸。阔叶材和竹材水热处理液中存在的大量对甲基苯环酸和香豆酸就源于此反应。木素侧链 γ-碳连接碳水化合物的酯键,水解断裂后产生如图 4.1 所示的糖。其次,在水热处理的酸性环境下,木素结构单元间的芳基醚键会发生断裂。图 4.4(b)展示了木素 β-O-4 芳基醚键断裂的反应路径,芳基醚键在经历脱水反应和水解反应后断裂。在这一过程中,木素质子化和脱水反应产生的苄基碳正离子对亲核试剂具有很高的亲和力,能够与其他木素单元的甲氧基邻位或对位碳原子形成碳-碳共价键,产生分子间缩合结构[图 4.4(c)]。同样,它也能与相连的芳环碳形成碳-碳共价键,产生分子内缩合[图 4.4(d)]。缩合反应与木素结构单元的甲氧基位置和数量有关,Sturgeon 等[18]利用模拟物对木素芳基醚键的断裂进行了细致的研究,证实了缺少甲氧基的酚羟基邻位易于发生缩合反应。此外,就木素的提取难易程度来讲,愈创木基结构单元难于紫丁香基结构单元,这可能是由于愈创木基的五号碳位置不存在甲氧基而容易发生缩聚反应所导致的[19,20]。总之,在水热处理过程,木素的解聚和缩聚同时进行。Samuel 等[21]对不同处理温度和时间的木素进行分子量分析表明,木素的解聚占主导地位。溶解是木素反应产物从固相转移到液相的最后一步,也是非常关键的物理过程。植物细胞壁中的木素本身是疏水的,经过水热处理后,解聚反应使分子量变小,酚羟基增多,水溶性增强。然而,对于发生了相转化和轻度解聚的木素产物来说,其在水溶液中的溶解度仍然有限,尤其在温度降低时会出现沉积。这是推荐处理液等温相分离的原因,这样可以避免冷却过程中木素产物在固态物料表面和反应器管壁的附着[17,22]。由于木素解聚产物在水中的溶解度有限,研究人员开发了流动反应的水热处理技术,这是一种类似固定床的技术。木质纤维生物质在管式反应器内固定,持续泵送液态高温水实现木素和半纤维素的溶出并收集。与常规的间歇处理相比,流动反应强化了传质作用,木素的脱除率有极大的提高。Trajano 等[20]对比了杨木在 180℃、12min 水解条件下流动法和间歇法的木素脱除率,发现流动法的脱木素率达到 45% 左右,远高于间歇法的 22%。流动法的另一个优势是能够降低碳水化合物的降解和木素的缩合,这得益于反应产物在反应器内的有限停留时间。事实上,流动法在木质纤维生物质组分解离方面的研究已得到越来越多的重视[22-25],其不足之处是需要的反应介质的体积较间歇法高。除了等温相分离策略和流动策略,后续的有机溶剂洗涤也能够提高水热反应的脱木素率。木质纤维原料在304℃和2min的水热反应条件下,经过充分的水洗,脱木素为36%。但是,同样的反应条件,改为90%(v/v)的二氧六环水溶液洗涤,脱木素则达到85%。这说明水热反应能够解聚木素但是产物却难以溶解到水中,这是后续的溶剂洗涤起作用的原因所在[4,23]。

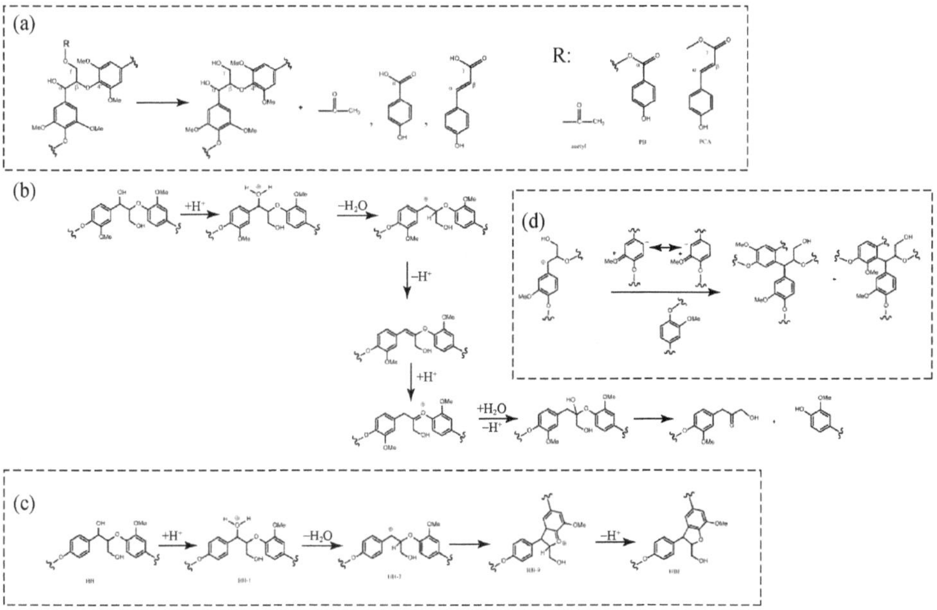

图4.4 在水热环境下木素下可能的化学反应路线

许多研究对水热处理液中木素反应产物的种类和结构进行了探讨。重量法和分光光度法一般用来定量木素的浓度;凝胶色谱用来测量木素反应产物的分子量分布,以此确定木素的解聚和缩聚程度;液相色谱和气相色谱/质谱技术用来测量和鉴定水热处理液中低分子量木素产物和浓度,尤其是单体和二聚体;核磁共振用来确定木素解聚的分子细微结构。图4.5展示了杨木短时水热处理工艺所产生的处理液中木素产物的分子量分布。由于解聚作用,木素的重均分子量较磨木木素的分子量有了极大的降低,从4090g/mol降低至1111g/mol。在木素解聚物中,二聚体数量占据优势,而单体数量相对有限,处理液中还含有大量多于三个结构单元的解聚物[24]。

Goundalkar等[25]利用乙醚和三氯甲烷萃取了糖枫水热处理液中低分子木素解聚物,并利用气相色谱质谱联用(GC-MS)对其进行了检测,鉴定的木素解聚单体和

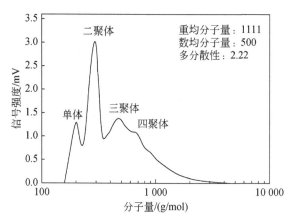

图 4.5　杨木短时水热处理(190℃、8min)的处理液中木素的分子量分布

二聚体如图 4.6 所示。从数量来讲,香草醛(1)、丁香醛(2)、香草酸(3)、丁香酸(4)、对羟基苯甲酸(11)、松柏醛(12)、芥子醛(13)和丁香树脂酚(18)的浓度较高。Trajano 等[20]研究了杨木处理液中木素解聚单体产物,发现对羟基苯甲酸、松柏醇、丁香酚基丙三醇、芥子醇等产物。可以确认,对羟基苯甲酸源于苯丙烷 γ-碳的酯键断裂,而松柏醇和芥子醇可能是未木质化的单体。事实上,正如图 4.5 所示,单体占木素总降解产物的比例较低。木素降解产物的结构信息主要源于核磁共振分析,Leschinsky1 等[22]利用核磁共振表征技术详细研究了桉木水热处理过程木素结构的变化,将处理液中的木素细分为经过离心获取的沉淀部分(I-f)和离心上清液乙酸乙酯萃取部分(ET-f),并与桉木磨木木素(MWL-n)、水热处理剩余固形物的磨木木素(MWL-r)的结构进行了比较。结果发现,I-f 的甲氧基数量是 20.8%,与 MWL-n 的数量 20.6%几乎持平,但 ET-f 的甲氧基数量较低,为 18.7%,说明水热处理有轻微的脱甲氧基反应。碳谱分析木素碳–碳缩合结构的数量表明,MWL-n、MWL-r 和 I-f 的缩合结构数量依次为 1.77、1.89 和 2.21,证实水热处理过程有新的缩合结构生成。此外,2D HSQC 核磁共振数据显示 MWL-n、MWL-r 和 I-f 的 β-O-4 芳基醚键数量依次为 23、20 和 12,说明水热处理过程中木素的解聚作用。而对于以碳–碳键连接的木素结构单元如 β-β、β-5 和 β-1 来说,水热处理液木素(MWL-r 和 ET-f)明显高于桉木磨木木素(MWL-n)。芳基醚键的断裂会导致木素醇羟基的减少和酚羟基的增多(图 4.4),这一点被核磁共振磷谱测定的羟基数据证实。MWL-n、MWL-r、I-f 和 ET-f 的醇羟基数量依次为 109、79、62 和 75,而酚羟基数量依次为 17、24、42 和 58。可见,对水热处理液中木素降解产物结构特征的解析,不仅能够有助于明确水热处理液的一些物理化学特性,还能够为开发对木素有高度选择性的分离技术提供指导。

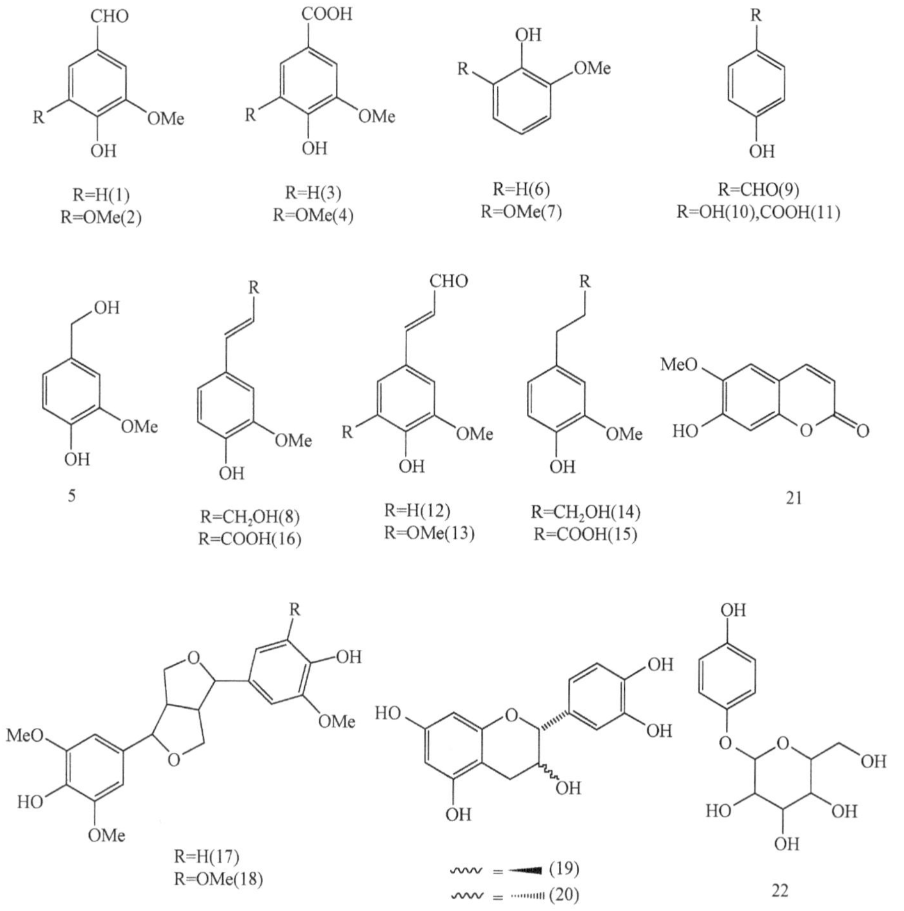

图 4.6　水热处理液中的低分子木素降解产物

4.2　水热处理液的胶体化学性质

一种物质或者几种物质高度分散到连续介质中所形成的体系叫做分散体系，被分散的物质称为分散相。根据分散相颗粒的大小和分散程度的不同，分散体系分成粗分散体系，胶体分散体系和分子分散体系。粗分散体系通常称为浊液，颗粒尺寸大于 100nm，不扩散，不渗析，在显微镜下可见。胶体分散体系一般称为胶液，颗粒尺寸在 1.0nm 和 100nm 之间，扩散极慢，在普通显微镜下不可见，在超显微镜下可见。分子分散体系指的是真溶液，颗粒尺寸小于 1.0nm，粒子能通过滤纸，扩散很快，能渗透，在超显微镜下也不可见。这种分类虽然在理论上不够严谨，但在讨论粒子大小时较为方便。溶液和液态胶体都是澄清透明的，丁达尔现象可用于区分两者。此外,胶体中的胶粒是带电的,能够在胶核周围介质的相间界面区域形成双电层。由于胶粒带电,胶体可以发生电泳现象,带电是胶体保持稳定的重要原因。

4.2.1　水热处理液的多分散特性

水热处理液是以水为分散介质的分散体系,分散相是碳水化合物和木素的解聚产物,其分子量分布宽、极性跨度大。研究表明,水热处理液是包含粗分散体系、胶体分散体系和分子分散体系的多分散体系。在水热处理条件下,木素经过化学降解,分子量逐级降低,由疏水逐步变为亲水,由不溶变为可溶,是水热处理液呈现多分散相的主要成因。因此,研究木素的胶体界面化学,对开发处理液中价值组分的分离纯化技术具有重要指导意义。根据水热处理液中木素解聚产物的分散形式,可将其分为颗粒木素、胶体木素和碎片木素三种[26]。三种木素的分散状态与所处环境条件有关,是可以相互转化的。颗粒木素尺寸较大,能够用常规物理方法分离,如滤纸截留、离心分离、自然或冷冻沉降等。这部分木素在水热处理过程的高温环境下是可溶的,但在室温下析出;也可能在反应结束时可溶,但在水热处理液存放过程中发生聚合而变得不可溶。在结构上,颗粒木素分子量较大,亲水性较差。胶体木素能够通过滤纸但不能在水中形成真溶液;其分子量较低,在结构上含有疏水的苯环和亲水的酚羟基,具有一定的双亲性质。能够降低水溶液的表面张力(图4.7),能够发生微弱的电离,具有一定的聚电解质特性。碎片木素能够完全溶于水形成真溶液,结构上一般是单苯环的木素降解物或者是连接糖单元的小分子LCC[27]。

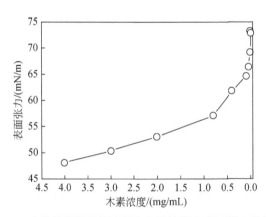

图4.7　水热处理液稀释过程中木素浓度和表面张力的关系

表4.3列出了过滤、离心、盐析和超滤后水热处理液中木素和糖的浓度变化。经过0.45μm的微孔滤膜过滤后,水热处理液中大约43.7%左右的木素被截留。

在5000r/min转速下离心5min,木素的去除率为25.0%[26]。在-10℃到-20℃条件下静置水热处理液,大约14.6%到15.5%的木素发生沉降[28]。这些数据表明,颗粒木素占水热处理液中木素总量的比例较高,在25%到45%之间。胶体木素的定量有一定困难,通过盐析法处理水热处理液,大约37.2%的木素发生沉淀。超滤法在一定程度上能够量化胶体木素,截留分子量在一千到三万之间,该条件的超滤处理截留21.6%的木素[29],低于盐析法沉淀的木素量。基于盐析和超滤的结果,可认为水热处理液中胶体木素的比例在20%到40%之间。

表4.3　不同处理后水热处理液中木素和糖浓度(g/L)的变化及对应的去除率

水热处理液	酸不溶木素	酸溶木素	总木素	糖
离心处理	2.07(40.8%)[a]	3.27(8.9%)	5.34(25.0%)	18.16(4.1%)
微孔过滤	1.21(65.7%)	2.80(22.0%)	4.01(43.7%)	16.0(3.3%)
盐析	1.31(62.8%)	3.16(12.0%)	4.47(37.2%)	18.84(0.3%)
超滤			5.03(21.6%)	11.24(40.5%)

注:a括号内的数据为去除率,水热处理液处理前酸不溶木素、酸溶木素、总木素和糖的浓度分别为3.53g/L、3.59g/L、7.12g/L和18.89g/L。

4.2.2　水热处理液中颗粒木素的稳定机制及去除方法

颗粒木素是造成水热处理液浑浊的主要原因。光散射分析表明,这些颗粒在水热处理液原始pH 3.6条件下,其平均尺寸在$10\mu m$左右。根据溶胶的胶体稳定理论(DLVO理论),Wang等[26]推测是空间作用提供了颗粒木素在水体系中的主要稳定力(图4.8)。这可能是因为,在水热处理液的弱酸性pH 3.6环境下,木素的ζ电位是-12.9mV,这种微弱的静电作用远不能稳定尺寸在$10\mu m$左右的颗粒木素。颗粒木素的稳定悬浮状态,可能归功于尺寸较小的胶体木素在其表面的吸附。胶体木素的吸附构成了溶剂化层,其亲水基端朝向分散介质,阻止颗粒木素的聚集沉降。这种胶体木素附着在颗粒木素表面所形成的空间结构,使得颗粒木素的尺寸稍微变大。同时这种附着是不坚固的,能够被离心力破坏。因此,过滤处理的木素去除率为43.7%,高于离心处理25.0%的木素去除率(表4.3)。离心分离的木素在纯水中能够迅速沉降,无法形成稳定的悬浮体系,证明了胶体木素对颗粒木素分散稳定性的贡献。胶体木素形成的溶剂层很容易被饱和盐溶液破坏,这种破坏导致颗粒木素的盐析分离(图4.8)。同时,盐析会压缩胶体木素的双电层,导致部分胶体木素沉淀。Duarte等[30]用氯化钾电解质处理水热处理液,在氯化钾浓度230mmol/L左右时,水热处理液中颗粒呈电中性,ζ电位接近零点,导致水热处理液中胶体颗粒失稳沉淀。表4.3的数据表明,盐析处理的木素去除率为37.2%,且几乎没有糖组分的去除,说明盐析具有颗粒木素去除的高度选择性。

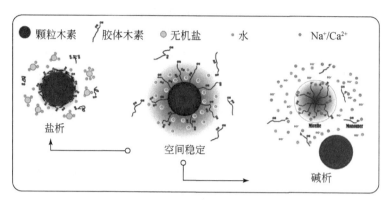

图 4.8　水热处理液中木素的空间稳定、盐析和碱析的作用过程示意图

　　碱处理同样能够破坏颗粒木素的稳定。图 4.9 展示了氢氧化钠逐滴加入水热处理液的过程中,木素颗粒的 ζ 电位和颗粒尺寸随 pH 的变化。在碱处理的过程中,由于木素酚羟基的逐渐电离,ζ 电位从 pH 3.6 的 -12.9mV 逐步降至 pH 11.0 的 -19.3mV。奇怪的是,在 pH 7.0 至 11.0 的范围内,尽管木素颗粒间的静电斥力变大,但分散体系的颗粒尺寸迅速变大,部分木素失去分散稳定性而发生沉淀。图 4.10 显示了氢氧化钠处理过程中水热处理液 pH 和电导率的变化,在 pH 7.0 至 11.0 范围内水热处理液导电率脱离线性升高的趋势而变得平缓,这是由于部分木素发生沉淀带走部分钠离子造成的。根据研究,氢氧化钠处理水热处理液至 pH 8.9 导致大约 28.8% 的木素发生沉淀[26],发生沉淀的木素大部分是颗粒木素,同时含有少量的携带碱金属离子的木素胶束(图 4.8)。木素胶束的生长,使分散体系的颗粒尺寸迅速增大。当采用氢氧化钙而不是氢氧化钠处理时,会有较多的胶体木素发生沉淀。研究表明,氢氧化钙处理水热处理液至 pH 11.2,木素的去除率

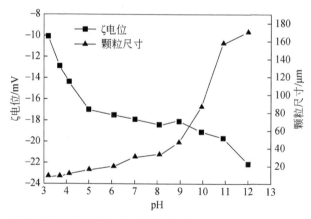

图 4.9　氢氧化钠处理过程中处理液木素颗粒的 ζ 电位及尺寸随 pH 的变化

达 44.2%[3],远高于离心处理 25.0% 的去除率,同样高于氢氧化钠处理后 28.8% 的木素去除率,这表明较多的胶体木素发生了沉淀。对于木素在碱性条件下的聚集和沉淀现象,Norgren 等[31]利用准弹性光散射技术进行了研究,揭示了絮聚的动力学和构造。处理液中木素的碱析可用于解释超施石灰(over- liming)对水热处理液脱毒的作用机制,即超施石灰通过去除水热处理液中对酿酒酵母具有毒性的木素而提高葡萄糖的发酵效率[32,33]。

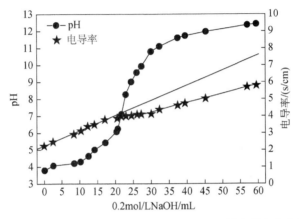

图 4.10　氢氧化钠处理过程中处理液 pH 和电导率的变化曲线

4.2.3　水热处理液中的胶体木素与阳离子聚电解质的相互作用及其去除

水热处理液中含有丰富的负电性物质。首先,小分子有机酸如甲酸($pKa = 3.7$)、乙酸($pKa = 4.7$)、葡萄糖醛酸($pKa = 2.9$)在弱酸环境中就能发生电离呈负电性。木素含有丰富的酚羟基,福林法测定的水热处理液中木素酚羟基含量在 4.2mmol/g 左右。酚羟基的 pKa 在 10 附近,在弱碱环境下木素会发生电离而呈负电性。水热处理液中的糖类物质,包括低聚糖和单糖,其醇羟基的 pKa 介于 12.0 到 12.5 之间,在强碱环境下也会发生电离。图 4.9 显示了水热处理液中颗粒在不同 pH 环境下的 ζ 电位,ζ 电位从水热处理液初始 pH 3.6 的 −12.9mV 降低至 pH 12.4 的 −23.4mV,说明水热处理液中存在大量带负电的颗粒物质。这些负电性物质,尤其是木素和低聚糖,可以通过静电引力与阳离子聚电解质结合,在两者比例达到电中性时,颗粒间静电斥力消失,颗粒絮聚而发生沉淀。

聚合氯化铝(PAC)是一种无机高分子混凝剂,对水体中胶体和颗粒物具有高度电中和及桥联作用,因此 PAC 可被用于絮凝水热处理液中的胶体木素。水热处理液经 0.45μm 微孔过滤处理后,将水热处理液的 pH 用氢氧化钠调节至 pH 8.9。图 4.11 显示了 pH 3.6 和 pH 8.9 环境下 PAC 絮凝处理水热处理液过程中 ζ 电位与 PAC 浓度的关系。在水热处理液原始 pH 3.6 的环境下,ζ 电位在 PAC 浓度

0.08g/L 时接近零点,而在 pH 8.9 环境下,ζ 电位在 PAC 浓度高达 4.8g/L 时才接近零点。这是因为在碱性环境下,水热处理液中大量的有机物发生电离,需要更多的 PAC 达到电中性。同样,水热处理液被 0.45μm 微孔过滤后,用氢氧化钠将其 pH 分别调节至 4.7、7.0 和 8.9,然后使用 PAC 絮凝沉淀水热处理液中的胶体木素。图 4.12 显示了不同 pH 环境下 PAC 浓度与木素去除率的关系。可以发现,在相同 PAC 用量下,高 pH 能强化木素的絮凝效果。在 pH 8.9 和 PAC 用量 0.08g/L 的条件下,其木素去除效果与 pH 3.6 和 PAC 用量 2.0g/L 相媲美,这是因为在碱性条件下胶体木素因电离而带负电荷,更容易被 PAC 吸附架桥形成大絮体而沉淀[26]。

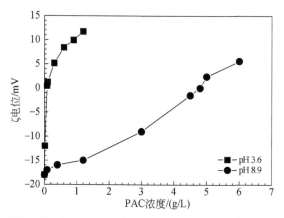

图 4.11　不同 pH 环境下聚合氯化铝处理水热处理液过程中 ζ 电位与聚合氯化铝浓度的关系

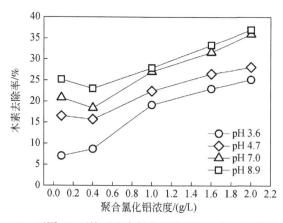

图 4.12　不同 pH 环境下聚合氯化铝浓度与木素去除率的关系

　　除 PAC 外,明矾、聚二烯丙基二甲基氯化铵(p-DADMAC)、聚乙烯亚胺(PEI) 和聚丙烯酰胺(CPAM)等阳离子电解质也被用于水热处理液中颗粒物质的絮凝沉淀处理[30,34]。表 4.4 列出了处理后水热处理液中各成分的浓度变化。可以看出,不同电解质对糖和木素的去除率存在较大差异。p-DADMAC 由于电荷密度较高,导致 24% ~ 37% 的糖损失率。值得一提的是,p-DADMAC 能够结合水热处理液中的乙酸,这是其他电解质不具备的能力。明矾处理导致的糖损失与 p-DADMAC 相近,但木素的去除率较低,且明矾对糖和木素的选择性较差。在表 4.4 涉及的电解质中,CPAM 对木素的选择性脱除最高,且 CPAM 能够显著去除水热处理液中的羟甲基糠醛。

表 4.4　阳离子(聚)电解质处理后水热处理液中木素和糖等有机物的浓度变化(g/L)[34]

阳离子种类	原始处理液	PEI	明矾	p-DADMAC	CPAM
半乳糖	1.31	1.03	0.91	0.77	1.0
木糖	27.78	22.17	21.35	17.79	24.34
鼠李糖	1.29	0.97	0.88	0.73	0.84
甘露糖	3.26	2.14	1.78	2.22	2.45
阿拉伯糖	1.55	1.31	1.31	0.99	1.30
总糖	37.91	29.42	28.01	23.97	31.44
糠醛	1.34	1.73	1.60	0.43	1.7
羟甲基糠醛	0.33	0.14	0.13	0.14	0.08
乙酸	7.24	6.21	6.15	4.48	6.8
酸溶木素	0.69	0.39	0.55	0.32	0.61
酸不溶木素	4.86	1.92	2.88	1.32	1.12
总木素	5.55	2.31	3.43	1.65	1.73

4.2.4　多孔材料吸附水热处理液中的碎片木素

微孔过滤和絮凝处理后,水热处理液中的颗粒木素和胶体木素被去除,剩余的小分子碎片木素可以采用物理吸附的方法去除。对于碎片木素,研究者采用甲基叔丁基醚对这些物质进行萃取后,利用气相色谱/质谱技术(GC/MS)进行了结构鉴定和浓度测量[26]。图 4.13 显示了杨木水热处理液中碎片木素的种类、结构和浓度。可以发现,水热处理液的木素碎片含有丰富的酚羟基、羰基、羧酸基和醇羟基等亲水基团,因此很难通过絮凝的方式去除。量化数据显示,GC/MS 鉴定的木素降解物仅占过滤-絮凝处理后水热处理液中残余木素的 1.0% 左右。因此,大多数的碎片木素在结构上是含有多个苯环的低聚物。对于这些碎片木素的有效去除,需要较大孔径的吸附材料。

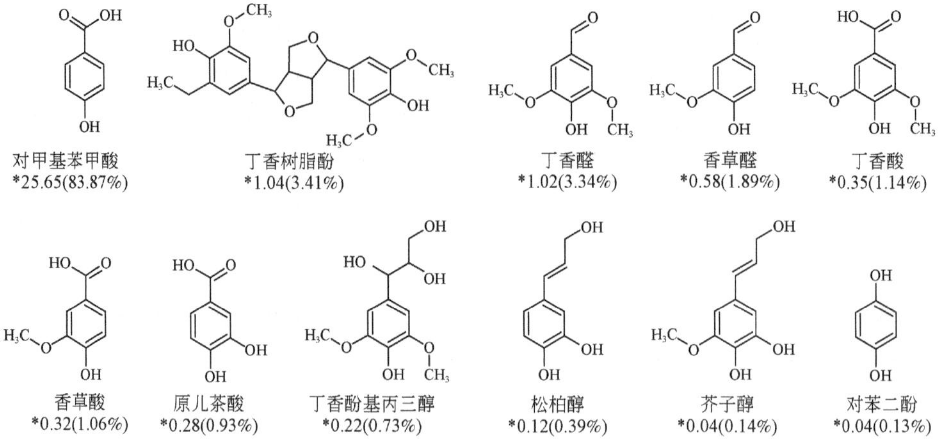

对甲基苯甲酸
*25.65(83.87%)

丁香树脂酚
*1.04(3.41%)

丁香醛
*1.02(3.34%)

香草醛
*0.58(1.89%)

丁香酸
*0.35(1.14%)

香草酸
*0.32(1.06%)

原儿茶酸
*0.28(0.93%)

丁香酚基丙三醇
*0.22(0.73%)

松柏醇
*0.12(0.39%)

芥子醇
*0.04(0.14%)

对苯二酚
*0.04(0.13%)

图 4.13　杨木水热处理液中低分子木素碎片的结构及浓度

(* 之后的数据是浓度,单位 mg/L,括号内数据是该化合物的丰度比例)

　　大孔吸附树脂可被用于去除水热处理液过滤 – 絮凝处理后的残余木素。表 4.5 列出了六种大孔吸附树脂的属性,如基体材料、极性、孔面积、孔容积和孔径。在温度 25℃、树脂用量 5% 的静态吸附条件下,大孔吸附树脂处理水热处理液后的木素去除率和寡糖损失率列于表 4.5。可以发现,树脂的孔径是木素有效吸附的关键因素。S-8 和 X-5 的孔径均在 30nm 左右,属于超大孔径的树脂,其木素去除率均高于 80%,显著优于孔径相对小的其他树脂,如 CAD-40、D101 和 DM301。树脂的极性对于水热处理液中碎片木素的吸附也非常重要,极性 S-8 树脂的表现显然比非极性的 X-5 树脂优越,这是因为水热处理液中的碎片木素也高度亲水,极性较强。

表 4.5　大孔吸附树脂的属性及其对水热处理液中木素和寡糖的吸附性能

树脂型号	CAD-40	D101	DM301	S-8	X-5
基体	聚苯乙烯	聚苯乙烯	聚苯乙烯	聚苯乙烯	聚苯乙烯
极性	适中	非极性	适中	极性	非极性
孔面积/(m²/g)	450 ~ 500	500 ~ 550	330 ~ 380	100 ~ 120	500 ~ 600
孔容积/(mL/g)	0.73 ~ 0.77	1.18 ~ 1.24	1.3 ~ 1.4	0.72 ~ 0.82	1.20 ~ 1.24
孔径/nm	7 ~ 8	9 ~ 10	13 ~ 17	28 ~ 30	29 ~ 30
木素去除率/%	68.2	69.4	76	88.6	82.2
寡糖损失率/%	25.6	24.7	25.6	22.1	33.6

　　表 4.6 显示了微孔过滤、絮凝沉淀和树脂吸附三步处理过程中,木素和寡糖的浓度变化和累积去除率。经过三步处理后,水热处理液中木素的去除率达到

95.2%,寡糖的损失率为 34.4%。在处理过程中,微孔过滤和树脂吸附所造成的寡糖损失率较高,分别是 15.3% 和 18.6%。微孔过滤的寡糖损失是由于寡糖分子量高、水溶性差导致的。此外,水热处理液中 LCC 的存在也是原因之一。水热处理液进一步酸解,能够显著改善微孔过滤处理导致的糖损失问题。树脂吸附的寡糖损失与树脂属性和用量有关,如果改用离子交换树脂,在不降低木素去除率的情况下可有效弱化寡糖损失。如石灰处理和离子交换工艺达到了 95.2% 的木素去除率,整体工艺的糖损失可降低至 21.2%[35]。

表 4.6　微孔过滤、絮凝沉淀和树脂吸附三步处理过程中木素和寡糖的浓度变化和累积去除率

水热处理液成分	木素/(g/L)	寡糖/(g/L)
微孔过滤	4.01(43.7%)	16.0(15.3%)
絮凝沉淀	3.0(57.8)[a]	15.90(15.8%)[a]
树脂吸附	0.34(95.2)[a]	12.39(34.4%)[a]

注:a 括号内的数据为累积去除率,木素和寡糖处理前浓度分别为 7.12g/L 和 18.89g/L。

　　根据木素的分散形式,将其分类为颗粒木素、胶体木素和碎片木素的方式有利于开发有针对性的木素分离技术,尤其是多步骤、选择性高的策略。多步骤策略有利于充分发挥分离过程化学品和材料的价值。比如,微孔过滤后,絮凝剂的使用量会显著降低;絮凝处理后,后续大孔吸附树脂达到饱和状态的时间会显著延长,因此可降低整体工艺的运行成本。此外多步骤处理能够收集不同属性的木素产品,可提高整个生产工艺的附加值。

4.3　水热处理液中糖组分的分离纯化

　　水热处理(预水解)-硫酸盐工艺是目前生产溶解浆的重要工艺,木质纤维原料的水热处理不仅能够降低硫酸盐制浆的化学品消耗,还有利于提高纤维纸浆的品质。同时,水热处理过程会有大量的半纤维素糖、木素、乙酸和糠醛释放到水热处理液中。这些产物通过适当的分离纯化,可得到高附加值产品,不仅能够消除水热处理液的污染负荷,还能提升整个工艺的生物炼制水平,产生的附加效益有助于提高工艺技术的综合竞争力。

　　水热处理液资源化的关键是各组分的分离纯化。在各组分中,半纤维素水解产生的糖类产物是分离纯化的首要目标,尤其是具有高附加值的寡木糖,其次是木素、乙酸和糠醛。根据目标产品的重要性,可以将这些组分简单分为糖类物质和非糖类物质两类。将糖类物质和非糖类物质分开是首要目标,目前分离纯化技术的开发基本是围绕糖类物质的回收进行的。

　　由于水热处理液中这些组分的浓度相对较低,一般经过闪蒸或真空蒸发进行浓度提升,以节省后续分离纯化过程中的能量和化学品消耗。溶剂抽提技术能够提取水热处理液中的酚类物质,采用乙酸乙酯为溶剂,可以得到富含糖类物质的水相和富含非糖类有机物的溶剂相[36],研究表明,溶剂相中的可抽提物具有较强的抗氧化性[24,37],增加了水热处理液进行分离纯化的价值。溶剂沉淀常被应用于水热处理中寡糖的精制,使用的溶剂主要是乙醇、丙酮和丙醇。研究发现,糖收率低是溶剂沉淀的首要问题[36]。色谱技术同样广泛用于糖产品的分离和纯化,包括尺寸排阻色谱和离子色谱。在实验室,水热处理液经过色谱纯化后,可以进行结构表征。在实际生产过程,模拟移动床色谱被用于分离常规方法不能分离的糖组分,如木糖和阿拉伯糖[38,39]。离子交换树脂在纯化水热处理液中糖组分方面非常有效,离子交换可以有效去除水热处理液中可电离的木素。同时也可对水热处理液进行脱盐,该处理一般与其他分离技术配合使用,以降低离子交换的负荷[3,40]。微孔过滤、超滤和纳滤等膜过滤技术也被应用于寡糖的纯化和制备,选择不同类型和孔径的膜,可实现水热处理液中非糖类物质的去除,特定聚合度寡糖的选择性截留和低浓度糖液的浓缩[40,41]。超滤在分离糖方面较乙醇沉淀法更具优势,可用于从阿拉伯基聚木糖的酶解液中提取寡糖[42]。纳滤膜可用于浓缩玉米芯酶解液中的寡木糖[43],多级膜过滤技术还可以用于糖的分馏,以获得不同聚合度的寡糖。

　　水热处理液资源化的基础是糖组分和非糖组分的高效分离,研发对某种组分具有高度选择性的分离技术至关重要。在已经报道的分离技术中,高分子絮凝、物理吸附、石灰处理和离子交换在特定组分的选择性去除方面有较好的表现,具有工业化前景。

4.3.1　石灰处理对水热处理液的澄清和净化

　　木质纤维生物质的水热处理液是包含多种有机物的非均相多分散体系,悬浮物的存在使得其外观浑浊,增加吸附和离子交换的负荷。因此,悬浮物的去除是分离工艺的首要步骤,目的是使水热处理液成为均相透明的液体,该过程称为澄清。澄清是制糖工艺的基本流程,从甘蔗榨取的粗糖汁含有许多胶体性非糖物质,澄清处理能够将浑浊的粗糖汁变为清澈的糖汁。在制糖工业,石灰法、亚硫酸法和碳酸法是主要的澄清技术,用到的澄清剂主要是石灰、二氧化硫和二氧化碳[44]。研究表明,石灰法能够选择性地去除水热处理液中的胶体木素[26,45]。事实上,石灰处理已经被广泛用于水热处理液的脱毒处理,降低水热处理液中非糖类物质对酵母的生物毒性,进而提高纤维素乙醇的产率[35,47-49]。

　　石灰法同样也可以用于水热处理液的澄清,pH 和温度是石灰处理的重要过程参数。图 4.14 显示了氧化钙用量和水热处理液 pH 之间的关系。随着氧化钙用量的提高,水热处理液的 pH 逐步升高并于氧化钙用量 1.03% 时达到 pH 12.1。由于氢氧化钙在水中溶解度较低,在室温下可达的最高理论 pH 是 12.65。氧化钙用量和 pH 的关系与水热处理液中组分的浓度有关,对于混合阔叶木的工业水热处理液,pH 升高至 12 需要 2.5% 的氧化钙用量[45]。

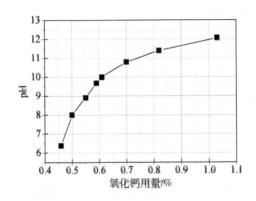

图 4.14　石灰法处理水热处理液过程中氧化钙用量和水热处理液 pH 的关系

半纤维素会在石灰处理提供的碱环境中降解,首先半纤维素聚糖支链上的乙酰基会发生碱性脱落,本质上是酯的碱性水解反应生成乙酸盐,属不可逆反应。Shen 等[45]研究结果显示,石灰处理后水热处理液中的乙酸浓度从未处理的10.11g/L 提高至处理后的 22.23g/L,证明了脱乙酰反应的发生。进一步的研究表明,石灰处理过程中,半纤维素的乙酰基没有完全脱落,溶解在水热处理液中的半纤维素仍含大量的乙酰基,这些乙酰基在石灰处理过程中脱落生成乙酸钙。而对于稀酸法预处理,半纤维素的乙酰基在预处理过程中几乎完全脱落,处理液中的半纤维素基本没有乙酰基,石灰处理也就不会导致乙酸浓度的提高[46]。此外,在高温高 pH 的石灰处理过程中,乙酸的浓度可能超过半纤维素脱乙酰基产生的最高理论浓度,这是由于碳水化合物降解产生的[47,48]。

除了乙酸浓度的提高,石灰处理会导致水热处理液中糖浓度的降低。这其中有两方面的原因,首先是糖的碱性降解[48],另一方面是由于糖在高 pH 环境的电离和在氢氧化钙颗粒表面的附着。图 4.15 显示了室温条件下石灰法处理水热处理液的表现,评价参数包括糖组分去除率、非糖组分去除率和非糖组分的选择度。非糖组分即木素及其他有机杂质,非糖组分的选择度定义为非糖组分去除率占糖组分去除率和非糖组分去除率之和的比值。该比值的实际范围在 0 到 1 之内;数值越高,说明分离技术对非糖组分的选择性越好。从图 4.15 可见,在 pH 小于 9 时,糖组分去除率非常低,可以忽略不计,而非糖物质的去除率在 20% 左右,此时石灰处理对非糖物质的选择度超过 90%。继续升高 pH,虽然非糖组分去除率继续提高,但糖组分的损失同步变大。尤其在 pH 升至 12 左右时,糖组分的去除率急剧上升,甚至达到 90% 以上。糖的大量损失,主要是由于糖在氢氧化钙颗粒表面静电吸附所致。糖的 pKa 值在 12 ~ 13 左右,当 pH 高于 12 时,大部分糖的羟基发生电离[49],带负电的糖会强烈附着在氢氧化钙颗粒表面。经过固液分离,糖组分转移至石灰泥沉淀中,当然碱性降解也是糖组分损失的原因之一。表 4.7 中的数据说明了石灰处理后水热处理液中糖组分的去向[3]。在 0.5% 的低石灰用量下,接近 90% 的糖仍存在于水热处理液中,3.8% 的糖附着在氢氧化钙颗粒上并在固液分离后转移至石灰泥沉淀中。碱性降解在 0.5% 低石灰用量时也比较微弱,仅导致 6.4% 的糖损失。当石灰用量增加至 2.5% 时,吸附和降解导致的糖损失均显著变高,分别达到 6.8% 和 20.5%。

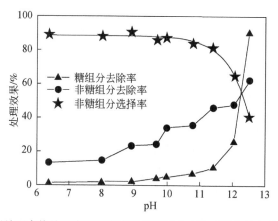

图 4.15　石灰法室温处理水热处理液过程中糖和非糖组分去除率及非糖组分选择度随 pH 的变化

表 4.7　水热处理液石灰处理–离心分离后糖组分在上清液和沉淀物中的分布及降解损失率

石灰用量/%	上清液/%	沉淀/%	降解/%
0.50	89.7	3.8	6.4
1.20	85.0	5.9	9.1
2.50	72.7	6.8	20.5

研究发现,被氢氧化钙吸附的糖组分是可以脱附的。当体系的 pH 降低后,这部分糖会被释放到溶液中。同样,被吸附的非糖组分在 pH 变低时也会脱附。图 4.16 展示了石灰碱化和二氧化碳中和过程中非糖组分和糖组分去除率随 pH 的变化情况。pH 在石灰碱化过程逐步提高至 12.5,糖组分和非糖组分的去除率均随 pH 的提高而增加。在 pH 12 之前,非糖组分的去除率高于糖组分,而在 pH 12 之后,糖组分的去除率高于非糖组分。在二氧化碳中和氢氧化钙的过程中,随着 pH

的逐步下降,糖组分的去除率由 pH 12.5 时的 89% 迅速降低至 pH 11 时的 21%,表明水热处理液中糖浓度的大幅度恢复是脱附贡献的。同时,非糖组分的去除率由 pH 12.5 时的 47.7% 小幅降低至 pH 11 时的 42%。向水热处理液中继续通入二氧化碳直至达到中性,中和过程产生碳酸钙微粒,对有机组分具有吸附作用。由图 4.16 可知,碳酸钙对有机组分的吸附显然低于有机组分的重新释放。因此,水热处理液碳酸化中和的结果是糖组分和非糖组分去除率的持续降低。

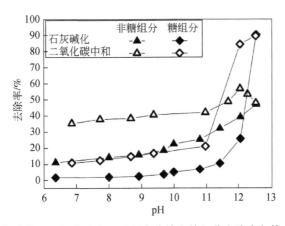

图 4.16　石灰碱化和二氧化碳中和过程中非糖和糖组分去除率与体系 pH 的关系

通过分析图 4.16 数据可知,控制 pH 在 11 之内并提高碳酸钙的生成量是选择性去除非糖组分的关键。在施加石灰过程中同时通入二氧化碳,并将体系的 pH 稳定在 11 左右,能够显著降低糖组分的碱性降解。生成的碳酸钙微粒能够吸附非糖组分,提高处理效果和选择性,这种策略称为碳酸法,碳酸法是传统制糖工艺中粗糖汁澄清的重要方法之一。图 4.17 比较了石灰法和碳酸法的表现,由于碳酸法

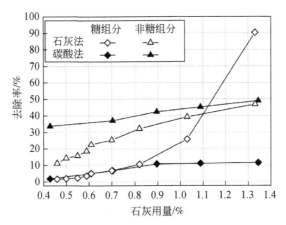

图 4.17　石灰法(不控制 pH)和碳酸法(CO_2 控制 pH=11)的糖组分和非糖组分去除率比较

生成的碳酸钙对非糖组分的吸附,碳酸法较石灰法具有更高的非糖组分去除率。此外,由于碳酸法的 pH 稳定在 11 之内,弱化了糖组分的碱性降解,碳酸法在石灰用量高于 0.8% 时较石灰法具有更低的糖损失,这是碳酸法的优势。

4.3.2　物理吸附法对水热处理液中糖和木素分离的选择性

絮凝处理和石灰处理虽然能够有效的去除水热处理液中的非糖组分,但同时会导致二次污染。絮凝处理使用的高分子电解质会微量残留在水热处理液中,尤其是未完全聚合的低聚体。如果使用聚合氯化铝等含有金属元素的高分子絮凝剂,水体中的金属离子浓度会升高。对于石灰处理,体系中会引入大量的钙离子,石灰的生产原料中常含有碳酸镁等杂质,导致水热处理液在石灰处理后金属离子含量较高,另外,石灰处理会产生大量的污泥,而污泥中的非糖组分,尤其是木素难以提取,产生二次污染。在这种情况下,物理吸附是一种有效且简便的替代方法[50],利用活性炭和大孔吸附树脂等颗粒形状的多孔吸附剂,选择性的吸附水热处理液中的非糖物质,然后进行洗脱分离,这样既能得到纯净的糖液,又能得到相对洁净的非糖物质,整个过程不会引入二次杂质,是非常有潜力的水热处理液资源化方案。

Montane 等[51]研究了三种商用活性炭纯化杏仁壳水热处理液中的低聚木糖,发现活性炭能够去除处理液中 80% 以上的木素,但同时会导致不可忽略的寡糖损失。Shen 等[40]的研究指出,活性炭吸附处理过程中 12% 左右的寡糖损失。Lee 等[52]研究了活性炭处理稀酸法水解液,发现甲酸、乙酸、羟甲基糠醛和糠醛的去除率分别达到了 42%、14%、96% 和 93%。同时,也造成了 8.9% 的糖组分损失率,糖损失低于活性炭处理水热处理液时的寡糖损失。该研究还显示,非糖组分的等温吸附线符合经典模型,但糖组分的等温吸附线难以解释。事实上,由于处理液是一个多组分体系,各吸附质之间存在竞争,吸附过程较为复杂。Fatehi 等[53]模拟水热处理液中的成分构建了单组分、二组分和三组分的吸附系统并研究了吸附行为,发现对于单组分吸附系统,糠醛有最强的吸附,而木糖的吸附最弱。在多组分吸附系统中,各组分的吸附量较其在单组分吸附系统中有的升高,有的降低,但多组分吸附系统表现出更高的总体吸附量,这是各组分竞争吸附的结果。

活性炭对水热处理液中各组分的吸附是选择性的动态过程。基于糖组分纯化的目的,将水热处理液中总溶解固体(TDS)分为糖组分(HDS)和非糖组分(NSC)两类,并研究其等温吸附线,对优化实际生产过程的控制,提高吸附的选择性具有重要意义[54]。HDS、NSC 和 TDS 的吸附量分别依据式(4.1)、式(4.2)和式(4.3)计算。

$$Q_{\mathrm{HDS}} = (C_{\mathrm{HDS}}^{0} - C_{\mathrm{HDS}}^{e})/m_{\mathrm{AC}} \tag{4.1}$$

$$Q_{NSC} = (C_{NSC}^0 - C_{NSC}^e)/m_{AC} \tag{4.2}$$

$$Q_{TDS} = (C_{TDS}^0 - C_{TDS}^e)/m_{AC} \tag{4.3}$$

式中，Q_{HDS}、Q_{NSC} 和 Q_{TDS} 分别是吸附平衡后 HDS、NSC 和 TDS 的吸附量，C_{HDS}^0、C_{NSC}^0 和 C_{TDS}^0 分别是水热处理液中 HDS、NSC 和 TDS 的初始浓度，C_{HDS}^e、C_{NSC}^e 和 C_{TDS}^e 分别是吸附平衡状态 HDS、NSC 和 TDS 的浓度，m_{AC} 是活性炭质量。

为了评价吸附对 NSC 的选择性和效率，定义了 NSC 选择度（S_{NSC}）和 NSC 去除率（R_{NSC}），如式（4.4）和式（4.5）所示。

$$S_{NSC} = (Q_{NSC}/Q_{TDS}) \times 100\% \tag{4.4}$$

$$R_{NSC} = [(C_{NSC}^0 - C_{NSC}^e)/C_{NSC}^0] \times 100\% \tag{4.5}$$

此外，活性炭处理水热处理液后，HDS 纯度和回收率也非常重要，式（4.6）和式（4.7）分别是 HDS 纯度（P_{HDS}）和 HDS 回收率（Y_{HDS}）的定义。

$$P_{HDS} = (C_{HDS}^e/C_{TDS}^e) \times 100\% \tag{4.6}$$

$$Y_{HDS} = (C_{HDS}^e/C_{HDS}^0) \times 100\% \tag{4.7}$$

将实验室制备的杨木水热处理液，利用孔径 0.22μm 的微孔膜过滤以去除其中的悬浮物，水热处理液组分及浓度列于表 4.1。图 4.18 展示了不同活性炭用量下 HDS 和 NSC 的吸附量。可以看出，在低活性炭用量下，活性炭优先吸附 NSC。活性炭用量 0.5g/L（活性炭质量/水热处理液体积）时，其吸附量为 0.38g/g（NSC 质量/活性炭质量）。随着活性炭用量的增加，NSC 的吸附量呈现下降趋势，而 HDS 的吸附量呈现升高趋势，二者在活性炭用量为 45g/L 时具有相同的吸附量。显然，尽管提高活性炭用量能够获得更高的 NSC 去除率，但会导致 NSC 的动态脱附，脱附产生的空位被 HDS 占据，致使吸附的选择度持续下降。

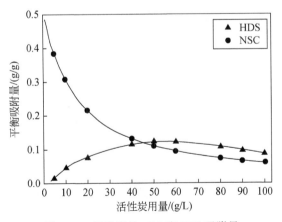

图 4.18　活性炭的 HDS 和 NSC 吸附量

吸附等温曲线是指在一定温度下溶质分子在两相界面上进行吸附过程达到平

衡时,它们在两相中浓度之间的关系曲线。图 4.19 展示了活性炭处理水热处理液过程中 NSC、HDS 和 TDS 的等温吸附线。NSC 的等温吸附线显示,随着 NSC 平衡浓度的提高,NSC 的平衡吸附量线性变大,NSC 等温吸附线的形状说明活性炭对 NSC 的吸附远未饱和。HDS 的等温吸附线较为特殊,在低活性炭用量时,活性炭对 HDS 几乎没有吸附,但随着活性炭用量的提高,对 HDS 的平衡吸附量逐渐增大,在活性炭用量 50g/L 时达到峰值。图 4.20 展示的 NSC 与 HDS 的竞争吸附机制能够较好的解释 HDS 的等温吸附线。在低活性炭用量时,活性炭的吸附位点几乎全部被 NSC 占据,NSC 的平衡吸附量较低,吸附对 NSC 的选择度较高。提高活性炭用量,NSC 发生动态脱附和吸附而再度达到平衡,NSC 平衡吸附量降低,该过程产生的吸附空位被 NSC 占据,NSC 的平衡吸附量变高并逐步达到最大值。继续增加活性炭用量,动态脱附和再分配导致 HDS 的平衡吸附量降低,因为水热处理液中 HDS 的初始浓度远高于 NSC,在高活性炭用量时,HDS 具有比 NSC 更高的平衡吸附量。图 4.19 中 TDS 等温吸附线实质上是等活性炭用量条件下 NSC 和 HDS 等温吸附线的叠加。

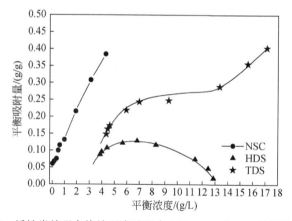

图 4.19　活性炭处理水热处理液过程中 NSC、HDS 和 TDS 的等温吸附线

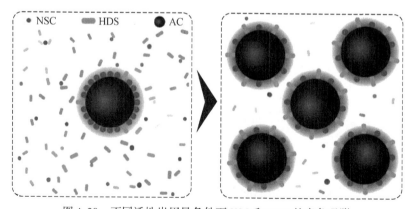

图 4.20　不同活性炭用量条件下 NSC 和 HDS 的竞争吸附

活性炭处理水热处理液的表现可以用 NSC 选择度和 NSC 去除率综合评价。图 4.21 展示了不同活性炭用量时两者的关系,总体而言,随着活性炭用量的提高,NSC 去除率增大,但选择度降低。在实验考查的最低活性炭用量下,NSC 选择度达到 95%,但去除率仅为 30%;在 NSC 去除率达到 90% 时,NSC 选择度降低至 50%,吸附失去选择性,这意味着 HDS 糖组分的损失。因此,活性炭处理水热处理液存在着 NSC 选择度和 NSC 去除率的权衡问题。活性炭处理水热处理液的最终目的,是获得高收率和理想纯度的 HDS。图 4.22 展示了活性炭处理水热处理液后 HDS 纯度和 HDS 收率的关系。未处理的水热处理液 HDS 纯度为 41%,在 5g/L 的低活性炭用量条件下,HDS 纯度大幅度提升至 75%,HDS 回收率在 90% 左右。虽然 HDS 纯度随活性炭用量的增大而提高,但 HDS 回收率持续降低。因此,活性炭处理水热处理液时宜采用较低的用量,目的是为了高选择性的去除部分非糖组分,降低后续工序处理的负荷,如离子交换[40,50]和超滤[55,56]。

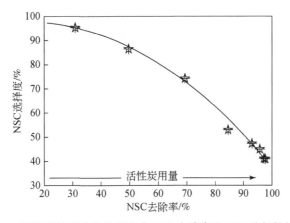

图 4.21 活性炭处理水热处理液中 NSC 去除率和 NSC 选择性的关系

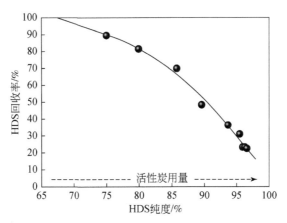

图 4.22 活性炭处理水热处理液后 HDS 纯度和 HDS 回收率的关系

水热处理液中的糖组分中,寡糖占 73.6%,单糖占 26.4%,图 4.23 显示了活性炭处理后寡糖和单糖的浓度变化情况。由图可见,单糖的浓度在不同活性炭用量下基本保持不变,说明单糖几乎不会被活性炭吸附,寡糖的浓度随着活性炭用量的提高而明显增大。因此,活性炭吸附造成的糖损失主要源于对寡糖的吸附。这有两方面的解释,一方面,部分寡糖可能以木素–碳水化合物复合物的形式存在于水热处理液中,另一方面,寡糖在水中的溶解度低于单糖,容易发生吸附。

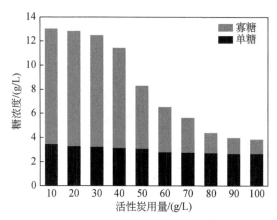

图 4.23　不同活性炭用量下水热处理液中寡糖和单糖的浓度变化

活性炭能够有效的去除水热处理液中木素、糠醛等非糖组分,同时大幅度降低水热处理液的色度。在处理过程中需要严格控制活性炭的用量,减少糖组分的损失。在实际的应用中,建议将水热处理液进行提浓后再进行吸附,使活性炭对非糖组分的吸附达到饱和,以降低使用成本。当活性炭吸附饱和后,通过溶剂洗涤或高温加热能够再生活性炭,达到多次使用的目的,同时,非糖组分的回收利用能够提高整体工艺的经济效益。

4.3.3　水热处理液的生物酶处理对半纤维素糖分离纯化的影响

除了上述方法外,生物酶由于能够对水热处理液中特定组分产生催化作用,因此也可用于水热处理液木素的去除和半纤维素糖的分离。

聚半乳糖醛酸是水热处理液中阴离子的重要来源,果胶酶通过降解聚半乳糖醛酸,从而对水热处理液中胶体木素体系的稳定性产生影响,果胶酶处理后所需的阳离子聚合物用量明显降低。如图 4.24 所示,对于未加酶处理的水热处理液,加入 68mg/L p-DADMAC 能够导致大部分的胶体颗粒去除,同时最大木素去除为40.3%;而对于果胶酶处理后的水热处理液,只需要约 34mg/L 的 p-DADMAC 就能够导致大部分胶体颗粒去除和43.3%的木素去除率。另外,果胶酶处理后,在提高木素去除率的同时,水热处理液中糖的损失也从 13.2% 减少到 8.8%。水热处理液中木素去除选择性,可定义为处理液中木素的去除率与糖损失率的比值。与未经果胶酶预处理的水热处理液相比,果胶酶处理的水热处理液的 p-DADMAC 木素去除选择性由 3.0 提高到 4.9,因此处理液经果胶酶预处理后木素去除选择性有所提高。所以果胶酶处理提高了阳离子聚合物的絮凝效果,同时改善了水热处理液中木素的去除选择性[57]。

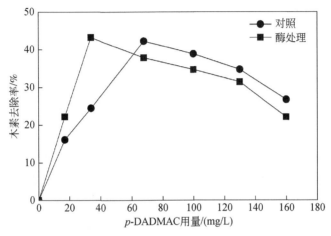

图 4.24　果胶酶处理对阳离子聚合物除去木素的影响

辣根过氧化酶能够催化酚类化合物的聚合,很早就已用于含酚类化合物废水的处理中。辣根过氧化物能够催化木素的聚合,因此它也可以用于水热处理液中木素的去除。如图 4.25 所示,辣根过氧化物酶单独处理能够除去处理液中 33.3% 的木素。辣根过氧化物酶引发的木素聚合有利于水热处理液在后续处理中木素的去除。未经辣根过氧化物酶处理的水热处理液经过 p-DADMAC 处理或酸处理后,

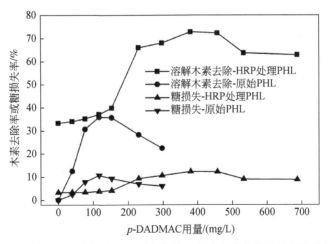

图 4.25　辣根过氧化物酶处理对水热处理液中木素去除和糖损失的影响

溶解木素去除率分别为 35.9% 和 24.2%;而经辣根过氧化物酶处理后,处理液再采用 p-DADMAC 或酸处理,溶解木素的去除率可达到 70% 以上,同时伴随着 12%~13% 的糖损失。对水热处理液中木素分子量的测定可以知道,辣根过氧化物酶处理后,处理液中的木素平均分子量从 1473g/mol 上升到 1719g/mol,证明了辣根过氧化物酶对水热处理液中的木素具有催化聚合的作用[58]。

辣根过氧化物酶预处理也能够改善后续阳离子聚合物的作用效果,并且能显著改善后续酸处理去除木素的效果。因此,对于处理液中的木素去除,除了传统的吸附、絮凝等方法,通过对木素进行聚合改性促进其去除也是一个可行的途径。

4.3.4　多步工艺分离纯化水热处理液中的半纤维素糖

膜过滤、聚合物絮凝、多孔材料吸附和离子交换等方法均可用于水热处理液中糖组分的分离。然而,由于水热处理液组分复杂,各组分在化学结构、亲疏水性、分子量等方面差异较大,单独的一种处理方法很难将所有非糖组分去除。事实上,每种处理方法都有特定的作用范围,因此,需要结合实际需要合理选择分离方法,然后优化工艺参数,提高分离纯化的选择性。

图 4.26 比较了多种分离技术的非糖组分去除率和选择度[59],曲线的箭头方向表示化学品用量的提高或滤膜截留分子量的降低。由图可知,聚合氯化铝絮凝处理达到的最高非糖组分去除率在 30% 左右,其选择度随着聚合氯化铝用量的提高迅速下降;石灰处理能够达到的最高非糖去除率在 60% 左右,然而考虑到非糖组分选择度,非糖组分的去除率最好控制在 40% 以内;对于相同的非糖组分去除率,活性炭吸附处理的非糖组分选择度比石灰处理高,但同样存在选择度随去除率升高而降低问题;大孔树脂吸附处理的非糖组分去除率最高可达 90% 以上,同时非糖组分的选择度较高,纯化分离的综合效果较好;超滤的非糖去除率同样可以接近 90%,但非糖组分的选择度在 50% 左右,意味着在糖组分和非糖组分之间没有选择性。基于非糖去除率和选择性的综合表现,絮凝处理和石灰处理一般作为水热处理液处理的第一步,去除胶体木素等大分子的非糖物质,减轻后续活性炭吸附、树脂吸附或离子交换处理的负荷,而超滤和纳滤一般用于糖液的提浓或不同聚合度糖的分离。研究者根据水热处理液中非糖组分的特点,开发了多步骤的去除工艺,达到纯化糖组分的目的,包括活性炭吸附-离子交换处理工艺[40]、石灰-离子交换处理工艺[3]和酸化-乙醇沉淀工艺[60]。

石灰-离子交换两步法处理工艺中,石灰处理在 25℃ 下进行,将生石灰缓慢地加入水热处理液中,当 pH 达到 11 时,向溶液中通入二氧化碳,同时继续向溶液中加入生石灰。当生石灰的用量达到水热处理液质量的 1.2% 时,用 0.45μm 的滤膜过滤溶液,除去沉淀,得到澄清的处理液。碱性条件使得水热处理液中的木素衍生

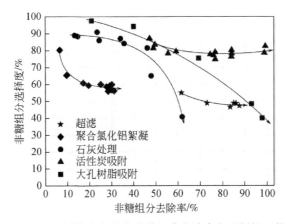

图 4.26　不同分离方法的非糖组分去除率与选择性比较

物酚羟基离子化,与钙离子之间形成了静电结合[35,45]。为了避免糖类物质的碱性降解,处理过程中持续将二氧化碳通入到处理液中,处理液保持稳定的 pH 环境,这个过程称为碳酸化,此过程可以增加酚类物质在碳酸钙颗粒上的吸附。大多数糖组分的 pKa 在 12～13 之间,如果处理液的 pH 达到或超过该范围,会造成糖组分的损失[61]。酚型木素的 pKa 值普遍低于糖类组分的 pKa,控制处理液的 pH,使其低于糖类物质的 pKa,高于酚型木素的 pKa,这样既可以防止糖类物质的降解,也可以提高石灰对非糖类物质的选择性去除。图 4.27 展示了石灰处理过程中酚羟基浓度和糖组分浓度的变化,得益于 pH 的控制,在考察的石灰用量范围内,糖组分的浓度基本保持不变,而酚羟基浓度从 46mmol/L 降低至 30mmol/L,减少了33.9%。图 4.28 显示了石灰处理后水热处理液外观和紫外/可见吸收光谱的变

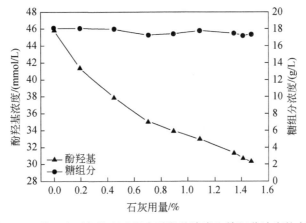

图 4.27　处理液石灰处理过程中酚羟基浓度和糖组分浓度的变化

化。由图可知,石灰处理能够消除水热处理液的浊度,使处理液变得透明。另外,木素的含量由 7.12g/L 减少至 3.98g/L。浊度和大分子木素的去除对后续的离子交换处理非常重要,否则将会频繁的产生树脂污染的问题。

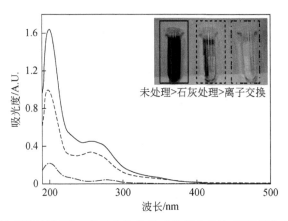

图 4.28　处理液经过石灰–离子交换处理后外观及紫外/可见吸收光谱的变化

　　将石灰处理后的处理液泵入装有离子交换树脂的固定吸附床内,采用的树脂包括大孔型和凝胶型两种,具体为大孔型强酸阳离子交换树脂 D001、大孔型强碱阴离子交换树脂 D201、凝胶型强酸阳离子交换树脂 001×7 和强碱阴离子交换树脂 201×7。阴阳两种树脂混合使用有利于稳定体系的 pH,降低糖组分的降解。此外,混合树脂在吸附非糖组分的同时能够同步脱盐,如石灰处理产生的钙盐。处理液从吸附柱底端进入,从上端流出,收集处理后的处理液并测量糖组分和非糖组分的浓度。图 4.29 展示了离子交换树脂处理水热处理液过程中非糖组分和糖组分的浓度变化曲线,该曲线也称为穿透曲线。对于大孔型离子交换树脂,交换作用在 2 倍吸附床体积后进入稳定状态。糖组分在树脂内部的保留较弱,其回收率(C/C_0)始终高于 80%,而非糖组分在树脂内的保留较强。混合树脂处理水热处理液的量达到 10 倍吸附床体积时,非糖组分的 C/C_0 维持在 10% 以下。与大孔型树脂相比,凝胶型树脂达到平衡状态需要的时间较长,于 4 倍吸附床体积时达到稳定状态。然而,非糖组分的 C/C_0 于 5 倍吸附床体积时迅速提升至 15%,说明树脂的吸附逐渐进入饱和阶段,其非糖组分的吸附量显然低于大孔型树脂。经过石灰–离子交换两步法处理后,水热处理液中木素浓度从 7.12g/L 降低至 0.28g/L,去除率为 96%,糖组分浓度从 18.17g/L 降低至 14.72g/L,保留率为 81%。用离子色谱测定石灰–离子交换两步法处理后水热处理液中糖的聚合度,用木糖和聚合度为 2~6 的聚木糖作为标准样,实验结果如表 4.8 所示。木糖含量占 9.6%,聚合度为 2~6 的聚木糖的含量占 28%。

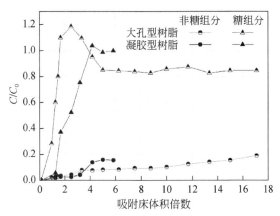

图 4.29　离子交换树脂处理过程中处理液非糖组分和糖组分的浓度变化

表 4.8　石灰–离子交换纯化后水热处理液中单糖和寡糖的比例

糖类物质	木糖	木二糖	木三糖	木四糖	木五糖	木六糖	寡木糖
含量/%	9.6	6.5	7.5	6.6	2.5	5.0	28.1

注:寡木糖的聚合度为 2～6。

　　Shen 等[40]利用活性炭吸附–离子交换两步法,处理溶解浆生产工厂的水热处理液。经微孔过滤去除悬浮物后用于糖的分离,木素和糖的浓度分别为 9.22g/L 和 50.33g/L。第一步处理中,活性炭与水热处理液的比例为 30∶1。结果发现,糠醛和木素的去除率为 65% 和 80% 左右,寡糖的损失率为 12% 左右,单糖的损失忽略不计。值得指出的是,活性炭吸附对糠醛和羟甲基糠醛的去除非常有效,有报道显示糠醛的去除率可达 93%[52]。第二步离子交换处理使用的是大孔型弱碱性离子交换树脂,这种离子交换树脂能够有效去除水热处理中的乙酸,树脂的使用量为 2%～10%,当树脂使用量为 10% 时,乙酸的去除率为 70%,体系的 pH 由初始值 4.0 升至 6.0。弱碱性离子交换树脂有效去除处理液中乙酸也被相关研究证实[62]。在 2%～10% 的树脂使用量范围内,木素去除率均高于 80%,糠醛去除率维持在 70% 左右,而糖组分的损失率非常低,说明离子交换树脂处理具有优良的选择性。最后,该研究采用超滤膜对纯化后的糖液进行了浓缩,浓缩液中糖、木素、乙酸和糠醛的质量分数分别为 22.13%、0.32%、0.71% 和 0.02%。

　　Liu 等[60]探讨了酸析–醇析两步法分别分离水热处理液中木素和糖的方法。第一步使用硫酸将水热处理液酸化至 pH 2,酸化导致木素等物质发生沉淀。研究发现,水热处理液中总固形物的质量分数从 0.83wt% 降低至 0.62wt%,木素从 0.34wt% 降低至 0.17wt%,脱除率为 50%。酸化过程中,部分糖转移至沉淀中,寡糖和单糖的损失率分别被 17.4% 和 12.7%,这些数据表明酸析法具有一定的选择性。向酸化沉淀处理后的上清液中加入 4 倍体积的乙醇,上清液中的糖组分因沉淀而分离,该过程称为醇析。组分分析结果表明,沉淀物含 86.2wt% 的糖、8.0wt% 的灰分和 0.4wt% 的木素。如果将沉淀物溶解,然后利用离子交换树脂进行脱盐处理,将会得到纯度非常高的糖产品。酸析和醇析的方法过程简单,但处理过程需要乙醇,产生大量含有木素等组分的乙醇水溶液,后续乙醇和木素的分离过程能耗较高。

　　高效率、高选择性和低成本是分离纯化的目标,水热处理液中糖组分的分离纯化需要综合利用多种技术并合理安排处理顺序。在已报道的膜过滤、高分子絮凝、石灰–二氧化碳处理、多孔材料吸附、离子交换、酸析、醇析和有机溶剂抽提等方法中,由于膜过滤、多孔材料吸附和离子交换不会引入二次杂质,且能够同时回收水热处理液中的糖、木素、乙酸和糠醛等有价值的化合物,符合生物质绿色炼制的理念,越来越受到重视。

参 考 文 献

[1] Saeed A, Jahan M S, Li H, et al. Mass balances of components dissolved in the pre-hydrolysis liquor of kraft- based dissolving pulp production process from Canadian hardwoods. Biomass and Bioenergy, 2012, 39:14-19.

[2] Bujanovic B M, Goundalkar M J, Amidon T E. Increasing the value of a biorefinery based on hot-water extraction lignin products. Tappi Journal, 2012, 11(1):19-26.

[3] Wang X, Zhuang J, Fu Y, et al. Separation of hemicellulose- derived saccharides from wood hydrolysate by lime and ion exchange resin. Bioresource Technology, 2016, 206:225-230.

[4] Bobleter O. Hydrothermal degradation of polymers derived from plants. Progress in Polymer Science, 1994, 19(5):797-841.

[5] Lamminpää K, Ahola J, Tanskanen J. Kinetics of xylose dehydration into furfural in formic acid. Industrial & Engineering Chemistry Research, 2012, 51(18):6297-6303.

[6] Yang W, Li P, Bo D, et al. Optimization of furfural production from d- xylose with formic acid as catalyst in a reactive extraction system. Bioresource Technology, 2013, 133:361-369.

[7] Hu Q, Lin T, Zhou H, et al. Quantification of sugar compounds and uronic acidsin enzymatic hydrolysates of lignocellulose using high- performance anion exchange chromatography with pulsed amperometric detection. Energy Fuels, 2012, 26(5):2942-2947.

[8] 江军刚, 王晓军, 王兆江, 等. 离子色谱法分析木材预水解液中的低聚糖. 纸和造纸, 2015, 34(3):66-68.

[9] Sluiter A, Hames B, Ruiz R, et al. Determination of sugars, byproducts, and degradation, products in liquid fraction process samples. Technical Report NREL/TP- 510- 42623, Golden: National Renewable Energy Laboratory, 2008.

[10] Sundberg A, Sundberg K, Lillandt C, et al. Determination of hemicelluloses and pectins in wood

and pulp fibres by acid methanolysis and gas chromatography. Nordic Pulp & Paper Research Journal,1996,11(4):216-219,226.

[11] Huang C,Wang X,Liang C,et al. A sustainable process for procuring biologically active fractions of high-purity xylooligosaccharides and water-soluble lignin from Moso bamboo prehydrolyzate. Biotechnology for Biofuels,2019,12:189.

[12] Chen T Y,Wang B,Wu Y Y,et al. Structural variations of lignin macromolecule from different growth years of Triploid of *Populus tomentosa* Carr. International Journal of Biological Macromolecules,2017,101:747-757.

[13] Wen J L,Xue B L,Xu F,et al. Unmasking the structural features and property of lignin from bamboo. Industrial Crops & Products,2013,42:332-343.

[14] Donohoe B S,Decker S R,Tucker M P,et al. Visualizing lignin coalescence and migration through maize cell walls following thermochemical pretreatment. Biotechnology & Bioengineering,2008, 101(5):913-925.

[15] 刘艳汝,秦梦华,傅英娟,等. 杨木乙酸–乙酸钠强化预水解过程中固相组分的变化规律. 中华纸业,2017,38(12):37-42.

[16] 林玲,曹石林,马晓娟,等. 竹材预水解过程木质素迁移行为研究. 林产化学与工业,2014, (5):79-83.

[17] Zhuang J,Wang X,Xu J,et al. Formation and deposition of pseudo-lignin on liquid-hot-water-treated wood during cooling process. Wood Science & Technology,2017,51:165-174.

[18] Sturgeon M R,Kim S,Lawrence K,et al. A mechanistic investigation of acid-catalyzed cleavage of aryl-ether linkages:Implications for lignin depolymerization in acidic environments. ACS Sustainable Chemistry & Engineering,2013,2(3):472-485.

[19] Wayman M,Chua M G S. Characterization of autohydrolysis aspen(*P. tremuloides*)lignins. Part 2. Alkaline nitrobenzene oxidation studies of extracted autohydrolysis lignin. Canadian Journal of Chemistry,1979,57(19):2599-2602.

[20] Trajano H L,Engle N L,Foston M,et al. The fate of lignin during hydrothermal pretreatment. Biotechnology for Biofuels,2013,6(1):110.

[21] Samuel R,Cao S,Das B K,et al. Investigation of the fate of poplar lignin during autohydrolysis pretreatment to understand the biomass recalcitrance. RSC Advances,2013,3(16):5305-5309.

[22] Leschinsky M,Zuckerstater G,Weber H K,et al. Effect of autohydrolysis of *Eucalyptus globulus* wood on lignin structure. Part 2:Influence of autohydrolysis intensity. Holzforschung, 2008, 62(6):653-658.

[23] Bobleter O,Concin R. Degradation of poplar lignin by hydrothermal treatment. Cellulose Chemisty and Technology,1979,13(5):583-593.

[24] Zhang T,Zhou H,Fu Y,et al. Short time hydrothermal treatment of poplar wood for production of lignin-derived polyphenol antioxidant. ChemSusChem,2020,13(17):4478-4486.

[25] Goundalkar M J,Bujanovic B,Amidon T E. Analysis of non-carbohydrate based low-molecular weight organic compounds dissolved during hot-water extraction of sugar maple. Cellulose

Chemistry and Technology,2010,44(1-3):27-33.

[26] Wang Z,Wang X,Fu Y,et al. Colloidal behaviors of lignin contaminants: Destabilization and elimination for oligosaccharides separation from wood hydrolysate. Separation & Purification Technology,2015,145:1-7.

[27] Aimi H,Matsumoto Y,Meshitsuka G. Structure of small lignin fragments retained in water-soluble polysaccharides extracted from birch MWL isolation residue. Journal of Wood Science,2005,51(3):303-308.

[28] Chen X,Wang Z,Fu Y,et al. Specific lignin precipitation for oligosaccharides recovery from hot water wood extract. Bioresource Technology,2014,152:31-37.

[29] Wang Z,Wang X,Jiang J,et al. Fractionation and characterization of saccharides and lignin components in wood prehydrolysis liquor from dissolving pulp production. Carbohydrate Polymers,2015,126:185-191.

[30] Duarte G V,Ramarao B V,Amidon T E. Polymer induced flocculation and separation of particulates from extracts of lignocellulosic materials. Bioresource Technology,2010,101(22):8526-8534.

[31] Norgren M,Edlund H,Wågberg L. Aggregation of lignin derivatives under alkaline conditions. Kinetics and aggregate structure. Langmuir,2002,18(7):2859-2865.

[32] Martinez A,Rodriguez M E,York S W,et al. Effects of Ca(OH)$_2$ treatments("overliming")on the composition and toxicity of bagasse hemicellulose hydrolysates. Biotechnology & Bioengineering,2000,69(5):526-536.

[33] Mohagheghi A,Ruth M,Schell D J. Conditioning hemicellulose hydrolysates for fermentation: Effects of overliming pH on sugar and ethanol yields. Process Biochemistry,2006,41(8):1806-1811.

[34] Yasarla L R,Ramarao B V. Dynamics of flocculation of lignocellulosic hydrolyzates by polymers. Industrial & Engineering Chemistry Research,2012,51(19):6847-6861.

[35] Wang Z,Jiang J,Wang X,et al. Selective removal of phenolic lignin derivatives enables sugars recovery from wood prehydrolysis liquor with remarkable yield. Bioresource Technology,2014,174:198-203.

[36] Vázquez M J,Garrote G,Alonso J L,et al. Refining of autohydrolysis liquors for manufacturing xylooligosaccharides:evaluation of operational strategies. Bioresource Technology,2005,96(8):889-896.

[37] Cruz J M,Dominguez H,Parajó J C. Anti-oxidant activity of isolates from acid hydrolysates of *Eucalyptus globulus* wood. Food Chemistry,2005,90(4):503-511.

[38] 雷光鸿,姜毅,魏承厚,等. 模拟移动床色谱分离蔗髓提取物制备 L-阿拉伯糖和 D-木糖的研究与应用. 食品科技,2015,40(3):214-217.

[39] 王锋. L-阿拉伯糖生产新工艺–模拟移动床色谱分离技术的应用. 淀粉与淀粉糖,2013,4:27-28.

[40] Shen J,Kaur I,Baktash M M,et al. A combined process of activated carbon adsorption,ion

exchange resin treatment and membrane concentration for recovery of dissolved organics in pre-hydrolysis liquor of the kraft-based dissolving pulp production process. Bioresource Technology, 2013,127:59-65.

[41] Grandison A S,Goulas A K,Rastall R A. The use of dead-end and cross-flow nanofiltration to purify prebiotic oligosaccharides from reaction mixtures. Songklanakarin Journal of Science and Technology,2002,24:915-928.

[42] Swennen K,Courtin C M,Bruggen B V D,et al. Ultrafiltration and ethanol precipitation for isolation of arabinoxylooligosaccharides with different structures. Carbohydrate polymers,2005, 62(3):283-292.

[43] Yuan Q,Zhang H,Qian Z,et al. Pilot-plant production of xylo-oligosaccharides from corncob by steaming, enzymatic hydrolysis and nanofiltration. Journal of Chemical Technology & Biotechnology,2004,79(10):1073-1079.

[44] William D,Les E. An overview on the chemistry of clarification of cane sugar juice. Australia Societ of Sugar Cane Technolgists,1999,21:381-388.

[45] Shen J,Fatehi P,Soleimani P,et al. Lime treatment of prehydrolysis liquor from the kraft-based dissolving pulp production process. Industrial & Engineering Chemistry Research,2012,51(2): 662-667.

[46] Taherzadeh M J. Effect of pH,time and temperature of overliming on detoxification of dilute-acid hydrolyzates for fermentation by Saccharomyces cerevisiae. Process Biochemistry,2002,38(4): 515-522.

[47] Nilvebrant N O. Critical conditions for improved fermentability during overliming of acid hydrolysates from spruce. Applied Biochemistry & Biotechnology,Part A Enzyme Engineering & Biotechnology,2005,124(1-3):1031-1044.

[48] Novotný O, Cejpek K, Velíšek J. Formation of carboxylic acids during degradation of monosaccharides. Czech Journal of Food Sciences,2008,26(2):117-131.

[49] Colon L A,Dadoo R,Zare R N. Determination of carbohydrates by capillary zone electrophoresis with amperometric detection at a copper microelectrode. Analytical Chemistry,1993,65(4): 476-481.

[50] Liu H,Hu H,Jahan M S,et al. Purification of hemicelluloses in pre-hydrolysis liquor of kraft-based dissolving pulp production process using activated carbon and ion-exchange resin adsorption followed by nanofiltration. Journal of Biobased Materials and Bioenergy,2014,8(3): 325-330.

[51] Montané D,Nabarlatz D,Martorell A,et al. Removal of lignin and associated impurities from xylo-oligosaccharides by activated carbon adsorption. Industrial & Engineering Chemistry Research, 2006,45(7):2294-2302.

[52] Lee J M,Venditti R A,Jameel H,et al. Detoxification of woody hydrolyzates with activated carbon for bioconversion to ethanol by the thermophilic anaerobic bacterium *Thermoanaerobacterium saccharolyticum*. Biomass & Bioenergy,2011,35(1):626-636.

[53] Fatehi P,Ryan J,Ni Y. Adsorption of lignocelluloses of model pre-hydrolysis liquor on activated carbon. Bioresource Technology,2013,131:308-314.

[54] Wang Z,Zhuang J,Wang X,et al. Limited adsorption selectivity of active carbon toward non-saccharide compounds in lignocellulose hydrolysate. Bioresource Technology,2016,208:195-199.

[55] Ding A, Liang H, Qu F, et al. Effect of granular activated carbon addition on the effluent properties and fouling potentials of membrane-coupled expanded granular sludge bed process. Bioresource Technology,2014,171:240-246.

[56] Koivula E, Kallioinen M, Preis S, et al. Evaluation of various pretreatment methods to manage fouling in ultrafiltration of wood hydrolysates. Separation and Purification Technology,2011,83:50-56.

[57] Jiang J, Li Z, Fu Y, et al. Enhancement of colloidal particle and lignin removal from pre-hydrolysis liquor of aspen by a combination of pectinase and cationic polymer treatment. Separation and Purification Technology,2018,199:78-83.

[58] Li Z,Qiu C,Gao J,et al. Improving lignin removal from pre-hydrolysis liquor by horseradish peroxidase-catalyzed polymerization. Separation and Purification Technology,2019,212:273-279.

[59] Wang Z,Wang X,Fu Y,et al. Saccharide separation from wood prehydrolysis liquor:Comparison of selectivity toward nonsaccharide compounds with separate techniques. RSC Advances,2015,5(37):28925-28931.

[60] Liu Z,Fatehi P,Jahan M S,et al. Separation of lignocellulosic materials by combined processes of pre-hydrolysis and ethanol extraction. Bioresource Technology,2011,102(2):1264-1269.

[61] Millati R,Niklasson C,Taherzadeh M J. Effect of pH,time and temperature of overliming on detoxification of dilute-acid hydrolyzates for fermentation by *Saccharomyces cerevisiae*. Process Biochemistry,2002,38(4):515-522.

[62] Mancilha I M D, Karim M N. Evaluation of ion exchange resins for removal of inhibitory compounds from corn stover hydrolyzate for xylitol fermentation. Biotechnology Progress,2003,19:1837-1841.

第5章　木质纤维原料的甲酸分离技术

植物纤维原料包括木材和非木材被大量用来生产纸浆和纸张,满足人们的日常生活和工业生产的需要。对于木材原料来说,硫酸盐法是主要的制浆方法,少部分采用亚硫酸盐法制浆。这些含硫化学品制浆所存在的问题之一,就是会对环境产生危害。另外,硫酸盐法制浆目前广泛采用燃烧法处理废液中的木素和碳水化合物降解产物,难以对这些组分进行高效利用,从而造成资源浪费,且燃烧过程中排放大量二氧化碳,造成温室效应。对于非木材原料,目前主要采用烧碱或烧碱-蒽醌法制浆,这种制浆方法存在废液难以回收的问题。近年来,生物质精炼理念的提出为传统的制浆造纸工业带来了新的机遇和挑战。因此,人们不断探寻新的制浆方法,以解决传统制浆方法存在的问题,并实现植物纤维原料全组分高效利用。其中,有机溶剂制浆得到了广泛关注。有机溶剂制浆具有投资小、污染小、得率高、强度高及副产物和有机溶剂较易回收的优点,使有机溶剂制浆替代传统化学法制浆成为可能。有机溶剂制浆主要采用醇(主要是甲醇和乙醇)或有机酸(主要是甲酸和乙酸)作为木素脱除剂[1,2],也可采用苯酚、乙酸乙酯和丙酮等有机溶剂进行制浆。在有机溶剂制浆工艺中,甲酸制浆技术由于其良好的脱木素性能和漂白性能,得到了越来越多的重视。甲酸制浆技术可有效降解原料中的木素和半纤维素,达到木质纤维组分高效分离的目的,从而可实现植物纤维原料的综合与高值化利用,并有望在生物质精炼平台的构建方面发挥重要作用。

5.1　甲酸及甲酸制浆

5.1.1　甲酸及其性能

甲酸又叫蚁酸,分子式为 CH_2O_2,结构式为 HCOOH。甲酸是强还原剂,沸点与水接近,在 101.3kPa 下为 100.56℃。在 25℃ 下,甲酸的相对密度为 $1.214g/cm^3$,蒸发热为 19.90kJ/mol。甲酸能与水、乙醇等混溶。甲酸作为一种重要的有机化工原料,广泛应用于医药、农药、皮革、染料和橡胶等行业中,其在大气中的分解产物是二氧化碳和水,对环境的危害较小。

甲酸的生产工艺主要是丁烷(轻油)液相氧化生产醋酸联产甲酸法、甲酸钠法、甲酰胺法和甲酸甲酯水解法等。下面简单介绍几种生产方法:

1. 丁烷(轻油)液相氧化生产乙酸联产甲酸法

该法以丁烷或 C_5—C_7 的轻油为原料,采用乙酸钴、乙酸铬、乙酸钒或乙酸锰为催化剂,在 170~200℃、1.0~5.0MPa 压力下进行反应,在生产乙酸的同时生成副产物甲酸,其中甲酸的生成量为乙酸的 10%。该方法随着合成乙酸技术的改进已经基本淘汰。

2. 甲酸钠法

首先一氧化碳和氢氧化钠溶液在 160~200℃ 和 2MPa 下反应制备甲酸钠,然后甲酸钠与硫酸反应生成甲酸。该法制备甲酸的反应如下:

$$CO+NaOH \longrightarrow HCOONa \tag{5.1}$$

$$2HCOONa+H_2SO_4 \longrightarrow 2HCOOH+Na_2SO_4 \tag{5.2}$$

3. 甲酰胺法

首先一氧化碳和甲醇在高压下,以甲醇钠作为催化剂合成甲酸甲酯;然后甲酸甲酯再与无水氨进一步反应生成甲酰胺;最后甲酰胺和稀硫酸反应生成甲酸以及硫酸铵。该法制备甲酸的反应如下:

$$CH_3OH+CO \longrightarrow HCOOCH_3 \tag{5.3}$$

$$HCOOCH_3+NH_3 \longrightarrow HCONH_2+CH_3OH \tag{5.4}$$

$$2HCONH_2+H_2SO_4+H_2O \longrightarrow 2HCOOH+(NH_4)_2SO_4 \tag{5.5}$$

4. 甲酸甲酯水解法

首先一氧化碳与甲醇反应制备甲酸甲酯,然后甲酸甲酯进行自催化水解得到甲酸。该法制备甲酸的反应如下:

$$CH_3OH+CO \longrightarrow HCOOCH_3 \tag{5.6}$$

$$HCOOCH_3+H_2O \longrightarrow HCOOH+CH_3OH \tag{5.7}$$

甲酸可以看作羟基甲醛,它同时具有醛和酸的性质。它具有醛的还原性,能发生银镜反应。它是酸性最强的饱和脂肪酸。在室温下,甲酸会慢慢分解为一氧化碳和水;在 160℃ 以上会分解为二氧化碳和氢气。由于具有醛基,甲酸可以在催化剂存在下,与氢气发生加成反应,被还原成甲醇,反应如下所示:

$$HCOOH+2H_2 \longrightarrow CH_3OH+H_2O \tag{5.8}$$

5.1.2　甲酸对木质纤维组分的分离

作者曾利用酸性助溶化合物对甲基苯磺酸(p-TsOH)对木质纤维原料进行流

动分离研究[3]，发现流动解离具有分离效率高和产品结构容易控制的优势。基于此，作者提出了利用甲酸水溶液在一定温度下快速流式分离（rapid flow-through fractionation，RFF）木质纤维原料，从而有效分离出木质纤维各组分的策略，同时发明了一种农林生物质化学组分的流式分离装置和方法[4]。图 5.1 是流式分离的实验装置图，由储液瓶、恒流泵、智控恒温油浴、分离柱、冷却装置和收集瓶组成。木质纤维原料固定在分离柱内，通过液体的流动实现组分的分离，获得富含纤维素的固形物和废液。废液中含有大量的半纤维素糖和木素，经过加水稀释，废液中的木素由于溶解性差异，分为水不溶部分（WIL）和水溶部分（WSL）。利用 RFF 技术处理麦草，在 120℃至 140℃的温度下，甲酸水溶液流过装有麦草的分离柱，RFF 总处理时间 10min，甲酸水溶液流经分离柱历时 2.6min。麦草的木素脱除率及质量平衡分析如图 5.2 所示。可见，提高甲酸浓度会提高木素的脱除率，而升高温度对提高木素脱除效果更为显著，如 F90T140（F 后的数字为甲酸浓度，wt%；T 后数字为反应温度，℃）比 F72T140 的脱木素率高了 3.75%，而 F72T140 比 F72T120 的脱木素率提高了 16.8%。废液中木素是非均一的，其在水中的溶解性存在较大差异。图 5.2 显示，在 72%甲酸条件下，WIL 占废液中总木素的比例随温度的提高而提高，如 F72T120 条件下 WIL 占 44%，而 F72T140 条件下该比例提高至 77%，这是由于木素甲酰化使其亲水性降低造成的[5]。

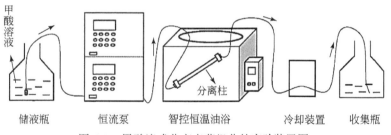

图 5.1　甲酸流式分离麦草组分的实验装置图

　　聚木糖是麦草半纤维素中的主要多糖，图 5.3 为聚木糖的质量平衡分析。结果表明，废液中存在大量被抽提出来的低聚木糖和单木糖，在 F72T130 时，低聚木糖和单木糖的总产率最高，为 79.8%。固形物中的聚木糖含量与温度有关，从 F72T120 时的 34.9%下降到 F72T140 时的 16.3%，从 F90T120 时的 17.3%下降到 F90T140 时的 6.9%。在反应剧烈的情况下，糖类的降解十分严重，在 F90T140 时大约 15.6%的糖被降解。图 5.3 还表明，虽然提高反应温度或甲酸浓度会减少低聚木糖占总糖的比例，但除了 F90T140 以外，该比例均高于 50%。对 RFF 法处理麦草后的剩余固形物进行了聚葡萄糖的质量平衡分析，如图 5.4 所示。在 F72T120、F72T130 和 F72T140 条件下，固形物中聚葡萄糖保留率分别为 98.9%、

98.8%、94.9%,而废液中聚葡萄糖占比仅为1.1%、1.2%和1.3%,说明绝大部分聚葡萄糖都保留在了固形物中。但较高的反应温度会导致聚葡萄糖降解,如F72T140的聚葡萄糖降解率为3.8%。提高甲酸浓度,聚葡萄糖的降解更为剧烈,F90T140条件下,聚葡萄糖降解损失高达20%。

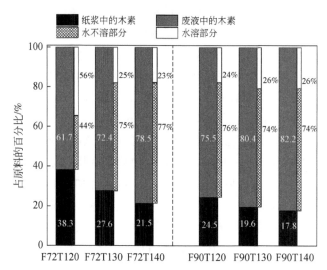

图5.2　麦草甲酸流式分离后木素的质量平衡,字母F和T后的数字分别
代表甲酸浓度(wt%)和反应温度(℃)

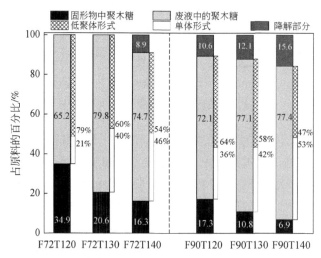

图5.3　麦草甲酸流式分离后聚木糖的质量平衡

RFF法脱除的麦草木素结构相对完整。二维核磁分析表明,与磨木木素相比,WIL中保存着大约84.5%的β-O-4连接[6]。对麦草WSL和WIL的分析表明,WIL

的分子量为3016；而WSL的分子量为1123分子，为含有2.8个酚羟基和5个苯丙烷结构的寡聚酚类[7]，对杨木的RFF分离也获得了类似的结果[5]。RFF技术所获得木素能够较好地维持原本木素的结构，因此RFF木素可用于大批量木素模型物的制备，也可作为木素高值化应用的原材料。可见，RFF技术是具有良好发展前景的木质纤维组分有效分离技术。

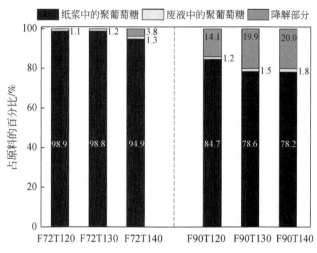

图5.4　麦草甲酸流式分离后聚葡萄糖的质量平衡

5.1.3　甲酸制浆的主要类型

　　木素是由苯基丙烷结构单元通过醚键和碳碳键连接而成的具有三维空间结构的天然芳香族化合物。甲酸是分子量最小也是最强的脂肪族羧酸。其化学反应活性较强，是植物纤维原料中木素和抽出物的良好溶剂。甲酸分子在解离过程中产生的H+和HCOO-等离子，它们与植物纤维原料中的木素发生反应，导致木素中醚键或碳碳键断裂，木素分子量变小并溶出。甲酸与过氧化氢能生成过氧甲酸，过氧甲酸可氧化木素，从而使木素亲水性增强，同时具有较高的脱木素选择性[8]，因此它们可以用作制浆化学药品。目前，甲酸制浆是利用甲酸对木质纤维原料组分进行分离的主要形式。甲酸/过氧甲酸制浆技术主要有四种流程和工艺，即Milox法、ChemPolis法、Formacell法和NP(nature pulping)法。其中Milox法和ChemPolis法也被合称为Milox/ChemPolis法。

　　Milox法是采用甲酸和过氧甲酸作为蒸煮液的制浆方法，其中过氧甲酸由加入的甲酸和过氧化氢即时生成。该方法是由芬兰制浆造纸研究所开发，也是当前研究中采用最多的方法。在最初设计的Milox流程中，包括常压下一段过氧甲酸制浆和一段碱性过氧化氢漂白。制浆过程中，在第一段中加入甲酸和过氧化氢形成过氧甲酸,甲酸浓度是60%~80%,过氧化氢用量为20%~60%(对绝干原料)。蒸煮后纸浆卡伯值为2~20,纸浆得率在50%~60%[9]。后来为了降低过氧化氢用量,制浆过程中采用两段或三段蒸煮工艺流程。脱木素反应均在甲酸溶液常压下的沸点或低于沸点温度下进行。两段Milox制浆流程中,第一段是采用甲酸和过氧化氢在较低温度下蒸煮,第二段是将反应液升高到沸点继续反应[9,10]。而三段Milox制浆流程中前两段与两段法制浆是一样的,不同的是在第二段结束后除去蒸煮液,加入新的甲酸(或甲酸和过氧化氢)进行反应。在三段甲酸/过氧甲酸制浆流程中,适当的减小液比也可以降低过氧化氢用量[11,12]。

Milox法所用原料可以是针叶木[13,14],也可以是阔叶木[15-17]。据研究,松木和桦木经过甲酸-过氧甲酸-甲酸三段Milox流程制浆后,可以制得卡伯值很低(7~11)的纸浆,经过碱性过氧化氢漂白后能达到90% ISO的白度。与松木相比,桦木脱木素更容易,这是由于松木中的愈创木基型木素在制浆过程中会发生缩合反应的缘故[18,19]。除了木材外,Milox法采用的原料也可以是竹子[20]、麻[21]、麦草[22,23]、蔗渣[24]和香蕉茎[25]等非木材。对于木材原料,甲酸Milox法制浆一般采用两段或三段流程;非木材原料一般采用两段流程,也有采用一段Milox过氧甲酸流程的[25-27]。与烧碱-蒽醌法浆相比,甲酸/过氧甲酸蒸煮后纸浆具有更好的打浆性能。此外,甲酸/过氧甲酸蒸煮后纸浆在相近的游离度下也具有更好的撕裂强度[28]。Milox两段流程可以采用甲酸-过氧甲酸流程或过氧甲酸-甲酸流程。另外,与传统的碱法制浆相比,非木材Milox法制浆的优点之一,是原料中的硅在蒸煮后大都保留在纸浆中,因此可大幅度降低废液的黏度。

Milox法中甲酸对于木素和抽出物具有溶出作用,并使半纤维素糖苷键发生断裂。而过氧甲酸对木素具有氧化降解作用,使其更加亲水,促进其溶出。因此,Milox流程结合了甲酸和过氧甲酸的作用,脱木素效果好,对纤维素的破坏小,得率高,所得纸浆易于漂白[16,29],可以用来生产造纸用纸浆[29,30]。与碱法制浆相比,阔叶木采用二段甲酸/过氧甲酸蒸煮后纸浆的聚木糖含量更低,因此更适合用来生产溶解浆[28]。Abad等[15]对桉木进行了两段Milox制浆,第一段甲酸浓度80%(w/w,下同),过氧化氢4%(对绝干木片),固液比1:9.1,温度70℃,时间70min。第二段温度升高到沸点,继续反应150min。蒸煮所得的纸浆经TCF漂白(漂白流程EOZQP)后可制备溶解浆。麻类纤维进行甲酸两段/三段蒸煮和过氧化氢漂白后,也可以制备溶解浆[21]。其三段法采用的工艺流程是:第一段甲酸浓度90%,过氧化氢4%,80℃,蒸煮时间120min;第二段甲酸浓度90%,107℃,蒸煮时间60min;第三段的工艺条件同第一段。李连峰[17]采用硫酸作为催化剂,对杨木木片进行了甲酸过氧化氢蒸煮。采用的工艺条件是:甲酸浓度85%,过氧化氢8%,硫酸3%,液比1:10,45℃下预浸渍90min,然后升温至95℃蒸煮240min,得到的纸浆进行碱处理和过氧化氢漂白后可以制备胶黏纤维。梁芳等[31]对竹子采用甲酸蒸煮,采用的工艺流程和条件是:甲酸浓度 88%,过氧化氢用量 3.6%,液比 1∶8,预浸渍时间 120min。第一段,80℃下反应 120min;第二段,直接升高温度至 95℃反应 180min;第三段,对蒸煮液抽滤后,加入新的甲酸和过氧化氢,在 80℃下反应 120min,蒸煮所得的纸浆采用 14%(对绝干浆)的过氧化氢漂白后纸浆的白度可达 91% ISO,α-纤维素含量达 94%以上,特性黏度接近 800mL/g。

Milox 法目前存在的问题是,由于反应在常压下进行,所以脱木素速率慢,反应时间较长(2~5h)。此外,Milox 制浆技术采用多级蒸煮,由于生产设备需要绝对密封,导致蒸煮车间的投资及运行费用较高。

ChemPolis 法是芬兰 ChemPolis 公司开发的一种甲酸制浆方法。该方法包括甲酸蒸煮、漂白和药品回收三部分。甲酸蒸煮过程与 Milox 法不同的是,该法主要以甲酸为蒸煮药液,在一定压力下蒸煮,脱木素反应温度高(110~160℃),脱木素速率快,蒸煮时间短(一般不超过 1h)。甲酸的回收通过多级蒸发完成,回收工艺简单,回收后的甲酸再回到蒸煮系统[32]。回收过程中废液蒸发后的固形物可以作为蒸汽锅炉的燃料。由于蒸煮过程中会生成乙酸和糠醛,在 ChemPolis 法蒸煮过程中,当回收的废液用于蒸煮时,蒸煮液可能是甲酸和乙酸及糠醛的混合物[33]。该方法由于在酸性条件下制浆,除去了大部分的金属离子,因此所得纸浆金属离子含量低,纸浆可漂性高,经以过氧化氢为主的全无氯漂白即能得到高白度的纸浆。与传统的碱法制浆相比,非木材原料 ChemPolis 法制浆具有废液回收容易、纸浆滤水性和可漂性好、蒸煮废液和溶出的木素回收率高且纯度高、纸浆质量好等优点。ChemPolis 法是一种适于阔叶木和非木材原料的制浆方法,该技术已成功进行了中试[34]。但是,该方法由于在压力下进行蒸煮,因此对设备的耐腐蚀性及操作要求较高。

Formacell 法是一种采用甲酸和乙酸混合酸进行蒸煮的方法,其中乙酸所占比例要超过甲酸,也可以说是一种以甲酸为催化剂的乙酸蒸煮流程。对这种方法的研究并不多。目前对于 Nature Pulping(NP)法的报道也很少,NP 法采用一段常压甲酸蒸煮。蒸煮温度比 ChemPolis 法低(70~95℃),因此对设备耐腐蚀的要求也低。该流程采用的原料可以是木材或非木材,但是当该技术应用于非木材时,纸浆的质量和化学品的回收还有待于提高。

5.2　甲酸制浆工艺

在甲酸蒸煮过程中,影响蒸煮效果的因素包括甲酸浓度、蒸煮最高温度和保温时间、液比等。下面介绍甲酸蒸煮工艺对纸浆性能的影响。

5.2.1　甲酸浓度

蒸煮液中较高的甲酸浓度在一定程度上会提高木素的脱除效率。但是,在甲酸蒸煮过程中,并不是100%的甲酸脱木素效果最好。而且,由于原料中存在一定水分,蒸煮过程中甲酸浓度也不会达到100%。在甲酸制浆时,随着甲酸浓度的升高,会导致大量碳水化合物降解,并且木素的缩合反应增加,最终影响纸浆的得率和物理性能以及后续漂白性能。因此,在甲酸蒸煮中,甲酸的浓度一般为80%~90%。

5.2.2　蒸煮最高温度和保温时间

与传统的化学制浆相同,甲酸制浆过程的最高温度对纸浆性能也具有重要影响。甲酸制浆中最高蒸煮温度和保温时间对竹子和杨木制浆效果的影响分别见表5.1和表5.2。表5.1表明,竹子甲酸制浆过程中,蒸煮最高温度的升高对纸浆的卡伯值有较大影响。蒸煮温度从130℃升高至145℃,纸浆的卡伯值明显下降。对于细浆得率而言,蒸煮温度低于140℃时变化不大;但温度145℃时,细浆得率有所下降,尤其是保温60min时。

在相同的最高温度下,随着蒸煮时间的延长,纸浆的卡伯值下降。但在最高温度为145℃时,保温60min所得纸浆的卡伯值稍高于45min时的纸浆。此外,蒸煮最高温度越高,延长保温时间对降低卡伯值的作用越小。与保温时间相比,蒸煮最高温度对蒸煮效果的影响要更大一些。

表5.2显示,与竹子相比,杨木甲酸制浆后所得纸浆具有较低的卡伯值。当蒸煮温度为120℃,保温28min时,所得未漂浆的卡伯值为17.9。随着蒸煮温度的提高,未漂浆的卡伯值降低,但当蒸煮温度由135℃升至140℃时,未漂浆的卡伯值降低幅度很小,而纸浆白度反而有所下降,这可能是由于高温下木素的缩合造成的。因此,杨木甲酸蒸煮的最高温度以不超过135℃为宜。

表5.1　最高温度和保温时间对竹子甲酸蒸煮效果的影响

最高温度/℃	130			140			145		
升温时间/min	46	43	28	69	63	51	38	67	54
保温时间/min	30	45	70	30	45	60	30	45	60
细浆得率/%	44.0	45.5	44.3	45.3	43.6	44.4	43.6	42.4	40.9
卡伯值	53.9	46.4	42.4	39.8	36.7	33.7	30.4	28.5	29.4

注:50~100℃升温时间15min,液比1:7,升温时间指从100℃到最高温度的时间(下同)。

表 5.2　最高温度和保温时间对杨木甲酸蒸煮效果的影响

最高温度/℃	120	135	140
升温时间/min	32	44	60
保温时间/min	28	20	26
细浆得率/%	41.6	42.1	38.8
卡伯值	17.9	11.8	11.2
未漂浆白度/% ISO	40.0	47.0	36.0

注:液比 1∶7,甲酸浓度 85%。

5.2.3　蒸煮液比和预浸渍对蒸煮效果的影响

蒸煮液比和预浸渍对甲酸蒸煮效果的影响见表 5.3。结果表明,原料无预浸渍时,液比从 1∶7 增加到 1∶10,纸浆的卡伯值从 45.2 降低至 37.0。说明增加液比有助于木素的溶出,但提高液比也意味着甲酸用量增加,后续废液处理过程中需要蒸发回收的甲酸量也增多。预浸渍对降低纸浆的卡伯值有一定作用,当预浸渍时间从 60min 增加到 120min 时,纸浆卡伯值有所降低。当原料在 85℃下预浸渍 60min 后,过滤除去预浸渍废液,然后加入新的甲酸进行蒸煮,与浸渍后不除去预浸渍废液相比,所得纸浆的卡伯值从 42.1 降低到 34.5,可见两段预浸渍反应能够显著降低纸浆的卡伯值,但此流程也较复杂,消耗的甲酸也增多。

表 5.3　蒸煮液比和预浸渍对甲酸蒸煮效果的影响

预浸渍形式	无预浸渍	无预浸渍	无预浸渍	85℃预浸渍 60min	85℃预浸渍 120min	预浸渍+新蒸煮液*
液比	1∶7	1∶8	1∶10	1∶7	1∶7	1∶7
升温时间/min	45	65	49	43	30	35
细浆得率/%	44.7	40.6	42.5	43.6	42.2	42.5
卡伯值	45.2	41	37.0	42.1	38.5	34.5

注:1)最高温度 135℃,保温时间 45min。

2) * 85℃预浸渍 60min 后除去浸渍废液,加入新的蒸煮液蒸煮 45min。

5.2.4　竹片挤压对甲酸蒸煮效果的影响

比较表 5.1 和表 5.2 的结果发现,相对于竹子,杨木更易制浆。杨木在 135℃下保温 20min,可获得卡伯值为 11.8 的纸浆;而竹子在相同温度下,保温更长时间得到的纸浆卡伯值仍远高于杨木(表 5.4)。在竹子甲酸蒸煮过程中,由于竹子结构比较致密,药液的渗透和木素的溶出会影响蒸煮效果。因此,采用挤碾机对竹片挤压后再进行甲酸蒸煮,得到了更好的效果。挤压后的竹片发生压溃分丝现象,与相同蒸煮条件下的未经挤压的竹片相比,挤压后的竹片所得纸浆的卡伯值显著降低,而纸浆得率变化不大。可见,竹片挤压处理对蒸煮效果有显著影响。在蒸煮过程中,甲酸小分子能够渗透进入纤维内部,但是由于竹片结构致密,溶解的木素大分子难以渗透扩散到蒸煮液中。经过挤压后,特别是横向尺寸减小后,木素的扩散溶出变得容易,因此蒸煮后纸浆卡伯值显著降低。

竹片采用挤碾机挤压时需要采用水浸泡,在挤压过程中也要加入水,因此挤压后的竹片含有较高的水分。在甲酸蒸煮前为了除去水分,需将挤压后的竹片晾晒,着使得实际生产流程变得复杂。对风干竹片直接采用机械法砸溃,可使竹片在横向产生压溃的效果。砸溃后的竹片在同样蒸煮条件下,所得纸浆的卡伯值和得率均与采用挤碾机挤压后竹片的蒸煮效果相近。

表 5.4　挤压处理对竹片甲酸蒸煮性能的影响

挤压形式	竹片未挤压	竹片挤压后	竹片破碎(机械横向砸溃)
升温时间/min	45	60	45
细浆得率/%	44.7	44.8	43.2
卡伯值	45.2	30.6	31.8

注:液比 1:7,最高温度 135℃,保温时间 45min。

5.3　甲酸制浆的催化和强化

甲酸/过氧甲酸制浆过程中,可以采用催化剂强化脱木素过程。甲酸制浆过程采用的催化剂一般是硫酸或盐酸。Erismann 等[35] 和 Baeza 等[36]对桉木进行甲酸蒸煮发现,与不加入催化剂相比,采用盐酸作为催化剂能改善木素的脱除,降低纸浆中的木素含量,减少纸浆中的粗渣量。

Jahan 等[24]对蔗渣进行了甲酸蒸煮,当甲酸浓度为 90%,在 95℃下蒸煮 90min 时,纸浆得率为 44.4%,卡伯值为 26.1。蒸煮时加入硫酸作为催化剂时,会导致碳水化合物发生降解,纸浆得率和强度下降。李连峰[17]对杨木进行甲酸制浆也发现,当采用硫酸作为催化剂时,会导致碳水化合物的降解,纸浆得率降低,但脱木素速度加快。但当采用盐酸作为催化剂时,会导致碳水化合物的严重降解,纸浆得率显著降低。当采用 Milox 法制备黏胶纤维浆时,硫酸的催化效果要好于盐酸。而Jahan 等[37]对稻草甲酸制浆的研究发现,随着硫酸浓度的增加,纸浆的得率、卡伯值、聚戊糖含量和 kalson 木素含量均迅速降低。

除了在甲酸/过氧甲酸蒸煮过程中加入盐酸或硫酸进行催化促进木素脱除外,采用预处理的方法也可以强化脱木素效果。Wen 等[38]首先对竹子进行高温预水解(180℃下处理 30min),然后采用甲酸/乙酸/水(30/50/20,*v/v/v*)进行有机酸蒸煮。结果表明,与直接进行有机酸蒸煮相比,竹子进行预水解后能够显著改善后续有机酸制浆过程中的脱木素效果。

如前所述,Formacell 法是一种采用甲酸和乙酸混合酸进行蒸煮的方法,其中乙酸所占比例要超过甲酸,也可以加入无机酸如硫酸进行强化蒸煮,结果如表 5.5 所示。与单独采用甲酸蒸煮相比,采用甲酸和乙酸混合蒸煮时,蒸煮后纸浆卡伯值从41.0 升至 42.7,但纸浆的得率从 40.6% 提高到 48.4%。在甲酸和乙酸混合酸蒸煮时,加入 0.5% 硫酸后,纸浆的卡伯值稍有降低,而得率没有明显变化;与加入0.5% 的硫酸相比,加入 1.5% 的硫酸后,纸浆得率稍有降低,但卡伯值没有明显变化。可见,与单独采用甲酸蒸煮相比,在纸浆卡伯值相近的情况下,采用甲酸和乙酸混合蒸煮能够显著提高纸浆的得率。

表 5.5　蒸煮过程中加入乙酸或硫酸对蒸煮效果的影响

方案	甲酸	甲酸	甲酸	甲酸	甲酸/乙酸[a]	甲酸/乙酸[a]	甲酸/乙酸[a]
硫酸	0	0.5	0	1.5	0	0.5	1.5
升温时间/min	46	35	65	64	50	70	70
保温时间/min	45	30	45	45	45	45	45
最高温度/℃	130	130	135	135	135	135	135
细浆得率/%	44.0	44.4	40.6	41.8	48.4	48.6	46.1
卡伯值	53.9	45.8	41.0	40.8	42.7	39.4	39.0

注:a 甲酸:乙酸=2:1,总酸浓度85%,液比 1:7。

表 5.6 表明,竹子甲酸制浆前进行预水解对甲酸脱木素有负面影响,这可能是预水解过程中木素的缩合所造成的。另外,在甲酸蒸煮时加入 1% 的 H_2O_2 对蒸煮效果没有改善作用。而在蒸煮前,采用加入 H_2O_2 的甲酸蒸煮液预浸渍原料可以显著改善脱木素效果,甲酸蒸煮后纸浆的卡伯值明显降低。

表 5.6　竹子预水解和过氧化氢处理对甲酸蒸煮效果的影响

方案	直接蒸煮	[a]预水解后蒸煮	蒸煮中加入 1% H_2O_2	[b]添加 2% H_2O_2 预浸渍 1h	[b]添加 2% H_2O_2 预浸渍 1h
保温时间/min	33	36	34	37	44
细浆得率/%	49.6	52.1	48.9	45.9	44.0
卡伯值	40.7	55.2	44.2	25.3	27.4
白度/%ISO	24.8	14.2	26.1	29.9	28.1

注:1)蒸煮时甲酸浓度85%,液比 1:7,最高温度130℃。

2)a预水解:170℃下处理1h。

3)b甲酸中加入 H_2O_2,在85℃下预浸渍原料1h。

5.4　甲酸浆的漂白

甲酸浆的漂白与传统的碱法化学浆相似,可以采用无元素氯(ECF)漂白流程或全无氯(TCF)漂白流程,获得全漂化学浆。下面以甲酸竹浆的漂白为例,分析不同漂白流程的漂白效果。

5.4.1　氧脱木素

图 5.5 表明,甲酸蒸煮后,所得纸浆直接进行氧脱木素和碱抽提均没有脱木素效果。而经过 E_pO 处理后,纸浆的卡伯值有所降低。E_p 处理后纸浆残液的 pH 为 4.8,说明竹子经甲酸蒸煮、洗涤后,纸浆中仍然含有大量残酸,造成氧脱木素和碱抽提没有效果。E_p 处理后再进行氧脱木素,效果明显,说明甲酸蒸煮后纸浆的充分洗涤对后续漂白非常重要。

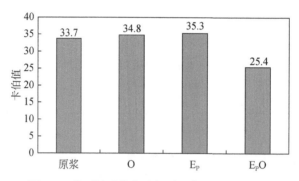

图 5.5　竹子甲酸蒸煮后氧脱木素和碱抽提效果

注:1)蒸煮最高温度 140℃,保温 60min,液比 1∶7。2)O:浆浓 12%,氢氧化钠 6%,硫酸镁 1%,温度 100℃,
时间 1h,氧压 0.6MPa。3)E_p:浆浓 10%,氢氧化钠 4%,过氧化氢 2%,温度 90℃,时间 1h。4)E_pO:
浆浓 12%,氢氧化钠 3%,硫酸镁 1%,温度 100℃,时间 1h,氧压 0.6MPa

5.4.2　二氧化氯漂白

竹子经甲酸蒸煮洗涤后,所得纸浆为酸性,而二氧化氯漂白需在酸性条件下进行,因此甲酸纸浆漂白的第一段适合采用二氧化氯漂白,后续再采用碱处理和过氧化氢漂白。对甲酸竹浆进行二氧化氯漂白的结果见表 5.7。纸浆经过二氧化氯漂白,然后进行过氧化氢强化的碱抽提后,纸浆的卡伯值明显降低,白度提高,且随着过氧化氢强化碱抽提中碱和过氧化氢用量的增加,脱木素效果提高。经过过氧化氢强化碱抽提后再进行一段过氧化氢漂白,纸浆的白度可达 81.9% ISO,说明纸浆具有良好的可漂性。

表 5.7　竹子甲酸纸浆二氧化氯漂白效果

漂序	原浆	D	DE$_P$	DE$_P$P
卡伯值	28.5	10.0	2.8	—
白度/% ISO	27.1	33.7	58.0	81.9

注:1)竹子甲酸蒸煮条件:蒸煮最高温度 145℃,保温 45min,液比 1:7。

2)D:浆浓 12%,温度 70℃,时间 3h,二氧化氯 3%。

3)E$_P$:浆浓 10%,温度 90℃,时间 1h,硫酸镁 0.1%,EDTA 0.5%,过氧化氢 1.0%,氢氧化钠 2.0%。

4)P:浆浓 10%,温度 90℃,时间 1h,氢氧化钠 2%,过氧化氢 2%,硫酸镁 0.1%,EDTA 0.5%。

　　氧脱木素是纸浆漂白流程中常采用的漂白工段,竹子甲酸纸浆含氧脱木素段的二氧化氯漂白结果见表 5.8。未漂浆经二氧化氯漂白后卡伯值从 39.4 降至 23.3,再经过氧脱木素后,纸浆的卡伯值降至 7.8,氧脱木素的脱木素率为 66.5%。氧脱木素后再经碱处理和过氧化氢漂白,纸浆白度可达 71.5% ISO,但是低于表 5.7 中的 DE$_P$P 漂白流程所得的漂白浆的白度,这主要是因为表 5.7 中未漂浆具有更低的卡伯值。

表 5.8　含氧脱木素段的二氧化氯漂白效果

漂序	D	DO	DOEP
卡伯值	23.3	7.8	—
白度/ISO	27.4	41.2	71.5

注:1)甲酸蒸煮条件:蒸煮最高温度 135℃,保温 45min,总酸浓度 85%,其中甲酸:乙酸 = 2:1,H$_2$SO$_4$ 0.5%,未漂浆卡伯值 39.4。

2)D:浆浓 12%,温度 70℃,时间 3h,二氧化氯 2%。

3)O:浆浓 12%,温度 100℃,时间 1h,硫酸镁 1%。

4)E:浆浓 10%,温度 90℃,时间 1h,氢氧化钠 2%。

5)P:浆浓 10%,温度 90℃,时间 1h,氢氧化钠 2%,过氧化氢 2%,硫酸镁 0.1%,EDTA 0.5%。

5.4.3　不同植物纤维原料的甲酸制浆比较

　　对我国常见的几种植物纤维原料(杨木、竹子、麦草和玉米秆)进行了甲酸蒸煮,蒸煮条件和结果见表 5.9。在甲酸蒸煮过程中,竹子最难脱木素,所得竹浆的卡伯值最高,而杨木则相对容易脱除木素。与竹子和杨木相比,玉米秆和麦草在较低的蒸煮温度下即能达到较低的卡伯值。

表5.9　　四种原料的蒸煮结果

原料	蒸煮最高温度/℃	保温时间/min	未漂浆卡伯值	白度/% ISO
竹子	135	45	32.6	27.1
杨木	135	30	12.2	35.7
玉米秆	125	30	23.9	33.5
麦草	125	30	17.2	36.2

注:甲酸浓度85%。

对上述四种甲酸浆分别进行了含氧脱木素段的漂白和不含氧脱木素段的漂白,并采用不同漂白流程将纸浆漂至较低白度和较高白度,漂白浆性能见图5.6和表5.10。甲酸杨木浆、麦草浆和玉米秆浆表现出良好的可漂性,它们经过碱处理和过氧化氢漂白后均可以达到60% ISO以上的白度。甲酸杨木浆经过 DE_pP 漂白后达到89% ISO的白度,而在同样的漂白条件下甲酸竹浆的白度只有74.2% ISO。甲酸竹浆经含有两段二氧化氯漂白的漂序 $D_1E_pD_2P$ 漂白后,纸浆白度达到86% ISO;而在减少二氧化氯总用量的条件下,甲酸麦草浆和玉米秆浆在相同漂序下,可达到与竹浆相近的白度。对于甲酸竹浆,在漂白初始增加一段氧脱木素,则在二氧化氯总用量减少2%的条件下也能达到与 $D_1E_pD_2P$ 漂序所得纸浆相近的白度,尽管氧脱木素后纸浆的卡伯值降低很少。在氧脱木素时加入5%的氢氧化钠,可以将初

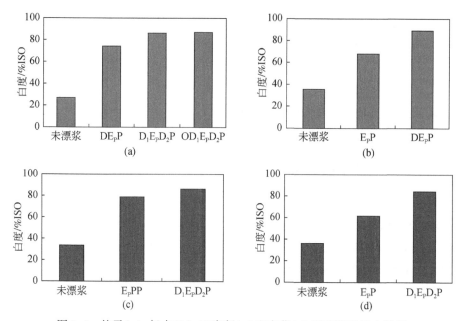

图5.6　竹子(a)、杨木(b)、玉米秆(c)和麦草(d)甲酸浆的漂白效果

始 pH 调节到 12。但是,由于纸浆中残余的甲酸较多(在浆浓 2.5% 下,纸浆经过五段清水洗涤后,最后一段洗涤滤液中残酸浓度为 0.5%,pH 4.7),甲酸在氧脱木素过程中逐渐扩散出来,导致体系 pH 下降很快,使得氧脱木素并没有起到很好的作用。因此,如能充分发挥氧脱木素的作用,可能会得到更好的漂白结果。

　　四种甲酸纸浆漂白后所得的高白度纸浆的聚合度有较大差别(表 5.10)。其中,高白度玉米秆浆的聚合度最大,高白度竹浆的聚合度最小,尤其是经含氧脱木素段的 $OD_1E_pD_2P$ 漂白后,竹浆的聚合度只有 890,远远低于其他纸浆。另外,四种漂白浆中均含有浓度较高的铁离子。在溶解浆的生产中,铁离子会影响溶解浆的后续反应,因此,应采取措施降低铁离子浓度。

表 5.10　四种甲酸纸浆经不同漂序漂白后的纸浆性能

原料		竹子		杨木	玉米秆	麦草
漂序		$D_1E_pD_2P$	$OD_1E_pD_2P$	DE_pP	$D_1E_pD_2P$	$D_1E_pD_2P$
二氧化氯用量		3%+2%	2%+1%	2%	2%+1%	2%+1%
聚合度		1240	890	1390	1790	1270
*浆中残留金属离子/(mg/kg)	Cu	2.96	2.12	1.03	1.08	2.68
	Fe	35.5	51.4	33.9	45.8	189.0
	Mn	0.31	0.60	0.31	0.31	0.94

注:1)E_p:NaOH 2%,H_2O_2 2%,浆浓 10%,温度 90℃,时间 1h。

2)P:NaOH 2%,H_2O_2 2%,$MgSO_4$ 0.1%,EDTA 0.5%,浆浓 10%,温度 90℃,时间 1h。

3)O:NaOH 5%,$MgSO_4$ 1%,浆浓 12%,氧压 0.6MPa,时间 1h。

4)D:浆浓 12%,温度 70℃,时间 3h。

5)*金属离子浓度采用 ICP 测定,漂白浆增加一段去离子水洗涤,然后进行测定。

5.4.4　竹子漂白浆中 α-纤维素含量

　　在甲酸蒸煮过程中,除了溶出木素外,蒸煮时的强酸性条件也容易使纤维原料中的半纤维素溶出,因此甲酸蒸煮有利于溶解浆的生产。图 5.7 表明,经过不同漂序漂白的纸浆,白度均接近或超过 85% ISO,α-纤维素含量均超过 92%,尤其是经过 ODEP 和 ODE_pP 漂序漂白后,漂白浆的 α-纤维素含量超过 95%。可见,竹子甲酸制浆可以用来生产溶解浆。从表 5.10 中漂白浆的重金属离子含量可以看出,竹子甲酸漂白浆含有较多的铁离子,而铁离子浓度是溶解浆生产过程中的重要指标,因此,竹子通过甲酸蒸煮生产溶解浆时需重视铁离子的去除问题。

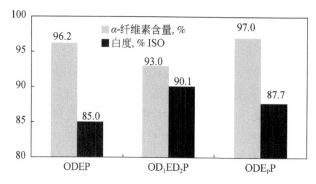

图 5.7　竹子甲酸漂白浆中 α-纤维素含量

注:1)蒸煮条件为甲酸浓度 85%,135℃,液比 1∶7,保温 45min;未漂浆卡伯值 35.7。2)O:浆浓 12%,氢氧化钠 5%,硫酸镁 1%,温度 100℃,时间 1h,氧压 0.6MPa。3)D:浆浓 12%,二氧化氯 3%,温度 70℃,时间 3h。4)D₁:浆浓 12%,二氧化氯 2%,温度 70℃,时间 3h。5)D₂:浆浓 12%,二氧化氯 1%,温度 70℃,时间 3h。6)E:浆浓 10%,氢氧化钠 2%,温度 90℃,时间 1h,硫酸镁 0.1%,EDTA 0.5%。7)Eₚ:浆浓 10%,氢氧化钠 2%,过氧化氢 1%,硫酸镁 0.1%,EDTA 0.5%,温 90℃,时间 1h。8)P:浆浓 10%,氢氧化钠 2%,过氧化氢 2%,硫酸镁 0.1%,EDTA 0.5%,温 90℃,时间 1h

5.5　甲酸制浆废液中的副产物

在甲酸蒸煮过程中,原料中的半纤维素脱乙酰化反应会生成乙酸,而聚戊糖在酸性条件下脱水会生成糠醛。乙酸和糠醛作为甲酸蒸煮过程中的副产物,它们的有效回收对于蒸煮液的回用及生产成本的降低具有重要意义。图 5.8 为竹子甲酸蒸煮过程中生成的乙酸和糠醛浓度。竹子甲酸制浆后,经三段甲酸逆流洗涤,提取的蒸煮废液中乙酸浓度为 4.25g/L,糠醛浓度为 10.67g/L,基于绝干原料,废液中

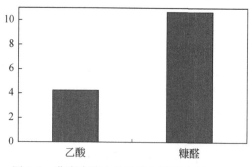

图 5.8　蒸煮废液中的乙酸和糠醛含量(g/L)

注:1)竹子蒸煮条件为甲酸浓度 85%,135℃,液比 1∶7,保温 45min;三段甲酸逆流洗涤。
2)测定方法:利用高效液相色谱法测定废液中的乙酸、糠醛的含量

的乙酸和糠醛产率分别约为 3% 和 7.5%。按照蒸煮后纸浆得率 40% 计算,生产一吨浆可以产生 74kg 乙酸和 187kg 糠醛。回收的乙酸可以用于甲酸蒸煮。因此,在甲酸制浆过程中副产物的提取对于废液处理以及副产品利用均非常重要。

5.6　甲酸制浆的工业生产设计思路

5.6.1　甲酸制浆流程

甲酸制浆流程主要包括备料、蒸煮、纸浆洗涤和废液回收等工段。流程示意图如图 5.9 所示。

对于甲酸制浆原料的备料,原料尺寸与传统的化学法制浆相似。为了保持蒸煮过程中高的甲酸浓度,避免原料中引入过多的水分,对于非木材原料如麦草宜采用干法备料。对于竹子原料,可以在备料中对原料进行破碎,以提高甲酸的渗透,改善蒸煮效果。

甲酸蒸煮可以采用立锅间歇蒸煮或横管连续蒸煮。由于甲酸的强腐蚀性,蒸煮主体系统应采用耐腐蚀的特殊合金材料。辅助设备材料可采用 316L 铸钢或双相钢。另外,制浆车间需要有密封的排气系统。系统和设备均要进行全密封设计,并设有防爆设计。

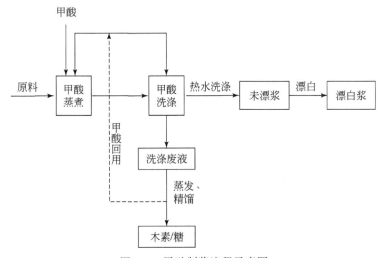

图 5.9　甲酸制浆流程示意图

甲酸制浆后纸浆的洗涤非常重要,与传统的碱法制浆不同,甲酸蒸煮后纸浆不能直接用水洗涤。为了防止甲酸蒸煮过程中溶出的木素析出而沉积到纤维上,应先采用热甲酸洗涤,然后采用水洗涤除去纸浆中残留的甲酸。甲酸洗涤温度应该在80℃以上。可以进行3~5段热甲酸逆流洗涤,目的是将纸浆中的废液组分洗涤置换出来,得到洁净的纸浆,洗涤纸浆的同时回收甲酸废液。甲酸洗涤设备可以采用真空带式洗浆机或双辊挤浆机,设备主体应采用316L铸钢或双相钢。

纸浆经甲酸洗涤后采用热水洗涤,热水洗涤温度为40~80℃,热水洗涤的目的是将纸浆中的甲酸洗涤置换出来,得到洁净的纸浆。热水洗涤也采用3~5段逆流洗涤,洗涤设备同样可采用真空带式洗浆机或双辊挤浆机。热水洗涤后的废液中含有一定浓度的甲酸,这些稀甲酸溶液也需进行回收利用。

5.6.2 甲酸制浆废液的回收利用

甲酸制浆中的废液回收是甲酸制浆流程中的关键环节。甲酸制浆废液由蒸煮液(甲酸和水)和有机降解物构成。蒸煮完成后,废液和纸浆一起喷放,通过甲酸洗涤和热水洗涤,得到洁净的纸浆、浓甲酸废液和稀甲酸废液。为了回收废液中的甲酸和木素等有机物,需要对废液进一步处理。对浓甲酸废液进行蒸发,经过蒸发精馏得到纯浓甲酸及糠醛和乙酸。回收的浓甲酸和乙酸可以用于蒸煮和纸浆洗涤。回收的稀甲酸废液经过精馏也得到浓甲酸,用于洗浆和蒸煮。浓甲酸废液蒸发后通过喷雾干燥等方法可得到木素和糖的粉末,再经过进一步分离纯化获取木素和糖产品。在整个过程中每个工段甲酸回收率非常重要,应尽可能减少稀甲酸的产生。

5.6.3 甲酸制浆的优势

甲酸制浆特别是高温下的甲酸制浆,最为突出的优势是蒸煮时间短、蒸煮脱木素效率高。蒸煮废液中的甲酸可进行回收再利用,同时还可获得高附加值的副产品。蒸煮废液中的甲酸可以通过精馏的方式进行回收利用,过程较简单。甲酸制浆工艺除得到相对纯净的纸浆外,还可获得高纯度的木素、半纤维素糖等高附加值产品。废液中的木素可以进一步分离纯化后进行应用,甲酸制浆中所得的糖类可以用于燃料和化学品的生产。此外,在甲酸蒸煮废液中还富含乙酸、糠醛以及香草醛、丁香醛和阿魏酸、香草酸和对香豆酸等有价值的单体酚类化合物,可以在生物质精炼平台中被有效地利用。

甲酸制浆另一优势是制浆中不使用含硫物质,使得废弃物对环境的污染大大减少。此外,甲酸得到的纸浆可漂性较高,易于进行 ECF 或 TCF 漂白。甲酸脱木素纸浆,表现出了良好的碱性过氧化氢漂白特性,并且漂白纸浆具有令人满意的物理和光学特性。

甲酸制浆过程对纤维的损伤较小,具有良好的纸浆得率和物理性能,在脱木素的同时也溶解了半纤维素,更适合于制备溶解浆。

此外,甲酸制浆投资少,能大幅度降低水电气消耗,可实现小规模化生产。且原料广泛,适用性强,尤其适用于阔叶木和非木材制浆。

5.6.4　甲酸制浆的劣势

甲酸制浆也存在一些缺陷,由于甲酸具有燃烧性和爆炸性,对设备的耐腐蚀性和密封性要求高,制浆的操作必须进行严格控制。为防止废液中溶解的木素重新沉积到纤维上,甲酸制浆需要复杂的洗涤系统,包括甲酸洗涤和热水洗涤系统。此外,由于蒸煮后甲酸必须回用,因此制浆系统必须包括完善的甲酸精馏回收系统。为了实行甲酸中糖、木素、糠醛等副产品的有效利用,需要配备这些副产品的分离纯化系统。

总之,甲酸制浆技术尤其是高温、短时的甲酸蒸煮技术是一种很有发展前景的制浆技术。甲酸技术要用于实际生产中,关键是生产设备的耐腐蚀性、密封性的设计以及蒸煮废液的蒸馏分离回用技术的完善。进一步开发对于蒸煮副产品如木素和糖的高附加值利用技术,将是基于甲酸制浆技术的生物质精炼获得应用的有力驱动因素。

参 考 文 献

[1] Johansson A, Aaltonen O, Ylinen P. Organosolv pulping-methods and pulp properties. Biomass, 1987,13:45-65.

[2] Aziz S, Sarkanen K. Organosolv pulping—A review. Tappi Journal,1989,72(3):169-175.

[3] Wang Z, Qiu S, Hirth K C, et al. Preserving both lignin and cellulose chemical structures: Atmospheric pressure flow-through acid hydrotropic fractionation (AHF) for complete wood valorization. ACS Sustainable Chemistry & Engineering,2019,7:10808-10820.

[4] 王兆江,傅英娟,秦梦华,农林生物质化学组分的流式分离装置和方法. 中国,201510311893. 6,2015.

[5] Zhou H, Xu J Y, Fu Y, et al. Rapid flow-through fractionation of biomass to preserve labile aryl ether bonds in native lignin. Green Chemistry,2019,21(17):4625-4632.

[6] Zhou H, Tan L, Fu Y, et al. Rapid nondestructive fractionation of biomass(≤15 min) by using flow-through recyclable formic acid toward whole valorization of carbohydrate and lignin. Chemsuschem,2019,12:1213-1221.

[7] Tian G, Xu J, Fu Y, et al. High β-O-4 polymeric lignin and oligomeric phenols from flow-through fractionation of wheat straw using recyclable aqueous formic acid. Industrial Crops and Products, 2019,131:142-150.

[8] Sundquist J. Chemical pulping based on formic acid:summary of Milox research. Paperi ja Puu, 1996,78(3):92-95.

[9] Sundquist J. The multiform nature of residual lignin in chemical pulps. Proceedings of 1985

International Symposium on Wood and Pulping Chemistry, 1985, Vancouver, Canada, p23.

[10] Sundquist J. Bleached pulp without sulphur and chlorine chemicals by a peroxyacid/alkaline peroxide method—an overview. Paperi ja Puu, 1986, 68(9):616-620.

[11] Poppius K, Laamanen L, Sundquist J, et al. Multi- stage peroxyformic acid pulping. Fourth International Symposium on Wood and Pulping Chemistry, Paris, France, 1987, 2:211.

[12] Sundquist J, Poppius- Levlin K. Milox pulping and bleaching- the first pilot- scale trials. 1992 Solvent Pulping Symposium Notes. Atlanta, USA, 1992:45-49.

[13] Obrocea P, Cimpoesu G. Contribution to sprucewood delignification with peroxyformic acid. I. the effect of pulping temperature and time. Cellulose Chemistry and Technology, 1998, 32(5-6): 517-525.

[14] Seisto A, Poppius- Levlin K. Formic acid/peroxyformic acid pulping of birch- delignification selectivity and zero- span length. Nordic Pulp and Paper Research Journal, 1997, 12(3): 155-161.

[15] Abad S, Saake B, Puls J, et al. Totally chlorine free bleaching of *Eucalyptus globules* dissolving pulps delignified with peroxyformic acid and formic acid. Holzforschung, 2002, 56(1):60-66.

[16] Abad S, Santos V, Parajó J C. Evaluation of *Eucalyptus globulus* wood processing in media made up of formic acid, water, and hydrogen peroxide for dissolving pulp production. Industrial & Engineering Chemistry Research, 2001, 40:413-419.

[17] 李连峰. 杨木甲酸法粘胶纤维制备工艺的研究[硕士学位论文]. 北京:北京林业大学, 2007.

[18] Ede R M, Brunow G. Formic acid/peroxyformic acid pulping Ⅲ. condensation reactions of β- aryl ether model compounds in formic acid. Holzforschung, 1989, 43(5):317-322.

[19] Hortling B, Poppius K, Sundquist J. Formic acid/peroxyformic acid pulping Ⅳ. lignins isolated from spent liquors of three- stage peroxyformic acid pulping. Holzforschung, 1991, 45(2): 109-120.

[20] Li M F, Sun S N, Xu F, et al. Formic acid based organosolv pulping of bamboo(*Phyllostachys acuta*): comparative characterization of the dissolved lignins with milled wood lignin. Chemical Engineering Journal, 2012, 179:80-89.

[21] Jahan M S, Rawsan S, Chowdhury D A N, et al. Alternative pulping process for producing dissolving pulp from jute. Bioresources, 2008, 3(4):1359-1370.

[22] 李瑞瑞, 李军, 吴绘敏, 等. 麦草甲酸法制浆工艺的研究. 中华纸业, 2011, 32(12):35-37.

[23] 樊永明. 麦草甲酸法制浆脱木素化学及蒸煮流程的研究[博士学位论文]. 北京:北京林业大学, 2007.

[24] Jahan M S. Formic acid pulping of bagasse. Bangladesh Journal of Scientific and Industrial Research, 2006, 41(3-4):245-250.

[25] Marcelle-Astrid M, Bouchra B M, Michel D, et al. Formic acid/acetic acid pulping of banana stem (*Musa cavendish*). Appita Journal, 2005, 58(5):393-396.

[26] Ligero P, Villaverde J J, Vega A, et al. Pulping cardoon(*Cynara cardunculus*) with peroxyformic

acid(Milo X) in one single stage. Bioresource Technology,2008,99(13):5687-5693.

[27] Ferrer A,Vega A,Ligero P,et al. Pulping of empty fruit bunches(EFB) from the palm oil industry by formic acid. Bioresources,2011,6(4):4282-4301.

[28] Sim J,Kim J H,Park J M,et al. Chemical and mechanical properties of yellow poplar pulp produced by formic acid- hydrogen peroxide pulping. Journal of Korea Technical Association of the Pulp and Paper Industry,2013,45(1):6-12.

[29] Sundquist J,Poppius- Levlin K. Milox pulping and bleaching // Young R A,Akhtar M. Environmentally Friendly Technologies for The Pulp and Paper Industry. New York:John Wiley & Sons,1998:157-190.

[30] Seisto A,Poppius-Levlin K. Peroxyformic acid pulping of nonwood plants by the Milo X method - Part I:Pulping and bleaching. Tappi journal,1997,80(9):215-221.

[31] 梁芳,刘亚康,汤志刚 等. Milox 溶剂法制漂白竹浆的研究. 中华纸业,2007,28(4):40-43.

[32] 帕西·卢素,帕维·卢素,艾沙·卢素. 用甲酸和乙酸的混合物为蒸煮化学剂生产纸浆的方法. 中国,99805811.4,2004.

[33] 艾沙·卢素,帕西·卢素,朱哈·安提拉,等. 纸浆的制备方法. 中国,02813978.X,2008.

[34] 黄德山,刘向红. 非木原料甲酸法制浆及连蒸系统. 中华纸业,2011,32(2):8-12.

[35] Erismann N D M,Freer J,Baeza J,et al. Organosolv pulping- Ⅶ:delignification selectivity of formic acid pulping of *Eucalyptus grandis*. Bioresource Technology,1994,47(3):247-256.

[36] Baeza J,Urizar S,Erismann N D M,et al. Organosolv pulping V:formic acid delignification of *Eucalyptus globulus* and *Eucalyptus grandis*. Bioresource Technology,1991,37(1):1-6.

[37] Jahan M S,Lee Z Z,Jin Y. Organic acid pulping of rice straw. I:cooking. Turkish Journal of Agriculture and Forestry,2006,30(3):231-239.

[38] Wen J L,Sun S N,Yuan T Q,et al. Fractionation of bamboo culms by autohydrolysis,organosolv delignification and extended delignification:understanding the fundamental chemistry of the lignin during the integrated process. Bioresource Technology,2013,150:278-286.

第6章　甲酸分离过程中化学组分的变化

　　目前,一直主导着全球化学浆市场的硫酸盐法制浆,主要利用了植物纤维原料中三大组分之一的纤维素。在碱回收技术中,不仅燃烧掉了大量有价值的碳水化合物和木素,还产生了相当量的 CO_2。结合当前全球范围内的资源短缺、能源危机和气候变暖等问题,与制浆造纸产业相结合的生物质精炼新模式得到了世界各国的广泛关注。虽然木质纤维生物质精炼的概念不尽相同,但最终目标都是将木素、纤维素和半纤维素三大组分转化成具有高附加值的产品[1]。有机酸分离技术[2-4],可有效降解原料中的木素和半纤维素,达到木质纤维原料组分高效分离的目的,从而可实现纤维原料的综合与高值化利用,并有望在生物质精炼平台的构建方面发挥重要作用。

　　前已叙及,甲酸(HCOOH)作为最简单的有机酸,也是脂肪族中最强的酸,化学反应活性较强。可使植物纤维原料中的高分子聚合物水解断裂成更易溶解的小分子,对木素具有良好的溶解性能和较高的脱木素选择性。甲酸分离技术最为突出的优势就是蒸煮废液中的甲酸可以通过蒸馏的方式进行回收利用,过程较简单。另外,甲酸分离工艺除得到相对纯净的纤维素纸浆外,还可获得高纯度的木素、半纤维素糖类等高附加值产品。与传统化学法制浆得到的木素相比,甲酸木素酚含量高、分子量低、均一性较好、化学反应性高[2],可用于生产高价值的聚合物和新型无甲醛黏合剂[5]。在甲酸蒸煮废液中还富含香草醛、丁香醛和阿魏酸、香草酸和对香豆酸等有价值的单体酚类化合物,可以在生物质精炼平台中被有效的利用[6]。相比传统的酸性亚硫酸盐法制浆,甲酸分离工艺证明在聚戊糖去除和纤维素降解方面更具选择性[8]。在甲酸分离过程中所得的糖类可以用于生产燃料和化学品,其中五碳糖还可用于生产动物饲料的添加剂。甲酸分离技术另一优势为它是一种环境友好型工艺,甲酸分离过程中不含硫和其他无机物的使用,整个工艺对环境的污染大大减少。此外,由甲酸法得到的纤维素纸浆可漂性较高,易于进行 TCF 漂白,且漂白浆具有令人满意的化学和光学特性[4,7]。

　　综上所述,建立以甲酸分离木质纤维生物质为基础的生物质精炼平台,以一种绿色环保的工艺技术实现全组分的高值化利用,需要充分地了解甲酸分离木质纤维生物质组分的原理。近年来,人们针对甲酸分离木质纤维原料的过程展开了较为广泛的研究,并对原料组分的溶出机制进行了较系统的研究。本章主要介绍甲酸分离过程中的脱木素化学和碳水化合物的降解化学,介绍甲酸废液中主要产物的结构特点和化学特性以及主要组分的化学反应历程。

6.1　甲酸分离过程中的脱木素化学

6.1.1　甲酸蒸煮过程中木素的化学反应

木素是由苯基丙烷结构单元组成的无定形天然高分子化合物,甲酸脱木素的过程即甲酸降解和溶解木素大分子的过程。在此溶出的过程中,甲酸与原料之间发生了一系列复杂的化学反应。

木素大分子结构单元之间主要通过醚键和碳碳键连接,其中不同类型的醚键总数超过木素结构单元连接键的 2/3,β-芳基醚键是木素结构中醚键的最常见连接形式,大约占有醚键总数 48%～60% 的比例,而 α-芳基醚键大约占 6%～8%[9,10]。因此,木素结构中醚键的断裂在脱木素反应中起着关键的作用。

在甲酸分离木质纤维原料体系中,H^+可与木素结构中的醚键形成氧镓盐,通过断开 α-芳基醚键,在 C_α 位置上形成碳正离子,反应原理如图 6.1 所示。木素结构中存在的碳正离子易于发生 Prins 逆反应,促使侧链 C_γ 发生消除(脱去甲醛)反应[11],同时,也可在 α-碳正离子的位置形成 C_α—C_β 的不饱和结构,通过断裂 β-芳基醚键而发生 Hibbert 酮的生成反应[12](图 6.2)。研究发现,在麦草的甲酸制浆中木素结构中的 α-芳基醚键和 β-芳基醚键的断裂是脱木素反应的主要方式[13]。在木素模型化合物中,α-芳基醚键断裂的活化能是 80～118kJ/mol,而 β-芳基醚键断裂的活化能高达 150kJ/mol,因此,α-芳基醚键的断裂反应更容易发生[14],尤其是在木素大分子结构单元中的对位位置上含有游离酚羟基时[15]。李瑞瑞等[15]对麦草进行甲酸常压制浆时发现,木素结构在蒸煮过程中发生了很大变化,大量的 α-醚键或 β-醚键断裂,并产生了较多的共轭和非共轭 C═O 基团。Zhang 等[3]对慈竹组分进行甲酸高压分离的研究表明,木素结构中 β-醚键的断裂是木素解聚过程中的主要反应方式。

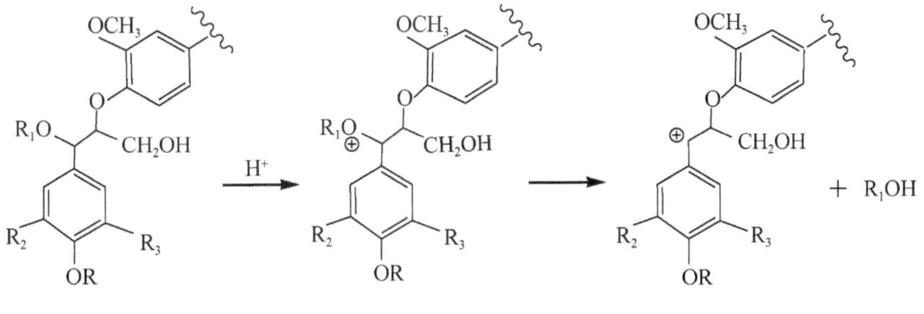

R=H,木素　R_1=H,芳基　R_2,R_3=H,—OCH_3

图 6.1　甲酸分离中木素结构 α-芳基醚键断裂及 C_α 位上碳正离子的生成反应

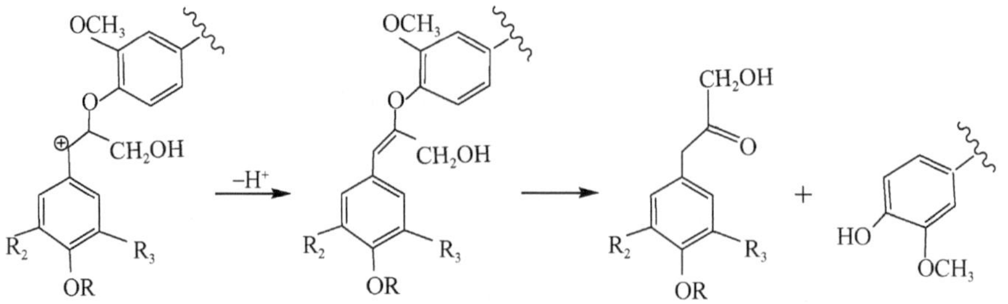

R=H,木素 R₁=H,芳基 R₂,R₃=H,—OCH₃

图 6.2 甲酸分离中木素结构 β-芳基醚键断裂反应

在利用过氧甲酸进行木质纤维分离的过程中,过氧甲酸由甲酸和添加的过氧化氢原位反应形成,解离形成的活性阳离子 HO⁺ 具有较强的亲电性,可与木素结构发生亲电加成反应,断开 β-芳基醚键[16],反应机理如图 6.3 所示。在过氧甲酸分离过程中,β-O-4 芳基醚键的断裂是木素降解的主要反应[17],可发生亲电取代反应,导致木素结构中的苯环羟基化形成对−苯醌,对−苯醌可进一步被氧化成水溶性的羧酸[18],反应机理如图 6.4 所示。另外,HO⁺ 可与木素分子中的双键和羰基结构反应,发生侧链的置换、氧化开环、β-羰基醚键的断裂和环氧化反应[19],从而对

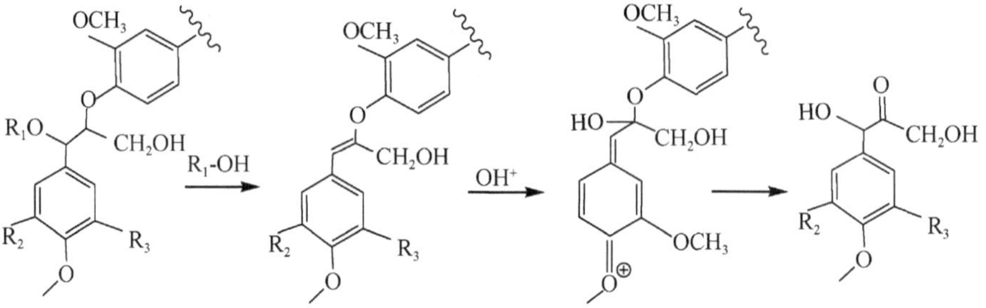

R₁=H, 芳基 R₂,R₃=H,—OCH₃

图 6.3 过氧甲酸分离中 β-芳基醚键断裂反应

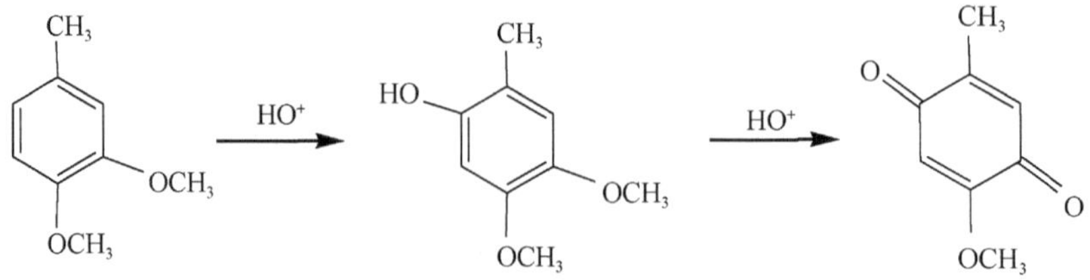

图 6.4 过氧甲酸分离中苯环羟基化及对−苯醌的形成反应机理

木素大分子进行氧化解聚,使其更具亲水性,提高木素的溶解性。增加过氧化氢的用量在一定程度上可以提高木素的脱除率,然而过量的过氧化氢对脱木素和漂白的作用并不明显,不仅会过度氧化木素和碳水化合物,降低纤维素纸浆质量和副产物的利用价值,还会增加生产成本。研究表明,过氧化氢的用量不宜高于 4%(相对绝干原料)[17]。反应过程中解离形成的 $HCOOO^-$ 具有较强的亲核作用,可进行木素侧链断链、醚键脱除等反应,且 $HCOOO^-$ 存在的情况下,可增加脱木素选择性和脱木素量,对碳水化合物起到一定的保护作用。

对于甲酸与木质纤维反应中所断裂的醚键,醚的芳基部分接受 H^+ 形成了大量的游离酚羟基,从而大大提高了木素结构的化学反应活性。研究人员也观察到,在甲酸分离木质纤维的废液中所含的木素–碳水化合物复合体(LCC)显著少于磨木木素中的含量,表明了在甲酸分离木质纤维的过程中断开了木素与碳水化合物之间大量的连接键[20],由此可得到高纯度的木素,可在生物质精炼平台中体现出其重要的价值。

在甲酸脱木素的过程中,木素降解的同时也发生了分子内和分子间的缩合反应。木素的缩合会使得其分子摩尔质量增加[16],造成脱木素困难,且作为副产品的溶解木素的性能也会受到影响。木素的缩合反应主要是具有亲电性的 α-碳正离子,进攻苯环(易在 C_5 与 C_6 位上发生),导致木素结构单元之间的缩合,并且木素结构中的酚型和非酚型的芳基环都可与 α-碳正离子发生缩合[21],反应机理如图 6.5 所示。在酸性条件下,少量的 β-O-4 芳基醚键断开,形成烯醇–醚结构,在 C_β 位形成自由基,也会发生缩合反应[22]。

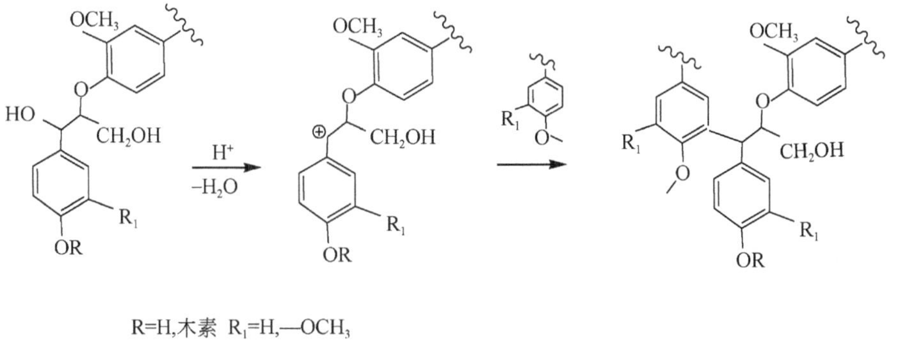

R=H,木素　R_1=H,—OCH₃

图 6.5　甲酸分离中木素缩合反应的机理

研究表明,愈创木基型木素形成的碳正离子反应活性比紫丁香基型木素要高,而紫丁香基型木素苯环碳原子的反应活性高于愈创木基型。愈创木基型木素的碳正离子和富电子的紫丁香基型木素苯环碳原子的缩合反应速度非常快,但缩合产物很不稳定,因此在甲酸分离木质纤维过程中易分解。而当愈创木基型木素的苯环作为富电子的碳原子时,反应速度较慢,但缩合产物要稳定得多[22]。因此,愈创木基型木素比紫丁香基木素更易发生缩合反应。缩合反应对不同的植物纤维原料的影响各有不同,相比针叶材,阔叶材在甲酸分离中更容易实现完全脱木素。

在过氧甲酸分离木质纤维生物质的过程中,蒸煮液形成的亲核基团 $HCOOO^-$ 可进攻碳正离子,由此可减少缩合反应的发生。研究发现,反应时间对缩合反应初始阶段的影响非常大,会影响到后续脱木素的效率[22]。在三段甲酸制浆的研究中,第一阶段使用过氧甲酸蒸煮,可有效减少第二阶段缩合反应的发生[16]。

木素结构的庞大性和多样性及化学性质上的稳定性,使得脱木素反应较为复杂。除了发生上述反应外,部分木素结构还会发生甲酰化、酯化和去甲基化等反应[3]。研究表明,残余木素和溶解在蒸煮液中的木素都易发生酯化,主要为紫丁香基单元 C_α 和 C_γ 位的羟基与反应过程中的对-香豆酸和乙酸发生反应,反应机理如图 6.6 所示[17,23]。

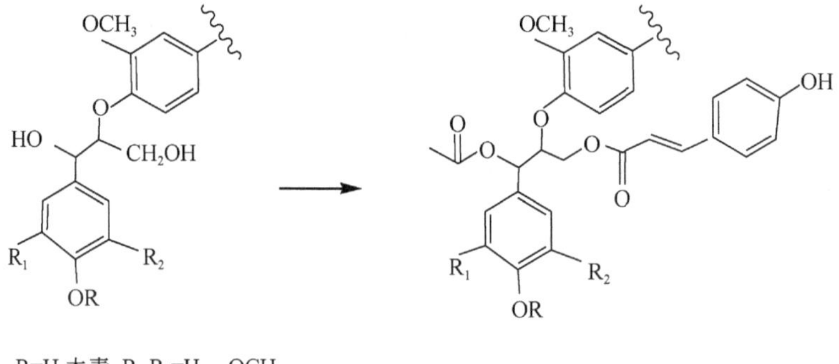

R=H,木素　R_1,R_2=H,—OCH_3

图 6.6　甲酸分离中木素 C_α 和 C_γ 位酯化反应机理

6.1.2　水热处理对后续甲酸分离过程中脱木素化学反应的影响

在有机溶剂法中,甲酸显示出了对于不同纤维原料优良的选择性分离能力[24-29]。目前大部分对甲酸分离过程的研究都是在常压下进行的,其温和的反应条件导致了较低的脱木素程度,特别是对于桦木、竹子和桉树等。研究表明,高压下的甲酸一步分离可实现慈竹快速有效地脱木素,同时获得了42.2%的纤维素纸浆、31.5%的木素和8.5%的半纤维素。该分离过程可使慈竹脱木素的程度达到92.7%[3,4]。然而,在剧烈的分离条件下,大多数的半纤维素会发生严重的降解反应,生成单糖、乙酸和糠醛等化合物,这些降解产物难以有效的收集。

作为一种环境友好且经济可行的技术,水热处理已应用在制浆之前选择性地提取半纤维素,所获得的半纤维降解产物主要是低聚糖和单糖[30-32]。半纤维素的脱乙酰基产生的乙酸与水共同形成的水合氢离子,可催化半纤维素的降解,而不会引起纤维素和木素明显的降解[33-35]。保留在残余原料中的纤维素和木素可进一步分离,以生产纸浆和木素[36-41]。

通过对纤维原料进行联合处理,依次经过水热处理和甲酸分离工艺,可分别获得半纤维素糖、纸浆和木素等主要组分。由此,可望建造一个基于联合分离技术的生物质精炼平台以实现木质纤维原料的综合利用。以慈竹为原料,基于水热处理和甲酸快速脱木素的综合分离流程及其产品如图 6.7 所示。与直接进行甲酸脱木素相比,100g 绝干慈竹片依次经过水热处理和甲酸分离工艺可以获得 36.8g 的纸浆、25.9g 木素和 6.2g 半纤维素低聚糖,获得的纸浆(44.2%)和木素(31.1%)的得率均高于直接的甲酸分离过程,表明了甲酸分离对水热处理后慈竹片脱木素的有效性[43]。更重要的是,水热处理液中 89.6% 的半纤维素是以低聚物的形式存在的,并且 85.8% 的寡糖是低聚木糖,这不但有利于水热处理液中低聚糖的纯化,而且也大大提高了综合分离工艺的经济价值[43]。然而,在水热处理过程中,半纤维素的降解也产生了 2.96%(相对于绝干竹片)的乙酸和 0.60% 的糠醛。与其他相类似的研究相比[41,42],水热处理和甲酸快速脱木素联合分离工艺采用的液比较小,可显著降低有机溶剂的消耗和有机溶剂回收的成本,并且明显缩短了后续高压甲酸快速脱木素过程的反应时间,提高了整个过程的分离效率。

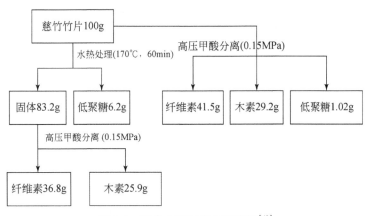

图 6.7 联合分离过程的流程图[43]

与甲酸一步分离纤维组分相比,联合分离工艺有利于提高原料中木素的脱除率。研究表明,水热处理过程中木素主要发生了 β-O-4 结构的裂解,并且有效地促进了后续甲酸快速脱木素过程中木素结构中 β-O-4 和 β-β 键的完全断裂[42,43]。此外,联合分离过程另一个显著的特点是水热处理有效地减少了木素在后续甲酸分离过程中的缩合反应[43]。经过联合分离工艺获得的木素具有更高的纯度、更低的分子量、较好的均一性和更多的酚羟基基团,因此所得的木素具有更高的化学反应活性和利用价值。

6.1.3　甲酸黑液中溶解木素的结构与性质

常压下进行的甲酸分离,因其相对温和的反应条件,使得分离过程中脱木素的效率受到限制[23]。为了更高效的脱木素,一般通过增加反应时间或使用更高浓度的溶剂来实现,这将会增加脱木素能耗和生产成本。高压下的甲酸分离提供了一种高效分离木质生物质的工艺技术[4],可实现较好的脱木素效率。在高压条件下利用甲酸对慈竹化学组分进行一步法快速分离,木素和半纤维素选择性溶出,而纤维素无明显损失。

以慈竹为原料,将甲酸分离获取的常压甲酸木素(AFL)和高压甲酸木素(HPFL),与原料的磨木木素(MWL)进行了对比研究[3]。红外光谱分析结果表明(如图 6.8 所示),1600cm^{-1}、1510cm^{-1}和1421cm^{-1}处为木素结构中芳香环的特征振动峰。在1167cm^{-1}处的吸收带为芳香环的耦合振动结构 C=O,也是 GSH 型木素的特征吸收峰。833cm^{-1}处的吸收峰为 S 型木素 C2 和 C6 的 C—H 振动和对羟苯基型木素单元中 C1 到 C6 所有位置的 C—H 振动。1035cm^{-1}和918cm^{-1}的信号峰为愈创木基型木素(G)单元,1329cm^{-1}和1124cm^{-1}的信号峰为紫丁香基型木素结构(S)单元[3]。从图 6.8 可以看出,磨木木素与甲酸木素样品吸收峰的种类及其强度非常相似,表明在甲酸分离过程中并没有严重破坏和改变木素的化学结构,与从 *Miscanthus×giganteus* 中抽提出的乙醇木素具有相同的结果[44]。甲酸木素样品在1700cm^{-1}表现出了非常强的甲酸酯的信号,这可能由于甲酸脱木素的过程中醇羟基或酚羟基与甲酸发生了酯化反应。磨木木素在1655cm^{-1}处有一个很小的吸收峰,这是共轭对位取代芳基酮上 C=O 基团的伸缩振动,而此吸收峰并没有出现在两种甲酸木素中。

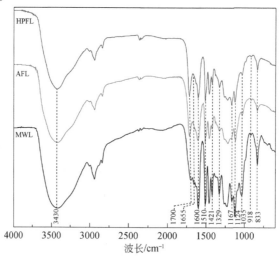

图 6.8　慈竹常压甲酸木素、高压甲酸木素和磨木木素的红外光谱图[3]

如图6.9(a)所示,以慈竹为原料,磨木木素、常压甲酸木素和高压甲酸木素的¹H-NMR谱图均表现出了典型的木素吸收峰。6~8ppm间的信号来源于紫丁香基(S)、愈创木基(G)和对羟苯基(H)型木素结构单元,以及对香豆酸和阿魏酸[45]。3~6ppm之间的信号来源于木素侧链上的脂肪族和碳水化合物的质子[46,47]。磨木木素¹H-NMR图谱的5.32ppm处有一个很微弱的吸收峰,而在甲酸木素光谱中并没有发现此吸收峰,表明在甲酸分离过程中苯基香豆素的结构已被破坏。磨木木素中4.85ppm处的信号峰为β-O-4结构中的H_β,而该信号在甲酸木

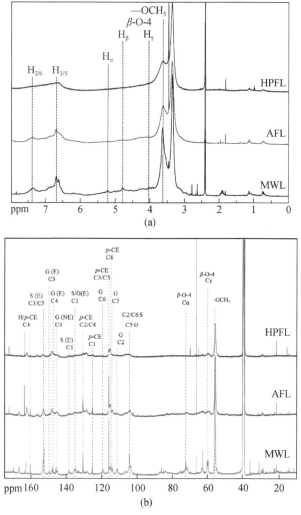

图6.9　慈竹常压甲酸木素、高压甲酸木素和磨木木素的
核磁共振氢谱图(a)和碳谱图(b)[3]

素中没有出现,表明在甲酸分离的过程中发生了 β-醚键的断裂。所有的木素样品在 3.7ppm 处均表现出非常明显的甲氧基质子(—OCH$_3$)信号,并且甲酸木素样品氢谱中的信号强度明显弱于磨木木素,而常压甲酸木素的信号强度强于高压甲酸木素,表明高压下甲酸分离过程中木素发生了剧烈的脱甲氧基反应。常压甲酸木素和高压甲酸木素的 ^{1}H 谱并没有表现出明显的差异,表明高压下甲酸分离木质纤维的过程中并没有发生与常压甲酸分离过程不同的脱木素化学反应类型。

　　磨木木素、常压甲酸木素和高压甲酸木素的 ^{13}C-NMR 谱图如图 6.9(b)所示[3]。对比木素样品的谱图可以发现,在芳香族区域,紫丁香基型单元在 153ppm(C3/C5,醚化)、148ppm(C3/C5,非醚化)、138.5ppm(C4,醚化)、135.3ppm(C1,醚化)、104.7ppm(C2/C6)表现出了中等强度的信号峰。愈创木基型木素在 149.7ppm(C3,醚化)、148ppm(C4,醚化)、145.4ppm(C4,非醚化)、135.3ppm(C1,醚化)、119.7ppm(C6)、114.4ppm(C5)和 111.5ppm(C2)表现出典型的特征信号峰,对羟苯基型木素在 160.4ppm 处也表现出明显的特征峰(C4)。这些特征信号峰进一步证实慈竹为 GSH 型的木素。紫丁香基型木素单元的信号峰强度明显高于愈创木基型木素,表明慈竹木素中含有较高比例的紫丁香基型木素。此外,对香豆满(p-CE)结构在 160.5ppm(C4)、130.8ppm(C2/C6)、125.6ppm(C1)、116.3ppm(C3/C5)和 115.5ppm(C8)处表现出了特征峰[41]。在 166~162ppm 区域处的信号峰为 HCOOR 结构中的 C=O 的振动[26]。相比磨木木素,高压甲酸木素中并没有发现在 173~168ppm 区域的脂肪族和耦合共轭结构—COOR 中的 C=O 信号峰,以及在 168~166ppm 处香豆酸和阿魏酸的信号峰,表明在高压和强酸性条件下发生了—COOR 结构的水解。在脂肪族区域,72.7ppm 和 60.3ppm 处的特征峰为侧链碳 C$_\alpha$ 和 C$_\gamma$ 处的 β-O-4 结构,甲酸木素信号峰强度明显弱于磨木木素,进一步证实了在甲酸分离过程中 β-芳基醚键的断裂。高压甲酸木素在 56.2ppm 处甲氧基信号特征峰强度的下降,表明木素在剧烈的酸性条件下发生了脱甲氧基的反应。

　　图 6.10 为甲酸木素和磨木木素的二维核磁波谱图。表 6.1 列出了木素侧链和芳香族区域中木素主要结构(图 6.11)交叉信号的归属[43,48]。如图 6.10 所示,与甲酸木素相比,慈竹磨木木素呈现出了相对完整的信号峰,侧链区域(50~90/2.60~5.60ppm)信号峰提供了木素结构单元间的连接信息,其中 β-O-4 芳基醚键是磨木木素中的主要连接结构,图谱中显示出了与 β-O-4 芳基醚键(A)相对应的信号,包括 C$_\alpha$—H$_\alpha$(71.8/4.86ppm)、C$_\gamma$—H$_\gamma$(60.10~60.52/3.20~3.40ppm)和 C$_\beta$—H$_\beta$(84.2/4.30ppm)。C$_\gamma$—H$_\gamma$(63.26/4.22~4.39ppm)处 γ-酰化的 β-O-4 芳基醚键(A′)和 C$_\beta$—H$_\beta$(83.62/5.25ppm)处具有 C$_\alpha$=O 结构的 β-O-4 芳基醚键(A″)中均可在谱图的侧链区域观察到。在 54.11/3.06 和 53.68/3.47ppm 处也发现树脂醇(β-β,B)和苯香豆酸结构(β-5,C)的连接。与磨木木素相比,如表 6.2 所

示甲酸木素样品中具有较低含量的 β-O-4 芳基醚键,且在高压甲酸木素样品中没有检测到此信号峰,表明 β-O-4 芳基醚键的断裂是甲酸分离木质纤维过程中木素降解主要的反应机制[44]。在常压甲酸木素中,苯基香豆酸结构(β-5,C)存在的特征信号表明这些结构在常压甲酸分离过程中相对稳定。与常压甲酸木素相比,高压甲酸木素中的 β-O-4 芳基醚键的信号强度显著降低,并且侧链中的树脂醇结构(β-β,B)、苯基香豆酸结构(β-5,C)和二烯酮结构(β-1,D)相对应的信号消失,这表明在高压甲酸分离木质纤维的体系中剧烈的反应条件导致了木素结构单元之间更多连接键的断裂。在高压甲酸木素中未检测到碳水化合物的信号峰,证明高压甲酸木素具有较高的纯度。

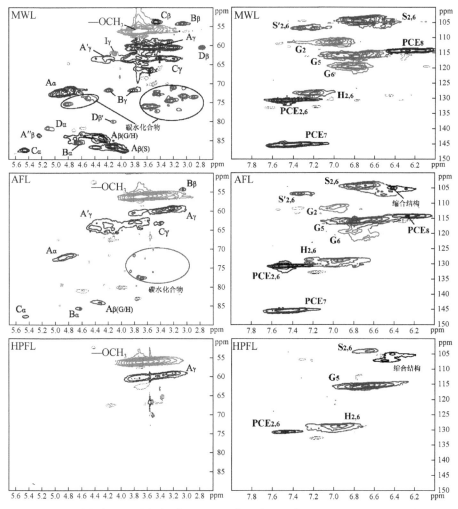

图 6.10　慈竹常压甲酸木素、高压甲酸木素和磨木木素的 HSQC 核磁共振波谱图:
侧链结构(左列)和芳香结构(右列)[3]

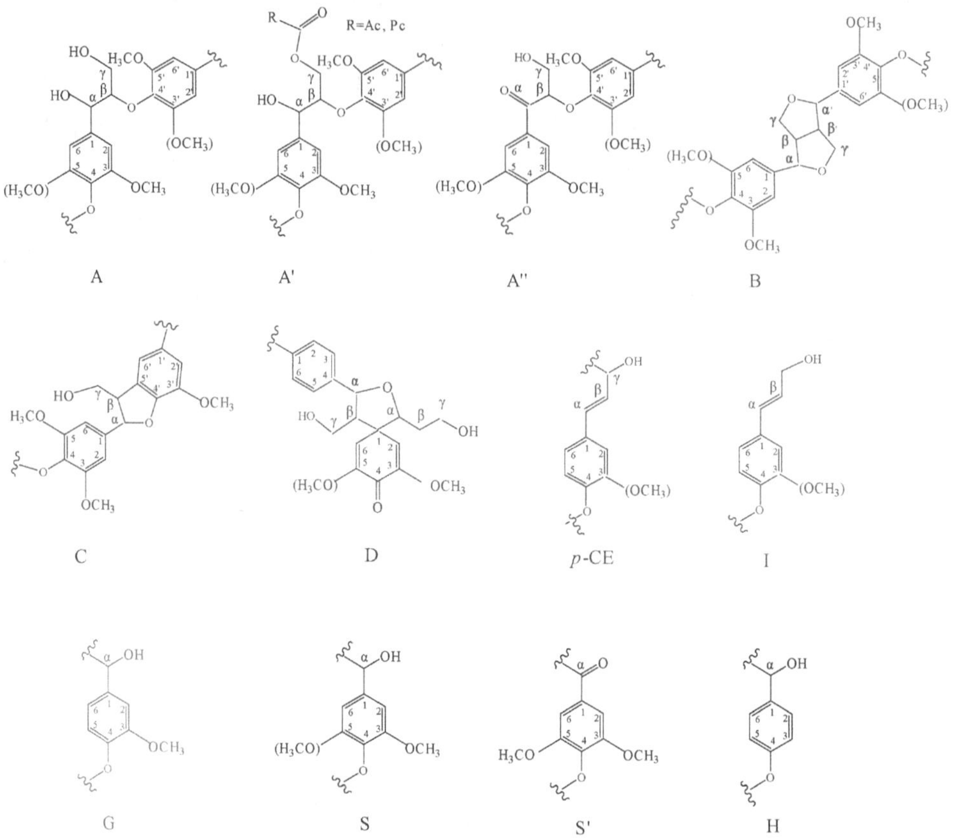

图 6.11　HSQC 核磁共振波谱检测慈竹木素中侧链和芳香单元中主要的结构：(A) C_γ 位置具有羟基的 β-O-4 醚键连接；(A') C_γ 位置乙酰化的 β-O-4 醚键连接对香豆酸；(A'') C_α 具有羰基的 β-O-4 醚键连接；(B) β-β、α-O-γ 和 γ-O-α 形成的树脂醇结构；(C) β-5 和 α-O-4 连接形成的苯基香豆满结构；(D) β-1 和 α-O-α 连接；(p-CE) 对香豆满；(I) 对羟基肉桂醇端基；(G) 愈创木基单元；(S) 紫丁香基单元；(S') C_α 位氧化的紫丁香基单元；(H) 对羟苯基单元[3]

表 6.1　木素结构在 ^{13}C-^{1}H 2D-HSQC 核磁共振谱图中信号的归属[3]

符号	δ_C/δ_H/ppm	信号归属
C_β	53.68/3.47	C_β—H_β
B_β	54.11/3.06	C_β—H_β
—OCH_3	56.12/3.74	C—H
D_β	60.47/2.76	C_β—H_β
A_γ	60.10–60.52/3.20–3.40	C_γ—H_γ
I_γ	62.01/4.10	C_γ—H_γ
C_γ	63.14/3.74	C_γ—H_γ

续表

符号	δ_C/δ_H/ppm	信号归属
A'_γ	63.26/4.22~4.39	C_γ—H_γ
B_γ	71.77/3.83 和 4.19	C_γ—H_γ
A_α	71.8/4.86	C_α—H_α
$D_{\beta'}$	79.99/4.12	$C_{\beta'}$—$H_{\beta'}$
D_α	81.71/5.11	C_α—H_α
A''_β	83.62/5.25	C_β—H_β
$A_{\beta(G/H)}$	84.2/4.30	C_β—H_β
B_α	85.58/4.67	C_α—H_α
$A_{\beta(S)}$	86.47/4.12	C_β—H_β
C_α	87.48/5.46	C_α—H_α
$S_{2,6}$	104.59/6.71	$C_{2,6}$—$H_{2,6}$
$S'_{2,6}$	107.2/7.21 和 7.34	$C_{2,6}$—$H_{2,6}$
G_2	111.53/7.00	C_2—H_2
G_5	115.62/6.97	C_5—H_5
G_6	119.7/6.78	C_6—H_6
$H_{2,6}$	127.9/7.19	$C_{2,6}$—$H_{2,6}$
$PCE_{2,6}$	130.6/7.47	$C_{2,6}$—$H_{2,6}$
PCE_7	145.27/7.42	C_7—H_7
PCE_8	114.26/6.28	C_8—H_8

表 6.2　2D-HSQC NMR 定量分析 MWL, AFL 和 HPFL 木素结构的连接[3]

	MWL	AFL	HPFL
β-O-4(A)	54.0	17.4	ND
β-β(B)	6.4	2.4	ND
β-5(C)	3.3	0.4	ND
β-1(D)	2.0	ND	ND

注:ND 表示未检测到。

在磨木木素和甲酸木素的芳香族区域(100~150/6.00~8.00ppm)均可以观察到明显的 GSH 单元信号。在 127.9/7.19、111.53/7.00、119.7/6.78 和 104.59/6.71ppm 区域内的信号对应于 $H_{2,6}$、G_2、G_6 和 $S_{2,6}$ 位置处的 H 单元、G 单元和 S 单元。H 单元和 G 单元(G_5 和 $H_{3,5}$)在 115.62/6.97ppm 区域表现出了明显的化学位移。130.6/7.47ppm(p-$CE_{2,6}$)、114.26/6.28ppm(p-CE_8)和 145.27/7.42ppm(p-CE_7)区域内的信号表明磨木木素和常压甲酸木素含有大量的对香豆酸结构(p-CE),而在高压甲酸木素中仅能观察到与 p-$CE_{2,6}$ 相对应的信号。两种甲酸木素的

HSQC 图谱中均观察到了木素缩合结构的信号,表明了在甲酸分离过程中木素结构发生了缩合反应[20]。

^{31}P NMR 分析结果表明,磨木木素和甲酸木素样品中均含有 S/G/H 单元结构(表 6.3)。慈竹木素属于 GSH 型木素,但两种甲酸木素样品中 S/G/H 单元结构的相对比例明显不同,表明在不同的甲酸分离条件下,木素结构单元具有不同的反应特性。甲酸分离过程导致了脂肪族羟基含量降低,表明在甲酸分离过程中大量的脂肪族羟基发生了反应,例如乙酰化反应和酸催化消除反应,酚羟基含量增加则表明了大量 β-O-4 芳基醚键的断裂[41,43,49]。两种甲酸木素相比,高压甲酸木素具有较低的脂肪族羟基含量和较高的酚羟基含量,表明高压甲酸分离过程具有更高的脱木素效率。此外,对比磨木木素,两种甲酸木素中对羟苯基单元中酚羟基含量上升,表明木素在甲酸分离过程中发生了脱甲氧基反应。S 和 G 型缩合酚羟基含量的增加,表明在甲酸分离过程中发生了缩合反应[48]。

表 6.3　^{31}P NMR 定量分析慈竹木素样品 MWL,AFL 和 HPFL 的结构(mmol/g)[3]

木素样品	脂肪族羟基	酚型羟基					羧酸
		S 结构单元		G 结构单元		H 结构单元	
		C	NC	C	NC		
MWL	4.52	0.05	0.23	0.14	0.48	0.74	0.24
AFL	1.50	0.30	0.59	0.44	0.59	1.03	0.29
HPFL	0.77	0.31	0.85	0.71	0.75	0.89	0.42

注:C 是指缩合型;NC 是指非缩合型。

三种木素样品的重均分子量(M_w)、数均分子量(M_n)和分散性(M_w/M_n)如表 6.4 所示。与磨木木素相比,由于甲酸分离过程中木素结构的解聚,常压甲酸木素的重均分子量和数均分子量均有所降低,而高压甲酸木素具有相当高的重均分子量,可以推测在高压甲酸分离过程中木素在发生解聚反应的同时也发生了更为严重的缩合反应[20]。此外,两种甲酸木素具有类似的分散性,并略高于磨木木素。

表 6.4　慈竹木素样品的相对分子质量及分散系数[3]

样品	MWL	AFL	HPFL
重均分子量 M_w/(g/mol)	9420	8075	10571
数均分子量 M_n/(g/mol)	7458	5026	5958
M_w/M_n	1.263	1.607	1.774

为了更好地了解甲酸木素的特点,对木素进行了 Py-GC-MS 分析,裂解色谱图如图 6.12 所示,所释放的酚类化合物的鉴定结果及其相对含量列于表 6.5 中[4]。

从表6.5可以看出,甲酸木素分别释放出不同的酚类化合物,如苯酚(峰1)、愈创木酚(峰4)、丁香酚(峰22)、儿茶酚(峰9)和它们相应的4-甲基(峰3、8、15和25)、4-乙基(峰13和27)和4-乙烯基(峰10、17和29)的衍生物。根据它们的芳族取代基的不同可以分为四类:即酚类(H)、愈创木酚类(G)、丁香酚类(S)和儿茶酚类(C)。实验结果表明慈竹甲酸木素属于HGS型的木素,对羟基肉桂酸酯热解后会发生脱羧产生大量的4-乙烯基酚和4-乙烯基愈创木酚[50,51],因此可以通过计算所有G-和S-衍生化合物的摩尔面积,忽略来自阿魏酸的4-乙烯基愈创木酚,得出S/G比为1.3。此外,甲酸木素释放的苯酚(峰1)、2-甲基苯酚(峰2)、4-甲基苯酚(峰3)、对乙基苯酚(峰6)和4-乙烯酚(峰10)的丰度相对较高,其中的相当一部分酚类化合物不是来自H型木素单元而是来自蛋白质,这些蛋白质的存在导致了木素的得率高于原料中的木素含量。

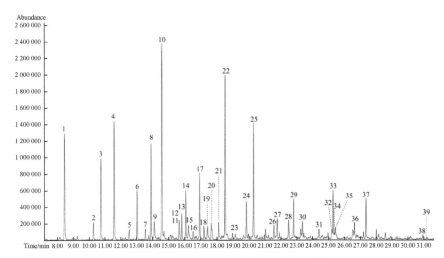

图6.12　甲酸木素的热解GC-MS图谱[4]

表6.5　甲酸木素热解GC-MS后的酚型化合物组成和相对含量[4]

峰	酚型化合物	类型	相对含量/%
1	苯酚	H/Pr	6.80
2	2-甲基苯酚(邻甲酚)	H/Pr	0.97
3	4-甲基苯酚(对甲酚)	H/Pr	4.66
4	愈创木酚	G	6.45
5	2,4-二甲基	H/Pr	0.56
6	对乙基苯酚	H/Pr	2.65
7	3-甲基愈创木酚	G	0.60
8	4-甲基愈创木酚	G	5.24

续表

峰	酚型化合物	类型	相对含量/%
9	邻苯二酚	C	1.03
10	4-乙烯基苯酚	H/Pr/PCA	11.69
11	3-甲基儿茶酚	C	0.91
12	3-乙基愈创木酚	G	0.52
13	4-乙基愈创木酚	G	1.42
14	3-甲氧基儿茶酚	C	2.82
15	4-甲基儿茶酚	C	1.00
16	对异丙烯基	H	0.44
17	4-乙烯基愈创木酚	G/FA	3.63
18	3-甲氧基-5-甲基苯酚	H	0.77
19	4-丙烯基苯酚	H	0.95
20	4-丙基愈创木酚	G	1.06
21	二甲氧基苯酚	H	1.00
22	丁香酚	S	9.67
23	顺式异丁香酚	G	0.45
24	反式异丁香酚/香兰素	G	2.35
25	4-甲基丁香酚	S	6.20
26	香草乙酮	G	0.76
27	4-乙基丁香酚	S	1.13
28	愈创木基丙酮	G	1.13
29	4-乙烯基丁香酚	S	1.97
30	4-丙-2-烯基丁香酚	S	0.98
31	顺式-4-丙-1-烯基丁香酚	S	0.59
32	4-丙炔丁香酚	S	0.67
33	反式-4-丙-1-烯基丁香酚	S	2.61
34	4-丙炔丁香酚	S	0.42
35	丁香醛	S	0.78
36	乙酰丁香酮	S	1.09
37	紫丁香丙酮	S	2.15
38	反式芥子醛	S	0.27
39	反式芥子醇	S	0.12

　　由于四甲基氢氧化铵(TMAH)热解可以诱导对羟基肉桂酸酯的酯交换和 C_4 位置上的醚键断裂,所以可以通过 TMAH 热解来判断木素样品中对羟基肉桂酸酯的

存在(图 6.13),所释放的化合物的名称及其相对含量列于表 6.6。木素样品经过 TMAH 热解会释放出大量(接近总峰面积的 21.5%)的对香豆酸衍生物,即 4′-甲氧基肉桂酸甲酯(峰 15 和 22),以及阿魏酸的衍生物(占总峰面积的 2.6%),即藜芦醇丙烯酸(峰 29),证实了甲酸木素中存在对香豆酸盐和阿魏酸。另外,β-O-4 键的比例可以根据文献的方法[52],通过 1-藜芦基甘油三甲醚(峰 25 和 27)来计算,大约占总峰面积的 2.0%。

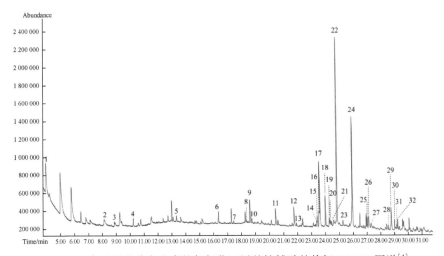

图 6.13　高压甲酸分离木素的氢氧化四甲基铵辅助的热解 GC-MS 图谱[4]

表 6.6　甲酸木素氢氧化四甲基铵辅助热解 GC-MS 后的酚型化合物的组成和相对含量[4]

峰	酚型化合物	相对含量/%
1	甲氧基乙酸甲酯	4.62
2	甲基苄基醚	2.75
3	dl-甘油醛,二甲醚	0.82
4	二甲基琥珀酸酯	0.72
5	3-甲基愈创木酚	0.57
6	茴香醛	1.30
7	1,2,3-三甲氧基苯	0.45
8	4-乙烯基藜	0.45
9	对茴香酸	2.42
10	4-甲氧基藜芦醇	1.06
11	藜芦醇甲醚	1.64
12	藜芦醛	2.02
13	氢化肉桂酸,对甲氧基–甲酯	0.46

峰	酚型化合物	相对含量/%
14	邻苯二甲酸二乙酯	0.53
15	4′-甲氧基肉桂酸甲酯	1.11
16	3,4,5-三甲氧基苄基甲基醚	1.27
17	藜芦酸	6.12
18	3,4,5-三甲氧基苯	2.92
19	2-藜芦醇-1-醇甲醚	0.97
20	2-藜芦醇-1-醇甲醚	0.67
21	维拉乙酸	0.51
22	4′-甲氧基肉桂酸甲酯	20.49
23	3,4,5-三甲氧基	0.60
24	3,4,5-三甲氧基苯甲酸,甲酯	10.79
25	1-藜芦醇甘油三甲醚	1.19
26	1-(3,4,5-三甲氧基苯基)-2-甲氧基乙烯	2.08
27	1-藜芦醇甘油三甲醚	0.84
28	(二甲氧基丙烯基)-四氢呋喃	0.85
29	藜芦醇丙烯酸,me-酯	2.61
30	1-(3,4,5-三甲氧基苯基)-1,2,3-三甲氧基丙烷	1.23
31	(二甲氧基丙炔基)-甲基丁香酚	0.69
32	1-(3,4,5-三甲氧基苯基)-1,2,3-三甲氧基丙烷	1.12
33	1-(3,4,5-三甲氧基苯基)-1,2,3-三甲氧基丙烷	0.63

6.2　甲酸分离过程中碳水化合物的降解化学

6.2.1　甲酸分离过程中碳水化合物的化学反应

　　甲酸分离木质纤维的过程中,碳水化合物也发生了降解,包括大部分的半纤维素和少量的纤维素。在甲酸分离木质纤维的过程中,半纤维素中的苷键稳定性较差,易断开发生降解,形成寡糖或单糖溶出[53],其中聚戊糖降解的反应机理如图6.14所示。虽然甲酸对木素和半纤维素的脱除有较好的选择性,但在一定蒸煮条件下,仍会降解少量的纤维素,尤其是对纤维素的无定形区影响较大,反应后纤维素结晶度增加[54]。降解反应通过断开纤维素大分子中糖苷键连接,形成低聚葡萄糖,再进一步水解为葡萄糖单糖[55],反应机理如图6.15所示。

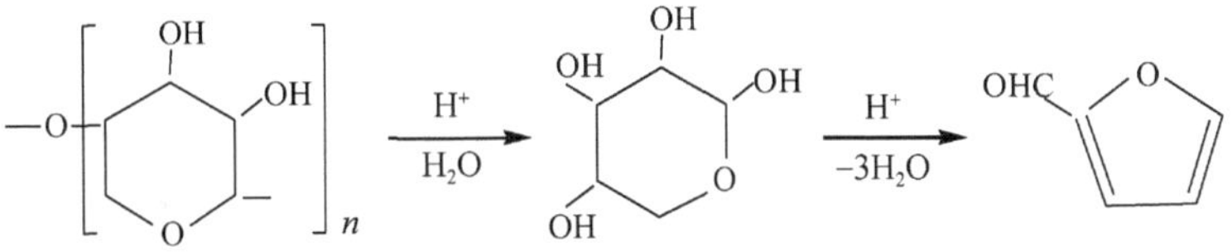

图 6.14　甲酸分离中聚戊糖的水解及单糖的糠醛化反应过程

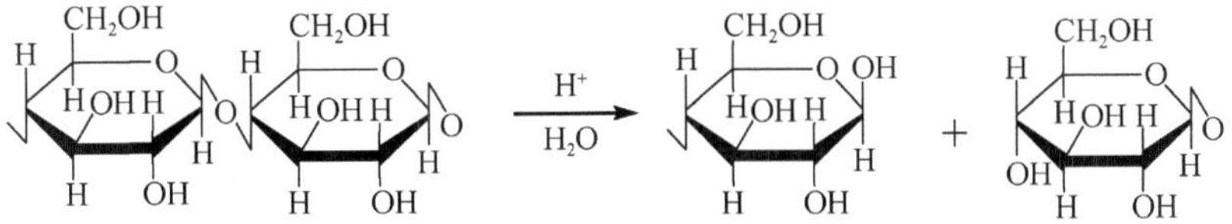

图 6.15　甲酸分离木中纤维素水解的反应过程

碳水化合物除了发生水解反应外,还会发生甲酰化反应[56],其中纤维素甲酰化反应机理如图 6.16 所示。在一定的蒸煮条件下,碳水化合物水解后的单糖会继续发生反应,包括木糖转化为糠醛的反应[55],和己糖转化为羟甲基糠醛的反应。纤维素水解得到的葡萄糖,其分子上的羟基比较容易质子化,质子化的羟基脱离葡萄糖分子后形成碳正离子,碳正离子进一步重排形成其他化合物[57]。研究发现,葡萄糖在 88% 的甲酸、55 ~ 75℃ 条件下反应 120min,生成的主要降解产物为羟基乙醛和 1,3-二羟基-2-丙酮[58];而葡萄糖在 20% 的甲酸、180℃ 的温度下反应120min,主要分解为乙酰丙酸和羟甲基糠醛[55]。

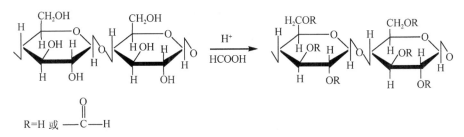

图 6.16　甲酸分离中纤维素甲酰化反应过程

6.2.2　甲酸浆的性能及废液中溶解半纤维素的组成

甲酸分离后所得纸浆中木素含量仅为 4.75%,明显低于常压下所得甲酸纸浆中木素含量(9.7%)。另外,在纸浆中仅发现极少量的半纤维素(3.41% 聚木糖和0.32% 聚甘露糖)[4]。与在常压下甲酸分离相比,高压下甲酸分离工艺表现出了更为高效的脱木素效果,选择性地从慈竹中溶解木素和半纤维素[3,4]。由于甲酸分离过程中木素和半纤维素大量的溶出,所得的这种高纯度的纸浆更易于糖化发酵制成生物质基燃料或化学品。此外,纸浆的灰分含量为 3.2%,表明在甲酸分离过程中,慈竹中约 61% 的灰分残留在了纸浆中。据文献[59]报道,较高的灰分含量会增加纸张的不透明性和可印刷性。

高压甲酸分离所得竹浆(慈竹)的物理性能见表 6.7,甲酸纸浆可通过 $D_1E_pD_2P$ 漂白达到 87.2% ISO 的最终白度,表明甲酸浆适用于无元素氯(ECF)的漂白技术[4]。纸浆的抗张强度和撕裂指数分别为 43.89N·m/g 和 2.83mN·m²/g,均低于 Khristova 等[60]获得的竹子蒽醌–碱法和硫酸盐法纸浆。之前的研究表明,在剧烈条件下有机酸分离所得纸浆中较少的聚戊糖含量是导致其机械性能降低的一个主要原因[61];另一个原因可能是纸浆的黏度(979.3mL/g)较低。麦秆乙酸浆的组成和性能具有类似的结果[59]。

表 6.7　高压甲酸慈竹浆的物理性能[4]

性能	原浆	漂白浆
特性黏度/(mL/g)	979.3	859.2
抗张强度/(N·m/g)	43.89	30.17
撕裂指数/(mN·m²/g)	2.83	2.94
白度/(%ISO)	27.1	87.2

在甲酸分离所得的废液中,除了含有大量溶解的木素外,还富含半纤维素的组分。研究发现[4],在高压下的甲酸分离慈竹的废液中,含有约 8.5g 的总糖(单糖和寡糖),表明在分离过程中慈竹中约 22% 的半纤维素以糖的形式溶出。同时半纤维素的降解也产生了质量分数为 3.56% 的糠醛和 3.80% 的乙酸,这些化合物也可作为高值化的产品进行回收利用[62,63],其中,在甲酸废液中可以实现高达 99% 的糠醛回收率[64]。在甲酸分离后获得的富含半纤维素的部分中,有机物由 95% 的碳水化合物和 5% 的木素组成。其中,碳水化合物主要以单糖的形式存在,仅约 12% 的总碳水化合物以低聚物形式存在。Pan 等[59]在小麦秸秆有机酸分离的研究中也观察到了类似的结果。此外,在甲酸分离所得到的组分中,单糖的主要成分是木糖(59.5%)和葡萄糖(25.7%),也存在少部分的其他糖类,如阿拉伯糖(7.4%)、半乳糖(5.0%)和甘露糖(2.4%),表明在分离过程中大部分的阿拉伯聚糖、半乳聚糖和甘露聚糖已经降解。

甲酸分离所得的粗木素中,仅含有 1.43% 的碳水化合物以及可忽略不计的灰分(0.07%)。其中的碳水化合物主要是由葡萄糖、木糖和阿拉伯糖组成的多糖,通过二恶烷抽提后,木素中仍含有 1.05% 残存的碳水化合物,包括葡萄糖、木糖和阿拉伯糖。该结果表明,残存在木素中的碳水化合物与木素通过共价键紧密结合在一起,难以通过普通的纯化方法断开而除去。与竹子在常压下进行甲酸分离(101℃和120min)相比[26],在高压下甲酸分离过程中所获得的木素具有更高的纯度。

6.3　甲酸分离过程中主要组分的化学反应历程

动力学研究表明,甲酸脱木素反应为一级反应[65-66]。在甲酸分离过程中,初期为大量脱木素阶段,细胞壁各部位木素均有溶出,中后期分别为缓和脱木素阶段和残余脱木素阶段,此时细胞角隅木素溶出速率高于复合胞间层木素[11]。在麦草甲酸蒸煮历程的研究中,木素在细胞壁微区脱除的先后顺序为次生壁、复合胞间层和细胞角隅[66]。原料种类和反应条件的不同会影响化学组分的溶出情况。在甲酸分离过程中,禾本科植物如麦草、稻草以及玉米秸秆等原料较容易实现脱木素,而山毛榉、竹子等原料脱木素较难,木素脱出率较低。不同的原料,木素的溶出类型也各有不同。以桉木为原料的甲酸分离中溶出较多的是 G 型木素[67],而蔗渣和香蕉茎则溶出较多的是 S 型木素[5]。

半纤维素的水解也主要发生在分离初期,能够快速水解生成低聚糖和单糖,但随后趋于平缓。在蔗渣甲酸分离过程中,半纤维素在分离初期溶出的相对速率高于木素脱除的相对速率,在100℃、90%甲酸条件下蒸煮180min,40min 内半纤维素基本上完全被水解,蒸煮后期半纤维素逐渐完全溶出,80~120min 期间内,纤维素开始发生降解[68],麦草甲酸分离过程中四种主要单糖的溶出先后顺序为木糖、阿拉伯糖、葡萄糖和半乳糖,整个蒸煮过程中四种单糖的相对得率为:木糖82.29%、阿拉伯糖8.13%、葡萄糖6.66%、半乳糖2.72%[51]。

在传统的制浆工艺中,对于灰分(主要成分为硅)含量高的植物纤维原料,大量的硅在蒸煮过程中转化成可溶性硅的衍生物存在于黑液中,严重妨碍了化学品的回收。然而,在甲酸分离中原料中的灰分溶出较少,大量的硅均存留于纤维中,排除了化学品回收中的硅干扰问题[7]。

众所周知,植物纤维原料中有机溶剂抽出物的存在给制浆造纸工业中带来了一系列的问题,如在纸机上的沉积严重危害着设备的使用寿命,漂白纸浆中的黑斑对产品的质量也造成了一定的影响。据报道,桉树的硫酸盐法制浆过程中,只去除了53%的有机溶剂抽出物[28],而甲酸分离过程中去除了近90%的有机溶剂抽出物,其中包括溶解了大量的脂肪酸、长链的脂肪醇及其他的芳香族化合物,并广泛降解了原料中的甾醇类物质,还发生了脂肪醇氧化为脂肪酸的反应[6]。

参 考 文 献

[1] 秦梦华. 木质纤维素生物质精炼. 北京:科学出版社,2018.

［2］ Li M F,Sun S N,Xu F,et al. Formic acid based organosolv pulping of bamboo(*Phyllostachys acuta*):comparative characterization of the dissolved lignins with milled wood lignin. Chemical Engineering Journal,2012,179:80-89.

［3］ Zhang Y,Hou Q,Xu W,et al. Revealing the structure of bamboo lignin obtained by formic acid delignification at different pressure levels. Industrial Crops and Products,2017,108:864-871.

［4］ Zhang Y,Hou Q,Fu Y,et al. One-step fractionation of the main components of bamboo by formic acid-based organosolv process under pressure. Journal of Wood Chemistry and Technology,2018,38(3):170-182.

［5］ Jahan M S,Chowdhury D A N,Islam M K. Atmospheric formic acid pulping and TCF bleaching of dhaincha(*Sesbania aculeata*),kash(*Saccha-rum spontaneum*)and banana stem(*Musa Cavendish*). Industrial Crops and Products,2007,26:324-331.

［6］ 张永超,秦梦华. 甲酸/过氧甲酸脱木素及制浆工艺研究进展. 中华纸业,2014,(14):6-12.

［7］ Lam Q H,Bigot L Y,Delmas M,et al. A new procedure for the destructuring of vegetable matter at atmospheric pressure by a catalyst/solvent system of formic acid/acetic acid. applied to the pulping of triticale straw. Industrial Crops and Products,2001,14(2):139-144.

［8］ Sixta H,Harms H,Dapia S,et al. Evaluation of new organosolv dissolving pulps. Part I:preparation,analytical characterization and viscose process ability. Cellulose,2004,11(1):73-83.

［9］ Bose S K. Lignin depolymerization and condensation during acidic organosolv delignification of Norway spruce(*Picea Abies*)［Ph. D. Thesis］. Syracuse:State University of New York,1998.

［10］ 俞凌翀,有机化学中的人名反应. 北京:科学出版社,1984.

［11］ 樊永明. 麦草甲酸法制浆脱木素化学及蒸煮历程的研究［博士学位论文］. 北京:北京林业大学,2007.

［12］ 邓海波,林鹿,吴真,等. 麦草甲酸不溶木素的结构研究. 中国造纸学报,2007,22(3):1-4.

［13］ Vázquez G,Antorrena G,González J. Kinetics of acid-catalysed delignification of *Eucalyptus globulus* wood by acetic acid. Wood Science and Technology,1995,29(4):267-275.

［14］ McDonough T J. The chemistry of organosolv delignification. Tappi Journal,1992,76(8):186-193.

［15］ 李瑞瑞,李军,张学兰,等. 麦草甲酸法制浆木素结构及分子质量变化. 纸和造纸,2011,30(9):57-60.

［16］ Hortling B,Poppius K,Sundquist J. Formic acid/peroxyformic acid pulping. Ⅳ. lignins isolated from spent liquors of three-stage peroxyformic acid pulping. Holzforschung,1991,45(2):109-120.

［17］ Villaverde J J,Li J,Ligero P,et al. Mild peroxyformic acid fractionation of *Miscanthus× giganteus* bark. behaviour and structural characterization of lignin. Industrial Crops and Products,2012,35(1):261-268.

［18］ Strumila G,Rapson,H. Reaction products of neutral peracetic acid oxidation of model lignin phenols. Pulp and Paper Canada,1975,76:72-76.

［19］ Gierer J. The chemistry of delignification. Holzforschung,1982,36:55-64.

[20] Villaverde J J, Li J, Ek M, et al. Native lignin structure of *Miscanthus × giganteus* and its changes during acetic and formic acid fractionation. Journal of Agricultural and Food Chemistry, 2009, 57(14):6262-6270.

[21] Ede R M, Brunow G. Formic acid/peroxyformic acid pulping. III. condensation reactions of β-aryl ether model compounds in formic acid. Holzforschung, 1989, 43(5):317-322.

[22] Shimada K, Hosoya S, Ikeda T. Condensation reactions of softwood and hardwood lignin model compounds under organic acid cooking conditions. Journal of Wood Chemistry and Technology, 1997, 17(1-2):57-72.

[23] Abdelkafi F, Ammar H, Rousseau B, et al. Structural analysis of alfa grass(*Stipa tenacissima* L.) lignin obtained by acetic acid/formic acid delignification. Biomacromolecules, 2011, 12(11): 3895-3902.

[24] Zhang M, Qi W, Liu R, et al. Fractionating lignocellulose by formic acid: characterization of major components. Biomass and Bioenergy, 2010, 34(4):525-532.

[25] Zhang M, Zheng R, Chen J, et al. Investigation on the determination of lignocellulosics components by NREL method. Chinese Journal of Analysis Laboratory, 2010, 29(11):15-18.

[26] Li M-F, Fan Y-M, Xu F, et al. Characterization of extracted lignin of bamboo(*Neosinocalamus affinis*)pretreated with sodium hydroxide/urea solution at low temperature. BioResources, 2010, 5 (3):1762-1778.

[27] Dapía S, Santos V, Parajó J C. Formic acid-peroxyformic acid pulping of *Fagus sylvatica*. Journal of Wood Chemistry and Technology, 2000, 20(4):395-413.

[28] Abad S, Santos V, Parajó J. Formic acid-peroxyformic acid pulping of aspen wood: an optimization study. Holzforschung, 2000, 54(5):544-552.

[29] Obrocea P, Cimpoesu G. Contribution to sprucewood delignification with peroxyformic acid I. the effect of pulping temperature and time. Cellulose Chemistry and Technology, 1998, 32(5-6): 517-525.

[30] Ligero P, De Vega A, Van Der Kolk J C, et al. Gorse(*Ulex europæus*)as a possible source of xylans by hydrothermal treatment. Industrial Crops and Products, 2011, 33(1):205-210.

[31] Romaní A, Garrote G, López F, et al. *Eucalyptus globulus* wood fractionation by autohydrolysis and organosolv delignification. Bioresource Technology, 2011, 102(10):5896-5904.

[32] Wörmeyer K, Ingram T, Saake B, et al. Comparison of different pretreatment methods for lignocellulosic materials. Part II: influence of pretreatment on the properties of rye straw lignin. Bioresource Technology, 2011, 102(5):4157-4164.

[33] Garrote G, Domínguez H, Parajó J C. Production of substituted oligosaccharides by hydrolytic processing of barley husks. Industrial & Engineering Chemistry Research, 2004, 43(7): 1608-1614.

[34] Ruiz H A, Vicente A A, Teixeira J A. Kinetic modeling of enzymatic saccharification using wheat straw pretreated under autohydrolysis and organosolv process. Industrial Crops and Products, 2012, 36(1):100-107.

［35］ Garrote G, Domínguez H, Parajó J C. Manufacture of xylose- based fermentation media from corncobs by posthydrolysis of autohydrolysis liquors. Applied Biochemistry and Biotechnology, 2001,95(3):195-207.

［36］ Kim Y, Mosier N S, Ladisch M R. Enzymatic digestion of liquid hot water pretreated hybrid poplar. Biotechnology Progress,2009,25(2):340-348.

［37］ Laser M, Schulman D, Allen S G, et al. A comparison of liquid hot water and steam pretreatments of sugar cane bagasse for bioconversion to ethanol. Bioresource Technology,2002,81(1):33-44.

［38］ Lu H, Hu R, Ward A, et al. Hot- water extraction and its effect on soda pulping of aspen woodchips. Biomass and Bioenergy,2012,39:5-13.

［39］ El Hage R, Chrusciel L, Desharnais L, et al. Effect of autohydrolysis of *Miscanthus × giganteus* on lignin structure and organosolv delignification. Bioresource Technology, 2010, 101 (23): 9321-9329.

［40］ Huijgen W, Smit A, De Wild P, et al. Fractionation of wheat straw by prehydrolysis, organosolv delignification and enzymatic hydrolysis for production of sugars and lignin. Bioresource Technology,2012,114:389-398.

［41］ Wen J-L, Sun S-N, Yuan T-Q, et al. Fractionation of bamboo culms by autohydrolysis, organosolv delignification and extended delignification: understanding the fundamental chemistry of the lignin during the integrated process. Bioresource Technology,2013,150:278-286.

［42］ Zhu M-Q, Wen J-L, Su Y-Q, et al. Effect of structural changes of lignin during the autohydrolysis and organosolv pretreatment on *Eucommia ulmoides* Oliver for an effective enzymatic hydrolysis. Bioresource Technology,2015,185:378-385.

［43］ Zhang Y, Qin M, Xu W, et al. Structural changes of bamboo- derived lignin in an integrated process of autohydrolysis and formic acid inducing rapid delignification. Industrial Crops and Products,2018,115:194-201.

［44］ El Hage R, Brosse N, Chrusciel L, et al. Characterization of milled wood lignin and ethanol organosolv lignin from miscanthus. Polymer Degradation and Stability,2009,94(10):1632-1638.

［45］ Jahan M S, Chowdhury D N, Islam M K, et al. Characterization of lignin isolated from some nonwood available in Bangladesh. Bioresource Technology,2007,98(2):465-469.

［46］ Sun S-N, Li M-F, Yuan T-Q, et al. Sequential extractions and structural characterization of lignin with ethanol and alkali from bamboo(*Neosinocalamus affinis*). Industrial Crops and Products, 2012,37(1):51-60.

［47］ Xu F, Sun J-X, Sun R, et al. Comparative study of organosolv lignins from wheat straw. Industrial Crops and Products,2006,23(2):180-193.

［48］ Wen J-L, Sun S-L, Xue B-L, et al. Quantitative structural characterization of the lignins from the stem and pith of bamboo(*Phyllostachys pubescens*). Holzforschung,2013,67(6):613-627.

［49］ Hallac B B, Pu Y, Ragauskas A J. Chemical transformations of *Buddleja davidii* lignin during ethanol organosolv pretreatment. Energy & Fuels,2010,24(4):2723-2732.

［50］ Del Río J C, Prinsen P, Rencoret J, et al. Structural characterization of the lignin in the cortex and pith of elephant grass(*Pennisetum purpureum*)stems. Journal of Agricultural and Food Chemistry, 2012,60(14):3619-3634.

[51] Jose C,Gutiérrez A,Rodríguez I M,et al. Composition of non-woody plant lignins and cinnamic acids by Py-GC/MS,Py/TMAH and FT-IR. Journal of Analytical and Applied Pyrolysis,2007, 79(1-2):39-46.

[52] Pranovich A V,Reunanen M,Sjöholm R,et al. Dissolved lignin and other aromatic substances in thermomechanical pulp waters. Journal of Wood Chemistry and Technology, 2005, 25 (3): 109-132.

[53] 谢小红.麦草甲酸法制浆过程副产物成分分离及表征[硕士学位论文].北京:北京林业大学,2011.

[54] Sindhu R,Binod P,Satyanagalakshmi K,et al. Formic acid as a potential pretreatment agent for the conversion of sugarcane bagasse to bioethanol. Applied Biochemistry and Biotechnology, 2010,162(8):2313-2323.

[55] Kupiainen L,Ahola J,Tanskanen J. Hydrolysis of organosolv wheat pulp in formic acid at high temperature for glucose production. Bioresource Technology,2012,116:29-35.

[56] Zhao X,Liu D. Fractionating pretreatment of sugarcane bagasse by aqueous formic acid with direct recycle of spent liquor to increase cellulose digestibility—the Formiline process. Bioresource Technology,2012,117:25-32.

[57] Qian X,Nimlos M R,Davis M,et al. An initialmolecular dynamics simulations of β-D-glucose and β-D-xylose degradation mechanisms in acidicaqueous solution. Carbohydrate Research, 2005, 340(14):2319-2327.

[58] 孙勇,林鹿,邓海波,等.葡萄糖在甲酸体系中的降解研究.林产化学与工业,2008,28(3): 49-54.

[59] Pan X,Sano Y. Fractionation of wheat straw by atmospheric acetic acid process. Bioresource Technology,2005,96(11):1256-1263.

[60] Khristova P,Kordaschia O,Patt R,et al. Comparative alkaline pulping of two bamboo species from Sudan. Cellulose Chemistry and Technology,2006,40(5):325-334.

[61] Seisto A,Poppius-Levlin K. Fibre characteristics and paper properties of formic acid/peroxyformic acid birch pulps. Nordic Pulp and Paper Research Journal,1997,12(4):237-243.

[62] Yang W, Li P, Bo D, et al. The optimization of formic acid hydrolysis of xylose in furfural production. Carbohydrate Research,2012,357:53-61.

[63] Kim D-E, Pan X. Preliminary study on converting hybrid poplar to high-value chemicals and lignin using organosolv ethanol process. Industrial & Engineering Chemistry Research, 2010, 49(23):12156-12163.

[64] Vila C,Santos V,Parajó J. Recovery of lignin and furfural from acetic acid-water-HCl pulping liquors. Bioresource Technology,2003,90(3):339-344.

[65] Villaverde J J,Ligero P,de Vega A. Formic and acetic acid as agents for a cleaner fractionation of *Miscanthus × giganteus*. Journal of Cleaner Production,2010,18(4):395-401.

［66］陈念信.麦草甲酸法蒸煮历程和脱木素动力学研究［博士学位论文］.北京:北京林业大学,2004.

［67］涂启梁,付时雨,詹怀宇,等.蔗渣甲酸法蒸煮过程中碳水化合物的降解规律.福建农林大学学报(自然科学版),2008,37(4):404-408.

［68］Ligero P,Villaverde J J,de Vega A,et al. Delignification of *Eucalyptus globulus* saplings in two organosolv systems(formic and acetic acid):preliminary analysis of dissolved lignins. Industrial Crops and Products,2008,27(1):110-117.

第7章　甲酸分离木素的功能化材料制备

木质纤维生物质可通过不同的分离手段获得纤维素、木素和半纤维素等组分，并通过进一步的生物、物理和化学方法实现产品的高值化[1-4]。基于综合的生物质精炼概念，通过甲酸一步快速分离技术可实现生物质主要组分的有效分离，获得高纯度的纤维素及具有高化学反应性的木素和半纤维素三部分[5,6]。这些分离出来的化学组分是优良的生产生物能源、材料和化学品的原材料，也是实现生物质精炼实践应用的重要环节。本章将主要以甲酸分离得到的木素为原材料，制备木素纳米颗粒，并进一步制备木素纳米复合材料，旨在探讨基于甲酸分离平台获得的木素产品高值化应用的可行性。

7.1　甲酸木素制备木素纳米颗粒

作为地球上最丰富的芳香族天然聚合物和仅次于纤维素的第二丰富的天然高分子，木素的高值化利用是关乎木质纤维生物质精炼厂是否经济可行的关键因素之一[4]。其中，木素纳米颗粒(LNPs)的制备被认为是建立功能材料生产平台的最佳途径之一，特别是在新兴的纳米材料领域[7-9]。木素纳米颗粒可采用酸沉淀法、饱和 CO_2 法、溶剂交换法、透析法以及超声处理等方法制备[10-15]。在目前所报道的方法中，酸沉淀法作为一种绿色和经济可行的工艺技术受到了研究人员的广泛关注。

以甲酸木素为原料，基于不同 pH 下木素溶解度的变化，采用一步法制备木素纳米颗粒，具体方法如下[3]：将 1.0g 木素与 150mL 去离子水混合，在搅拌状态下加入 0.1mol/L NaOH，调节 pH 至 12.0 后保持 5min。最后，逐滴加入 0.1mol/L HCl 至 pH 5.0，可得到木素纳米颗粒。随着 pH 的增加，木素纳米颗粒的 zeta 电位和流体力学直径的变化分别如图 7.1(a)和图 7.1(b)所示。木素纳米颗粒分散体系在 5.0~8.0 的 pH 范围内是稳定的，直径为约 100nm，ζ 电位约 −25mV。在 pH<5.0 时，由于带电官能团的质子化，双电子层排斥力显著降低，导致了木素纳米颗粒的聚集；当 pH>9 时，粒径减小约至 50nm。颗粒尺寸减小的原因可能是由于聚集颗粒的解离，在 pH>12.0 时颗粒完全溶解。

木素纳米颗粒的透射电镜显示(图 7.2)，在中性条件下，木素在水溶液中形成了 60~80nm 大小均匀的球状纳米颗粒，并呈现了清晰的边界。同时，动态激光光

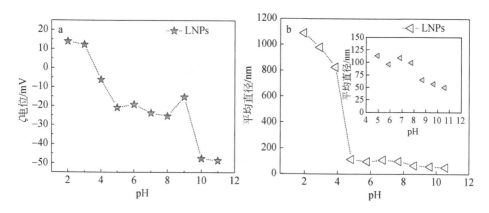

图 7.1　木素纳米颗粒的表面电荷性能:ζ电位(a)和粒径(b)随 pH 变化的关系[3]

散射(DLS)分析显示,木素纳米颗粒的流体力学直径大于透射电镜分析中所得的粒径,这是由于木素纳米颗粒周围形成了水化层的缘故。球状木素纳米颗粒的均匀性和较高的稳定性,表明它们制备纳米复合材料方面具有较好的潜在性。

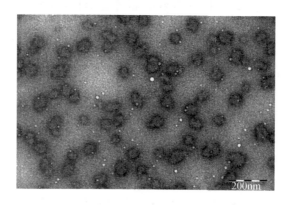

图 7.2　木素纳米颗粒的透射电镜图像[3]

7.2　甲酸木素/纤维素复合膜的制备及其性能

木质纤维生物质因其来源广泛、价格低廉、环境友好和可再生性等特点被视为取代化石资源的理想资源[1,16,17]。相对于其他天然高分子,木素具有更复杂的化学组成和多级结构,具有不同种类的活性官能团,且具有可再生、可降解和无毒等方面优点,被认为是优良的绿色化工原料。木素已被广泛用于制备酚醛树脂、聚氨酯、环氧树脂和离子交换树脂等材料[18,19],并可与聚烯烃、聚酯、聚醚、淀粉、蛋白质和纤维素等高分子材料进行化学或物理法交联,用于制备工程塑料、胶黏剂、发泡材料、薄膜和纳米材料等极具潜力的复合新型材料[20-26]。木素及其改性后的衍生物可制备表面活性剂和絮凝剂等,应用于石油开采、沥青乳化、废水处理、肥料和农药等方面[23,24]。近年来,纳米木素颗粒功能材料的研究,也受到了广泛的关注。通过化学法和生物法的改性,可使纳米木素颗粒具有不同的功能[27]。然而,木素在材料领域工业化生产及大规模应用比较鲜见,这不仅在于木素复杂的多级结构,还在于木素在化学修饰和材料研发方面尚需系统的理论支撑。同时,工业木素多数为碱性木素,含有较多的杂质,化学结构在生产过程中被严重破坏,化学反应活性较低。因此,如何获得纯度及化学反应活性较高的木素,是木素基功能材料开发研究的关键所在。甲酸分离获得的木素具有较高的纯度和得率,且含有更多的酚羟基和羧基,从而具有较高的化学反应活性,因此甲酸木素具有较好的应用前景[4,13]。

　　图 7.3 为基于甲酸分离平台获得的木素纳米颗粒和纤维素纳米晶体(CNC),进一步制备多功能纳米复合膜的流程[3]。一定比例的 LNPs 和 CNC 悬浮液混合,在磁力搅拌下稀释至 0.1%(w/v)保持 30min。将悬浮液在 0.1μm 孔径的尼龙膜上进行过滤。然后在 40℃下真空干燥 4 小时,获得生物基纳米复合膜[3]。

图 7.3　利用甲酸木素纳米颗粒和甲酸纤维素纳米产品制备多功能纳米复合膜[3]

　　如图 7.4 所示,纳米复合材料横截面的扫描电镜图像显示了多层网络的结构。与 CNC 膜相比,纳米复合膜中 CNC 多层结构中均匀地填充了木素纳米颗粒,该结构表明木素纳米颗粒均匀地分散在 CNC 的基质中,而没有出现任何可见的颗粒聚集。扫描电镜表面图像中,CNC 膜表面呈现出了相当粗糙的形貌,而纳米复合膜形成了非常光滑和均匀的表面。木素和纤维素分子中具有丰富的羟基,所形成的氢键导致了 CNC 和木素纳米颗粒之间的强烈相互作用,有利于木素纳米颗粒在 CNC

网络中均匀分散[7,28]。

(a) CNC　　　　　　　(b) CNC/LNPs(5∶1)　　　　　　　(c) CNC/LNPs(2∶1)

图 7.4　纳米复合膜的扫描电镜的表面图像(上)和横截面图像(下)[3]

　　良好的机械性能是纳米复合膜满足各种应用要求必不可少的条件之一，表 7.1 给出了不同 CNC/LNPs 组成配比的复合膜的裂断强度、裂断伸长率、杨氏模量和厚度。可见木素纳米颗粒的加入明显提高了复合膜的裂断强度和杨氏模量。当 CNC/LNPs 组成配比为 5 时，纳米复合膜的裂断强度、杨氏模量和裂断伸长率分别为 91.84MPa、7.24GPa 和 2.86%，均明显高于 CNC 膜相应的性能参数（63.15MPa、4.94GPa 和 2.52%）[3]。这可能归因于 CNC 和 LNPs 之间强大的氢键作用力增强了纳米复合膜的机械性能[7,28]。

表 7.1　不同 CNC/LNPs 组成配比的复合膜的裂断强度、裂断伸长率、杨氏模量和厚度[3]

CNC/LNPs	裂断强度/MPa	裂断伸长率/%	杨氏模量/GPa	厚度/μm
100∶0	63.15±4.2	2.52±0.2	4.94±0.01	95.9±2.1
10∶1	82.70±0.3	2.62±0.2	6.53±0.02	70.6±1.9
5∶1	91.84±0.3	2.86±0.3	7.24±0.01	70.2±1.2
2∶1	69.70±4.3	1.39±0.3	6.23±0.1	69.6±1.1
1∶1	66.03±3.7	1.62±0.1	5.62±0.02	67.1±1.4

　　众所周知，纳米复合材料的热力学性能在复合材料的应用拓展中起着重要的作用。纳米复合膜材料的热重分析(TGA)表明(图 7.5)，与 CNC 膜相比，随着木素纳米颗粒加入量的增加，纳米复合膜的热稳定性明显提高[3]。不同 CNC/LNPs 配比的纳米复合材料具有相似的分解曲线，并可分为两个阶段。如 DTG 曲线(图 7.5)所示，第一分解温度(T_1)和第二分解温度(T_2)分别约为 260℃ 和 315℃。

与 CNC/LNPs 为 5 的复合膜相比,CNC/LNPs 为 2 的纳米复合材料显示出了更高的 T_1 和 T_2。随着木素纳米颗粒含量的增加,纳米复合材料的热稳定性增强[29]。

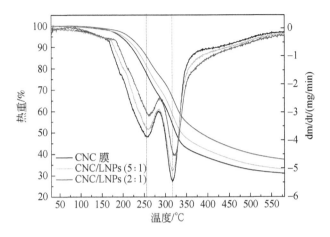

图 7.5　不同 CNC/LNPs 配比的纳米复合膜的热稳定性:失重和热重随温度变化的关系[3]

采用大肠杆菌对纳米复合材料进行抗菌性测试结果表明(图 7.6),CNC/LNPs 配比分别为 10∶1、5∶1、2∶1 和 1∶1 的纳米复合膜,均形成了直径范围为 9 ~ 16mm 不等的抑制孔,但是参照组的 CNC 膜[图 7.6(a)]并没有显示出明显的抑制区。可见,木素纳米颗粒的加入导致纳米复合材料具有较强的抗菌性[3]。木素的抗菌性能主要来源于其结构中的酚类化合物和某些含氧的官能团[29]。

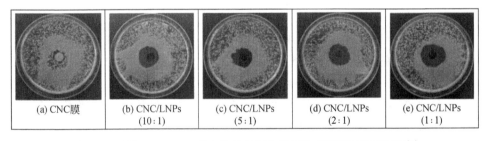

图 7.6　不同 CNC/LNPs 配比的纳米复合材料抗菌性测试的抑制区[3]

7.3　改性甲酸木素纳米复合颗粒的设计及其应用

基于对甲酸分离木质纤维组分的高值化利用,以甲酸木素为原料通过改性修饰设计,用以水处理中金属离子的吸附。本节内容主要介绍以磁性颗粒为核,经过二氧化硅包覆后,再与羧甲基化甲酸木素交联物制备复合纳米颗粒。该纳米颗粒可以作为水处理过程中重金属离子吸附剂使用。通过羧甲基化将大量羧酸基团引入甲酸木素结构中,以增加其活性吸附位点。通过环氧氯丙烷(ECH)将磁性介孔二氧化硅纳米粒子与羧甲基化木素进行交联,从而提高其抗水性。

图7.7为木素基磁性复合纳米颗粒合成路线示意图。首先通过氧化共沉淀和化学沉淀相结合的方法制备 Fe_3O_4 磁性颗粒[30],通过硅酸乙酯(TEOS)对磁性纳米颗粒进行二氧化硅包覆,包覆的磁性纳米颗粒($Fe_3O_4@SiO_2$)进一步通过3-氨基丙基三乙氧基硅烷(APTES)进行氨基接枝,得到氨基化的二氧化硅磁性纳米颗粒($Fe_3O_4@SiO_2$-NH_2)。以环氧氯丙烷为交联剂,氨基化纳米颗粒 $Fe_3O_4@SiO_2$-NH_2 和羧甲基化的木素之间发生化学交联反应,从而合成木素基磁性复合纳米颗粒 $Fe_3O_4@SiO_2$-NH-MFL[4]。按照同样的方法制备无二氧化硅包覆的改性木素基磁性复合纳米颗粒 Fe_3O_4-NH-MFL 和有二氧化硅包覆的未改性木素基磁性复合纳米颗粒 $Fe_3O_4@SiO_2$-NH-FL 作为对照。

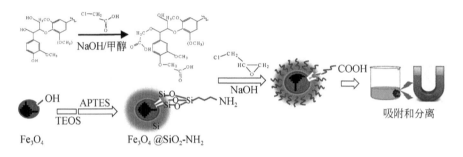

图7.7　木素基磁性复合纳米粒子合成工艺流程图[4]

利用 XRD 光谱分析了复合纳米颗粒的核心形态,扫描范围为 $2\theta = 5° \sim 80°$。如图7.8所示,在 2θ 为30.3°、35.7°、43.3°、53.5°、57.4°和62.9°附近的特征衍射峰分别归属于磁铁矿谱图 JCPDS 号 19-0629 的[220]、[311]、[400]、[422]、[511]和[440]平面,这说明 Fe_3O_4 纳米粒子具有六角相结构[31]。这些峰在氨基化的 $Fe_3O_4@SiO_2$ 纳米颗粒以及合成的木素基复合纳米颗粒中都能观察到,这表明 Fe_3O_4 纳米粒子经过二氧化硅包覆、氨基修饰以及与木素的交联反应,都不会导致其在尺寸和晶体结构上的明显变化。

FT-IR 光谱对合成的磁性复合纳米颗粒中的官能团分析发现(图7.9),羧甲基甲酸木素在3430cm^{-1}和1600cm^{-1}处的典型特征峰分别归属于羟基和羧酸基的不对称伸缩振动[32]。1513cm^{-1}和1452cm^{-1}处的振动峰来源于木素的芳香环,1220cm^{-1}处的峰为木素酚羟基中的 C—O。此外,氨基化的 $Fe_3O_4@SiO_2$ 纳米颗粒在540cm^{-1}处的典型吸收峰为 Fe—O 键的拉伸振动和1064cm^{-1}处的 Si—O 振动,说明在 Fe_3O_4 纳米颗粒周围形成了二氧化硅包覆膜[33]。在1640cm^{-1}和1566cm^{-1}处出现的两个

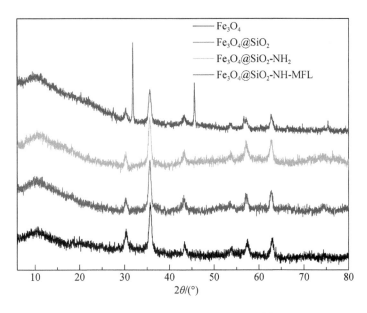

图 7.8　合成纳米颗粒 XRD 谱图[4]

弱峰分别由酰胺 Ⅰ 和酰胺 Ⅱ 的形变振动引起,表明 $Fe_3O_4@SiO_2$ 纳米颗粒成功进行
了氨基化改性[34]。这些特征峰也出现在了木素基磁性复合纳米颗粒的 FT-IR 图
谱中。此外,XPS 图谱清楚地显示了木素基磁性纳米复合颗粒($Fe_3O_4@SiO_2$-NH-

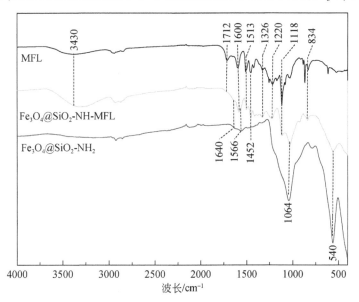

图 7.9　合成纳米颗粒的 FT-IR 谱图[4]

MFL)含有 C、O、Fe、Si 和 N 元素(图 7.10)。基于以上分析,我们得到了氨基化的 Fe₃O₄@ SiO₂纳米颗粒和改性甲酸木素交联结合的最终产物。改性甲酸木素与磁性纳米颗粒的交联,不仅有利于纳米复合颗粒高效的去除重金属离子,且磁性颗粒的存在提高了吸附剂的疏水性,有利于增强吸附剂与吸附质之间的相互作用。

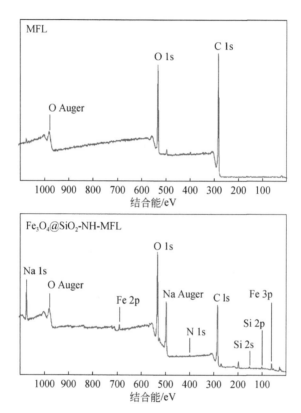

图 7.10　改性甲酸木素和木素基磁性纳米复合颗粒(Fe₃O₄@ SiO₂ - NH - MFL)的 XPS 谱图[4]

　　合成纳米颗粒的形貌特征对于其功能性具有重要的影响,通过纳米颗粒的透射电镜和扫描电镜图像(图 7.11)可以看出,合成的 Fe₃O₄纳米颗粒、Fe₃O₄@ SiO₂纳米颗粒和氨基化的 Fe₃O₄@ SiO₂纳米颗粒以及 Fe₃O₄@ SiO₂ - NH - MFL 纳米颗粒的形状均近似球形,直径约为 10 ~ 20nm[4]。Fe₃O₄纳米颗粒经过二氧化硅包覆,进一步氨基化改性以及与改性甲酸木素的交联反应后所合成的复合纳米颗粒呈现出近似球形的形貌,表明这些修饰过程未导致纳米颗粒之间的聚集。如图 7.11(a₁) ~ (d₁)所示,合成的 Fe₃O₄@ SiO₂ - NH - MFL 复合纳米颗粒的典型形貌呈现出粗糙的表面形态和多分散的介孔结构,这使得所合成的纳米颗粒具有较大的比表面积,从而提高了对重金属离子的吸附能力。

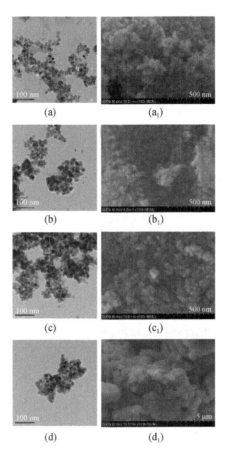

图 7.11　透射电镜(左列)和扫描电镜(右列):Fe_3O_4 纳米颗粒(a 和 a_1),$Fe_3O_4@SiO_2$(b 和 b_1),$Fe_3O_4@SiO_2$-NH_2纳米颗粒(c 和 c_1),和 $Fe_3O_4@SiO_2$-NH-MFL 纳米颗粒(d 和 d_1)[4]

合成纳米颗粒的表面电荷和溶液稳定性是其应用的一个重要标志。在不同 pH 下纳米颗粒溶液的 ζ 电位如图 7.12 所示[4],$Fe_3O_4@SiO_2$-NH-MFL 的 ζ 电位随着 pH 的增加而降低,在 pH=2.4 时达到等电点。当 pH>3 时,$Fe_3O_4@SiO_2$-NH-MFL 表面电荷小于−30mV。相比之下,$Fe_3O_4@SiO_2$-NH-FL 和 $Fe_3O_4@SiO_2$-MFL 的等电点分别为 3.5 和 3.1,且波动较大。这些结果表明 $Fe_3O_4@SiO_2$-NH-MFL 溶液在较宽的 pH 范围内表现出了良好的稳定性,二氧化硅的包覆以及与改性甲酸木素的交联对 $Fe_3O_4@SiO_2$-NH-MFL 的 ζ 电位有明显的影响[34]。如表 7.2 所示,羧甲基化甲酸木素中羧基含量(1.26mmol/g)明显高于未经处理的甲酸木素(0.47mmol/g)。合成的木素基磁性复合纳米颗粒表面大量的羧基,可为重金属离子提供更多的螯合位点[35]。将木素基磁性复合纳米颗粒吸附 Pb^{2+} 后的悬浮液置于磁场中,纳米复合颗粒向外加磁场快速移动,20s 内完成固液分离,一旦磁场被移除,磁性纳米颗粒重新分散在溶液中(图7.13)。结果表明,木素基磁性复合纳米颗粒具有优异的磁性性能,有利于其在水处理过程中分散和收集。

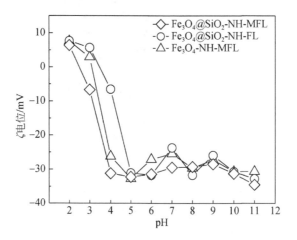

图 7.12　不同 pH 下纳米颗粒溶液的 ζ 电位[4]

表 7.2　^{31}P-NMR 测定甲酸木素(FL)和羧甲基化甲酸木素(MFL)羟基和羧基的含量(mmol/g)[4]

木素样品	脂肪族 OH	酚型 OH			OH 总含量	羧基
		S 型	G 型	H 型		
FL	1.24	1.61	0.97	0.95	4.58	0.47
MFL	1.28	1.45	0.85	0.84	4.42	1.26

图 7.13　木素基磁性纳米复合颗粒悬浮液在磁场中的分离[4]

一般来说,pH 被认为是影响金属离子形态和吸附剂表面电荷的重要因素[34]。图 7.14(a)和(b)显示了在不同 pH 下,Fe$_3$O$_4$@SiO$_2$-NH-MFL、Fe$_3$O$_4$@SiO$_2$-NH-FL

和 Fe_3O_4@SiO_2-MFL 对 Pb^{2+} 和 Cu^{2+} 吸附能力的影响[4]。结果表明,pH 对三种纳米颗粒吸附 Pb^{2+} 和 Cu^{2+} 的能力有较大的影响。在 pH=3~5 范围内,随着 pH 的增加,Fe_3O_4@SiO_2-NH-MFL 对重金属离子的吸附量显著增加。在 pH≤2 和 pH≤2.5 时,该纳米颗粒对 Pb^{2+} 和 Cu^{2+} 的吸附量几乎为零。这可能是由于羧酸和羟基在低 pH 下发生了质子化反应,溶液中 H^+ 与金属离子之间发生竞争吸附。随着 pH 的增加,离子化作用增强了带正电金属离子与带负电吸附剂表面之间的吸引力,从而提高了木素基复合磁性纳米颗粒对重金属离子的吸附。相比较而言,Fe_3O_4@SiO_2-NH-FL 和 Fe_3O_4@SiO_2-MFL 在上述 pH 范围内对 Pb^{2+} 和 Cu^{2+} 的吸附能力均低于 Fe_3O_4@SiO_2-NH-MFL。

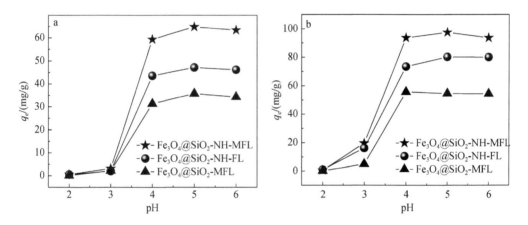

图 7.14　pH 对 Fe_3O_4@SiO_2-NH-MFL、Fe_3O_4@SiO_2-NH-FL 和
Fe_3O_4@SiO_2-MFL 吸附 Pb^{2+}(a)和 Cu^{2+}(b)的影响[4]

图 7.15 揭示了在不同接触时间内 Fe_3O_4@SiO_2-NH-MFL 对 Pb^{2+} 和 Cu^{2+} 的去除效率的影响[4]。结果表明,Fe_3O_4@SiO_2-NH-MFL 对 Pb^{2+} 和 Cu^{2+} 的吸附是一个非常快速的过程,当初始金属离子含量为 50mg/L 时,可在 30s 内达到吸附平衡,表明该纳米颗粒在超快吸附重金属离子方面具有较好的应用潜力。该吸附剂优良的吸附性能可归因于以下几个方面的协同效应:①与纳米颗粒 Fe_3O_4@SiO_2-NH_2 交联的羧甲基甲酸木素提供了大量与 Pb^{2+} 和 Cu^{2+} 具有高度亲和力的活性位点;②多孔结构为吸附质的接触提供了较大的比表面积;③Fe_3O_4@SiO_2-NH-MFL 表面高负电荷($\zeta<-30mV$,当 pH=3~11 时)可加速金属离子在水溶液中向复合纳米颗粒表面的扩散和富集。

图 7.16 和图 7.17 分别为复合纳米颗粒对 Pb^{2+} 和 Cu^{2+} 的吸附等温线。随着金属离子浓度的增加,Fe_3O_4@SiO_2-NH-MFL 的吸附能力明显增加,当 Pb^{2+} 和 Cu^{2+} 的初始浓度分别超过 80mg/L 和 50mg/L 时,复合纳米颗粒对两种金属离子的吸附量

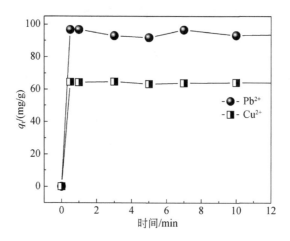

图 7.15　接触时间对 $Fe_3O_4@SiO_2$-NH-MFL 吸附 Pb^{2+} 和 Cu^{2+} 的影响[4]

达到平衡。$Fe_3O_4@SiO_2$-NH-MFL 对 Pb^{2+} 和 Cu^{2+} 的最大吸附量分别为 152.4mg/L 和 71.4mg/L。利用 Langmuir 模型和 Freundlich 模型对吸附等温线进行了拟合,如方程(7.1)和方程(7.2)所示:

$$q_e = q_m K_L C_e / (1 + K_L C_e) \tag{7.1}$$

$$q_e = K_F C_e^{1/n} \tag{7.2}$$

式中,$C_e(mg/L)$ 和 $q_e(mg/g)$ 分别为平衡时的金属离子浓度和吸附量。q_m 为金属离子的最大吸附量(mg/g)。K_L 是 Langmuir 吸附常数。K_F 是表示吸附量的 Freundlich 常数,n 是表示吸附强度的非均质性因子。

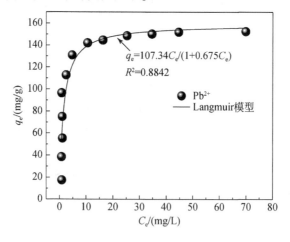

图 7.16　$Fe_3O_4@SiO_2$-NH-MFL 对 Pb^{2+} 的吸附等温线

及其相应的 Langmuir 等温线吸附模型[4]

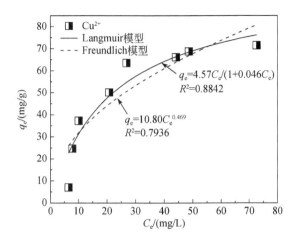

图 7.17 Fe₃O₄@SiO₂-NH-MFL 对 Cu²⁺的吸附等温线及

其相应的 Langmuir 和 Freundlich 等温线吸附模型[4]

如图 7.16 和 7.17 所示,Pb²⁺吸附的实验数据只能用 Langmuir 模型拟合,其相关系数为 0.842。对于 Cu²⁺吸附而言,利用 Freundlich 等温吸附模型拟合后的相关系数为 0.794,小于利用 Langmuir 模型拟合后的相关系数(R^2=0.884),说明复合纳米颗粒对 Cu²⁺吸附更适合利用 Langmuir 模型拟合。可以得出,Pb²⁺和 Cu²⁺均是以单层吸附的形式吸附到磁性复合纳米颗粒表面[36]。利用 Langmuir 模型拟和 Pb²⁺和 Cu²⁺的最大吸附量分别为 159.1mg/g 和 98.0mg/g。

复合纳米颗粒在吸附前后的 FT-IR 分析见图 7.18。吸附 Pb²⁺后,—OH 基团的伸缩振动从 3369cm⁻¹迁移到 3302cm⁻¹,表明吸附 Pb²⁺后具有较强的—OH 相互

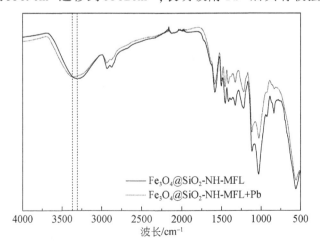

图 7.18 复合纳米颗粒 Fe₃O₄@SiO₂-NH-MFL 吸附 Pb²⁺离子前后的 FT-IR 光谱图[4]

作用,这可能是由于改性甲酸木素结构中的—OH 基团之间存在氢键所致。此外,吸附 Pb^{2+} 后,—COO^- 基团的 $C=O$ 伸缩振动吸收带由 $1712cm^{-1}$ 迁移至 $1706cm^{-1}$,且 $C=O$ 吸收带的相对强度降低。木素基磁性复合纳米颗粒具有丰富的表面官能团,包括—OH 和—COO^- 等,通过离子交换、络合和氢键作用,可以为重金属离子提供吸附活性位点。

采用 XPS 光谱对吸附前后的复合纳米颗粒进行了分析(图 7.19)。吸附金属离子后,Na 1s 峰的相对面积比由 2.0 下降到 1.2,且在吸附 Pb^{2+} 后的复合纳米颗粒样品的 XPS 谱中观察到了 Pb 的特征峰,表明—COONa 与 Pb^{2+} 发生了离子交换,从而引发对金属离子的吸附。利用高分辨 XPS 扫描分析了 $Fe_3O_4@SiO_2$-NH-MFL 吸附金属离子前后其表面的 C、O 元素的键合类型,见图 7.20(a)和(b)。在 286.06eV 处的 C 1s 峰值归因于 C—O,287.33eV 处的峰值归因于—COO^-。在吸附金属离子之后,C—O 信号在 285.89eV 处向较低的结合能方向迁移,这可能是由于 Pb^{2+} 与 C—OH 的相互作用引起的,而—COO^- 信号向较高的结合能方向迁移则源于 Pb^{2+} 与—COO^- 的键合[37]。如图 7.20(c)和(d)所示,复合纳米颗粒 $Fe_3O_4@$ SiO_2-NH-MFL 的 O 1s 光谱包含三个相互重叠的峰,包括 530.45eV 处的金属氧化物信号峰,532.77eV 处的—OH 信号峰,以及 534.90eV 处的—COO^- 信号峰。吸附金属离子后,由于 Pb^{2+} 与氧原子的相互作用,导致—OH 的峰从 532.77eV 迁移到 532.27eV,而—COO^- 信号的峰值由于电子密度的降低而向较高的结合能方向迁移。这些结果进一步证实了—OH 和—COO^- 对于复合纳米颗粒 $Fe_3O_4@SiO_2$-NH-MFL 在超快吸附过程中所起到的重要作用。

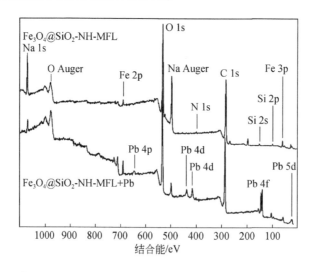

图 7.19　复合纳米颗粒 $Fe_3O_4@SiO_2$-NH-MFL 吸附 Pb^{2+} 离子前后 XPS 光谱图[4]

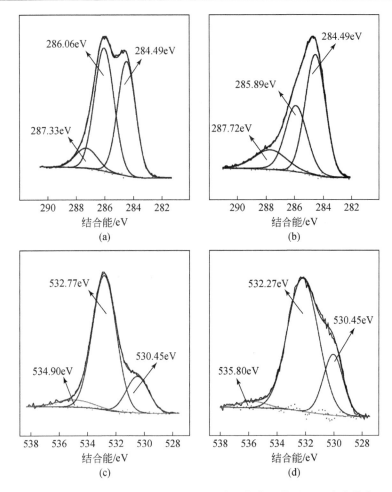

图 7.20 复合纳米颗粒 Fe₃O₄@SiO₂-NH-MFL 吸附 Pb²⁺ 离子前后 XPS 高分辨率 O 1s 光谱
图［(a)和(b)］和 XPS 高分辨率 C 1s 光谱图［(c)和(d)］

参 考 文 献

［1］秦梦华. 木质纤维素生物质精炼. 北京:科学出版社,2018.

［2］Nascimento D M,Nunes Y L,Figueirêdo M C,et al. Nanocellulose nanocomposite hydrogels:technological and environmental issues. Green Chemistry,2018,20(11):2428-2448.

［3］Zhang Y,Xu W,Wang X,et al. From biomass feedstock to nanomaterials:a green procedure for preparation of holistic bamboo multifunctional nanocomposites based on rapid- formic acid fractionation. ACS Sustainable Chemistry & Engineering,2019,7(7):6592-6600.

［4］Zhang Y,Ni S,Wang X,et al. Ultrafast adsorption of heavy metal ions onto functionalized lignin-based hybrid magnetic nanoparticles. Chemical Engineering Journal,2019,372:82-91.

［5］Zhang Y,Hou Q,Xu W,et al. Revealing the structure of bamboo lignin obtained by formic acid delignification at different pressure levels. Industrial Crops and Products,2017,108:864-871.

[6] Zhang Y,Hou Q,Fu Y,et al. One-step fractionation of the main components of bamboo by formic acid-based organosolv process under pressure. Journal of Wood Chemistry and Technology,2018, 38(3):170-182.

[7] Hambardzumyan A,Foulon L,Bercu N,et al. Organosolv lignin as natural grafting additive to improve the water resistance of films using cellulose nanocrystals. Chemical Engineering Journal, 2015,264:780-788.

[8] Gîlcă I-A,Popa V I. Study on biocidal properties of some nanoparticles based on epoxy lignin. Cellulose Chemistry and Technology,2013,47:3-4.

[9] Lu Q,Zhu M,Zu Y,et al. Comparative antioxidant activity of nanoscale lignin prepared by a supercritical antisolvent(SAS)process with non-nanoscale lignin. Food Chemistry,2012,135(1): 63-67.

[10] Frangville C,Rutkevičius M,Richter A P,et al. Fabrication of environmentally biodegradable lignin nanoparticles. ChemPhysChem,2012,13(18):4235-4243.

[11] Myint A A,Lee H W,Seo B,et al. One pot synthesis of environmentally friendly lignin nanoparticles with compressed liquid carbon dioxide as an antisolvent. Green Chemistry,2016, 18(7):2129-2146.

[12] Qian Y,Deng Y,Qiu X,et al. Formation of uniform colloidal spheres from lignin,a renewable resource recovered from pulping spent liquor. Green Chemistry,2014,16(4):2156-2163.

[13] Lievonen M,Valle-Delgado J J,Mattinen M-L,et al. A simple process for lignin nanoparticle preparation. Green Chemistry,2016,18(5):1416-1422.

[14] Gilca I A,Popa V I,Crestini C. Obtaining lignin nanoparticles by sonication. Ultrasonics Sonochemistry,2015,23:369-375.

[15] Nypelö T E,Carrillo C A,Rojas O J. Lignin supracolloids synthesized from (W/O) microemulsions:use in the interfacial stabilization of Pickering systems and organic carriers for silver metal. Soft Matter,2015,11(10):2046-2054.

[16] 张映红,路保平. 世界能源趋势预测及能源技术革命特征分析. 天然气工业,2015,35(10): 1-10.

[17] 中华人民共和国国家发展计划委员会基础产业发展司. 中国新能源与可再生能源 1999 白皮书. 北京:中国计划出版社,2000.

[18] Yeo J S,Lee J H,Hwang S H. Effects of lignin on the volume shrinkage and mechanical properties of a styrene/unsaturated polyester/lignin ternary composite system. Composites Part B Engineering, 2017,130:167-173.

[19] Ralph J,Lundquist K,Brunow G,et al. Lignins:natural polymers from oxidative coupling of 4-hydroxyphenyl-propanoids. Phytochemistry Reviews,2004,3:29-60.

[20] Chen F,Li J. Synthesis and structural characteristics of organic aerogels with different content of lignin. Advanced Materials Research,2010,113-116:1837-1840.

[21] Chatterjee S,Saito T. Lignin-derived advanced carbon materials. ChemSusChem,2016,8(23):

3941-3958.

[22] Kadla J F, Kubo S, Venditti R A, et al. Lignin-based carbon fibers for composite fiber applications. Carbon,2002,40(15):2913-2920.

[23] Thakur V K,Thakur M K,Raghavan P,et al. Progress in green polymer composites from lignin for multifunctional applications:a review. ACS Sustainable Chemistry & Engineering,2014,2(5): 1072-1092.

[24] Thielemans W,Can E,Morye S S,et al. Novel applications of lignin in composite materials. Journal of Applied Polymer Science,2010,83(2):323-331.

[25] Nair V,Panigrahy A,Vinu R. Development of novel chitosan-lignin composites for adsorption of dyes and metal ions from wastewater. Chemical Engineering Journal,2014,254(20):491-502.

[26] Simionescu C I,Rusan V,Macoveanu M M,et al. Lignin/epoxy composites. Composites Science & Technology,1993,48(93):317-323.

[27] Figueiredo P,Lintinen K,Kiriazis A,et al. In vitro evaluation of biodegradable lignin-based nanoparticles for drug delivery and enhanced antiproliferation effect in cancer cells. Biomaterials, 2017,121:97-108.

[28] Hambardzumyan A,Foulon L,Chabbert B,et al. Natural organic UV-absorbent coatings based on cellulose and lignin:designed effects on spectroscopic properties. Biomacromolecules, 2012, 13(12):4081-4088.

[29] Ma Y,Asaadi S,Johansson L S,et al. High-strength composite fibers from cellulose-lignin blends regenerated from ionic liquid solution. ChemSusChem,2015,8(23):4030-4039.

[30] Zhang S,Zhou Y,Nie W,et al. Preparation of Fe_3O_4/chitosan/poly(acrylic acid) composite particles and its application in adsorbing copper ion(Ⅱ). Cellulose,2012,19:2081-2091.

[31] Cheng F Y, Su C H, Yang Y S, et al. Characterization of aqueous dispersions of Fe_3O_4 nanoparticles and their biomedical applications. Biomaterials,2005,26:729-738.

[32] Li Z,Ge Y,Wan L. Fabrication of a green porous lignin-based sphere for the removal of lead ions from aqueous media. Journal of Hazardous Materials,2015,285:77-83.

[33] Moorthy M S,Seo D J,Song H J,et al. Magnetic mesoporous silica hybrid nanoparticles for highly selective boron adsorption. Journal of Materials Chemistry A,2013,1:12485-12496.

[34] Zong E,Huang G,Liu X,et al. A lignin-based nano-adsorbent for superfast and highly selective removal of phosphate. Journal of Materials Chemistry A,2018,6:9971-9983.

[35] Ren Y,Abbood H A,He F,et al. Magnetic EDTA-modified chitosan/SiO_2/Fe_3O_4 adsorbent:preparation, characterization, and application in heavy metal adsorption. Chemical Engineering Journal,2013,226:300-311.

[36] Huang W,Zhu Y,Tang J,et al. Lanthanum-doped orderedmesoporous hollow silica spheres as novel adsorbents for efficient phosphate removal. Journal of Materials Chemistry A, 2014, 2: 8839-8848.

[37] Zhang M,Song L,Jiang H,et al. Biomass based hydrogel as an adsorbent for the fast removal of heavy metal ions from aqueous solutions. Journal of Materials Chemistry A,2017,5:3434-3446.

第8章 纤维素的溶解与纳米纤维素材料

纤维素是地球上最丰富的生物质资源,是自然界中分布最广的生物高分子。纤维素主要由植物通过光合作用合成,全球每年能生产约 $7.5×10^{10}$ t 的纤维素,是自然界取之不尽、用之不竭的可再生资源[1]。进入 21 世纪以来,科学技术、工业生产和人类生活方式取得了飞速的发展,在带来巨大变革的同时,也伴随石油和煤炭等化石资源的日趋枯竭。而且,长期以来从石油化工获取能源燃料和化工产品的方式,也带来了日趋严重的环境问题。因此如何实现可持续发展,更好的开发利用可再生的资源,从中获取新能源和新材料,必然成为当前和今后的热门研究领域。木质纤维资源,是自然界最丰富的天然高分子材料,从木质纤维资源开发新概念的生物能源、生物基材料、生物基化工产品等,愈来愈受到世界主要工业化国家的关注和重视[2]。本章主要概述了纤维素的基本结构和性质、纤维素的溶解、纳晶纤维素的制备技术、纳晶纤维素的蒸发自组装性能及纳晶纤维素复合材料的制备。

8.1 纤维素的基本结构与性质

8.1.1 纤维素的结构

纤维素是由 10000 ~ 15000 个 D-吡喃葡萄糖环彼此以 β-1,4-D-糖苷键以 $^4C_1$ 椅式构象连接而成的线形高分子,化学分子式为 $(C_6H_{10}O_5)_n$,化学结构如图 8.1 所示。纤维素大分子具有两个末端葡萄糖基,其中一端有三个自由羟基和一个半缩醛羟基,半缩醛羟基可显示醛基性质,为还原性末端基;而另一端有四个自由羟基,为非还原性末端基。

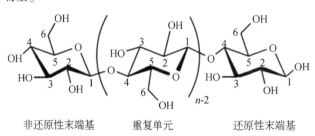

非还原性末端基　　　重复单元　　　还原性末端基

图 8.1 纤维素的化学结构

大约 36 根这样的纤维素分子链通过氢键组装起来,形成原细纤维(elementary fibrils);原细纤维组合起来,形成更大的微细纤维(microfibril),微细纤维和微细纤维周围含有半纤维素和木素,组装成我们所熟悉的纤维素纤维。纤维素纤维由向列有序的结晶区和向列无序的无定形区交错排列形成,它靠分子内和分子外的氢键以及分子间的范德瓦耳斯力来维持着本身的超分子结构和原纤的形态[3]。按照晶型结构可以将纤维素分为五类:Ⅰ~Ⅴ型。纤维素晶体在一定条件下可以转变成各种结晶变体。天然纤维素晶型为Ⅰ型,而Ⅱ~Ⅴ型均为人造纤维的晶型。

8.1.2 纤维素的性质

1. 纤维素的润胀和溶解性能

纤维素纤维的润胀分为两种,结晶区间的润胀和结晶区内的润胀[4]。结晶区间的润胀是指润胀剂只到达无定形区和结晶区的表面,纤维素的 X 射线衍射图不发生变化。对于结晶区内的润胀,润胀剂则占领了整个无定形区和结晶区,形成润胀化合物,产生新的结晶格子,原来的 X 射线衍射图消失,出现新的 X 射线衍射图。纤维素分子上的羟基是有极性的,因此纤维素润胀剂多是有极性的。一般来说,液体的极性越大,其润胀程度越大。各种碱溶液是纤维素良好的润胀剂,碱溶液中的金属离子以水合离子的形式存在,更容易进入结晶区。除此之外,磷酸、水和极性有机溶剂均可以作为纤维素的润胀剂。

纤维素分子内和分子间都存在氢键,分子质量较高,内聚力大,因此常温下纤维素既不溶于水和酒精、乙醚、丙酮和苯等一般的有机溶剂,也不溶于稀碱溶液中[5]。有关纤维素溶解的详细性能见 8.2 节。

2. 纤维素的化学反应性能

葡萄糖分子通过苷键连接成纤维素大分子链,纤维素中含有大量的自由羟基。苷键对不同的化学试剂稳定性不同,葡萄糖单元上的三个羟基活泼性相差很大,其中 C6 上的伯羟基空间位阻最小,因此其反应活性高于其他羟基。

纤维素在碱的作用下可以发生剥皮反应和碱性水解,引起糖苷键的断裂和聚合度的下降。剥皮反应是指在碱性条件下,纤维素上的还原性末端基一个个掉下来,使纤维素大分子逐渐降解的过程。单根纤维素分子链上大约损失 50 个葡萄糖单元,然后还原性末端基转化为偏变糖酸的稳定结构从而终止反应。碱性水解是碱在较高温度下,使糖苷键断裂,引起纤维素聚合度和纤维强度的下降。

纤维素酸水解包括浓酸水解和稀酸水解。浓酸水解是均相水解,使用浓硫酸或浓盐酸处理纤维素,反应以均匀的速度进行,使大分子的苷键断裂,聚合度降低,纤维强度降低。稀酸水解是多相反应,反应在两相中进行,酸对纤维素的作用首先发生在无定形区,然后进入晶区表面,因此反应速度开始较快,慢慢趋于稳定。在造纸过程中,多相酸水解多发生在酸性亚硫酸盐法制浆中,引起纤维素聚合度下降,从而使纸浆强度降低。

纤维素在氧化剂的作用下,游离羟基及还原性末端基被氧化为醛基、酮基及羧基。含有醛基和酮基的氧化纤维素被称为还原性氧化纤维素。含有羧基的氧化纤维素为酸性氧化纤维素。还原性氧化纤维素对碱不稳定,在碱中的溶解度增加,引起纤维素聚合度和强度的下降。

纤维素与有机酸或者无机酸反应,可生成纤维素酯衍生物。代表性的纤维素酯衍生物有磺酸酯、硝酸酯和醋酸酯等。碱性条件下,纤维素醇羟基与烷基卤代物或其他醚化剂反应,生成纤维素醚。

8.2　纤维素的溶解

8.2.1　纤维素的溶解

纤维素是陆生植物的骨架材料,与半纤维素、木素相互结合,形成具有复杂空间结构的超分子化合物,对植物细胞起支撑与保护作用。细胞壁中的纤维素分子呈规则排列,依靠纤维素链上羟基之间强烈的氢键作用,在微纤维轴上形成无数细长的棒状结晶区。结晶区之间则掺杂着作用较弱、排列较为松散的无定形区。一般来说,不同的纤维素来源,其结晶区与无定形区的比值也不尽相同,它们共同构成了纤维素聚集结构[6]。纤维素按照聚合度的不同可分为 α-纤维素(聚合度大于200)、β-纤维素(聚合度为 10~200)、γ-纤维素(聚合度小于 10)。按照晶型结构的不同又分为Ⅰ到Ⅴ型五类结晶变体。Ⅰ型是天然纤维素的晶型,又分为 I_α 型(三斜晶胞)和 I_β 型(单斜晶胞),而亚稳态结构的 I_α 型能转变成稳定结构的 I_β 型;其他的Ⅱ到Ⅴ型均为"人造纤维"的晶型。一定条件下,纤维素结晶变体之间可以发生从亚稳晶态到稳定晶态的转变。结晶区的纤维素分子具有整齐规则的排列,在X射线衍射图谱中呈现清晰的衍射峰,而无定形区的分子排列疏松不规则,无明显的衍射峰。对于结晶区的葡萄糖单元,其 2、3 和 6 位的羟基均已形成氢键,而在无定形区则含有较多的游离羟基。纤维素分子上的羟基具有结合极性溶剂的能力,导致纤维素发生溶胀。若溶胀仅发生在无定形区和结晶区表面,结晶区的有序排列未被破坏,其 X 射线衍射图不发生变化;如果润胀剂渗透到了结晶区内部,则 X射线衍射图谱会发生显著变化。

纤维素链中每个葡萄糖基环上有 3 个活泼羟基,可以发生一系列化学反应,这对于纤维素的化学利用具有重要意义。但是由于这些羟基可以形成分子内及分子间氢键,对纤维素链的形态和反应活性有很大的影响。特别是 C3 位的羟基参与形成的分子间氢键能使纤维素分子发生致密排列,并使纤维素化学反应的可及性变差。纤维素的溶胀会导致分子内与分子间的氢键作用减弱,随着溶胀程度增大,羟基的可及性增大,从而提高纤维素的反应活性。处于溶解状态的纤维素具有最大的反应可及性。总而言之,纤维素分子内和分子间的强烈氢键作用导致了纤维素的高结晶性,限制了溶剂分子对纤维素的可及性,也限制了纤维素的化学反应活性。纤维素在普通溶剂中很难溶解,这大大限制了纤维素的开发利用。因此,寻找纤维素的良溶剂,促进其溶胀和溶解作用,破坏纤维素分子内和分子间的氢键作用,增加纤维素的反应可及性是纤维素利用的挑战性问题。

当前纤维素的溶解可分为衍生溶解和直接溶解[7]。所谓衍生溶解,指的是纤维素与纤维素溶剂发生化学反应,通过生成纤维素衍生物来实现纤维素的溶解。直接溶解,则是纤维素溶剂依靠物理作用破坏纤维素分子内和分子间氢键,纤维素分子不发生任何化学变化。

1. 衍生化溶剂

主要的衍生化溶剂体系主要有:氢氧化钠/二硫化碳(CS_2/NaOH)体系、四氧化二氮/N,N-二甲基甲酰胺(N_2O_4/DMF)体系和多聚甲醛/二甲基亚砜体系(PF/DMSO)等。

1) NaOH/CS_2 体系

该体系用于溶解纤维素已有 100 多年的历史。其溶解机理是纤维素在强碱条件下生成碱纤维素,碱纤维素再进一步与 CS_2 反应得到在氢氧化钠溶液中可溶解的纤维素黄酸酯[8]。由于所得到的纤维素溶液黏度较大,因而得名"黏胶"[9]。纤维素黄酸酯在酸性条件下可水解再生出纤维素,此后人们利用该方法生产纤维素化学纤维,被称为"黏胶纤维"。在 NaOH/CS_2 体系中制备的纤维具有良好的物理性能和加工性能。但是在纤维的制备过程中能产生硫化氢气体,凝固浴中也需要加入硫酸锌,易造成严重的空气和水体污染。

2) 四氧化二氮/N,N-二甲基甲酰胺(N_2O_4/DMF)体系

N_2O_4/DMF 用以溶解纤维素的历史不是很长。一般认为其溶解机理是纤维素先与 N_2O_4 反应生成亚硝酸酯中间衍生物进而溶于 DMF 中,得到黄绿色的纤维素溶液。用乙醇、异丙醇的水溶液,或含 0.5% 的 H_2O_2 水溶液做凝固浴,可将纤维素再生出来。该体系溶解纤维素能耗小,溶解条件可控,但 N_2O_4 是危险品,且回收费用高,生产过程中的副产物也有分解爆炸的危险,因此该溶解体系没有得到广泛推广。

3) 多聚甲醛/二甲基亚砜(PF/DMSO)体系

PF/DMSO 体系用于溶解纤维素最早始于 20 世纪 60 年代,该体系对纤维素有极强的溶解能力,甚至可以溶解聚合度近 8000 的纤维素且无降解。其溶解机理为多聚甲醛受热分解生成甲醛,甲醛上的活性双键与纤维素的羟基发生亲核反应生成羟甲基纤维素,纤维素上的羟甲基能与 DMSO 缔合,利于纤维素的溶胀并利于与甲醛的继续反应。生成的羟甲基纤维素能够溶解在 DMSO 中[10]。因此,DMSO 有两个作用,既是纤维素的溶胀剂,又是生成的羟甲基纤维素的溶剂。该溶剂体系所用原料易得,溶解过程迅速,溶液黏度稳定。但也存在一些不足,例如聚甲醛毒性大、回收费用高等。

2. 非衍生化体系

常见的非衍生化体系有铜氨溶液、氯化锂/N,N-二甲基乙酰胺体系(LiCl-DMAC)、4-甲基吗啉-N-氧化物(NMMO)/水体系、离子液体体系、NaOH/尿素/水体系等。

1) 铜氨溶液

铜氨是氧化铜溶于氨水所形成的络合物,溶剂呈深蓝色。其溶解机理是铜氨离子能与纤维素羟基发生络合作用,破坏了纤维素之间的氢键作用[3]。纤维素在碱性铜氨溶液中溶解制成纺丝液后,铜氨纤维素分子在凝固浴中被化学物分解再生出来形成再生纤维素。铜氨纤维素湿强性、耐磨性、染色性均高于普通黏胶纤维。但铜氨溶液极易被空气中的氧所氧化,少量氧的存在下就能造成纤维素很大程度的降解。并且该溶解方法铜氨的消耗量较大,也很难完全回收,目前铜氨法主要用于纤维素聚合度的测试。

2) 氯化锂/N,N-二甲基乙酰胺体系(LiCl-DMAC)

LiCl/DMAC 体系对纤维素具有溶解作用,其机理是金属锂离子先在羰基和 DMAC 的氮原子之间发生络合,游离出的氯离子再与纤维素羟基中的氢原子形成氢键,破坏了纤维素分子内与分子间的氢键作用[5]。LiCl/DMAC 体系溶解纤维素时 LiCl 含量存在一个最佳值,当溶剂体系中 LiCl 含量为 10% 左右时,该体系才对纤维素具有溶解能力,此时纤维素(DP=550)的溶解度可达 16%。研究发现,溶解纤维素之前最好先将纤维素用 DMAC 润湿,然后在 165℃下用 N_2 处理 20～30min,再加入预计量的 LiCl,80℃连续搅拌,可实现纤维素的完全溶解。用这种方法可溶解较高分子量的纤维素。

LiCl-DMAC 体系稳定性好、溶解能力强、溶剂易回收、成膜迅速,在溶解纤维素的同时可溶解一些其他物质,因而可为纤维素的接枝共聚提供均相的环境,从而为绿色包装材料的开发提供了崭新的途径。但该溶剂体系中的 LiCl 价格昂贵,溶剂回收困难,且产品处理麻烦,近年来主要局限于实验室研究。

3) N-甲基吗啉-N-氧化物水溶液(NMMO/H₂O)

NMMO水溶液是近年来开发的纤维素新溶剂,有很好的溶解能力。研究表明,NMMO既可以与纤维素形成氢键也可以与水分子形成氢键,但相较而言更倾向和水分子结合。不含水的NMMO对纤维素的溶解性能最佳,但因NMMO熔化温度(184℃)过高,会导致纤维素和溶剂发生降解,因此一般采用NMMO的水溶液(13%)溶解纤维素[11]。

NMMO之所以溶解纤维素是因为与纤维素形成氢键从而破坏纤维素自身的氢键,为物理过程。NMMO的N→O键(键能高达222kJ/mol)是极性很强的官能团,氧原子能与纤维素内部的羟基形成1~2个氢键[5]。NMMO首先与纤维素的非结晶区发生作用,过量的NMMO将逐渐渗入纤维素的结晶区破坏纤维素的超分子结构,使纤维素彻底溶解。

近年来,NMMO被认为是最有前途的纤维素有机溶剂,溶解速度快,要求温度不高,不会导致纤维素的降解,并且制得的纤维素纤维与膜的力学性能很高。与传统黏胶法相比,NMMO法相对更简单,化学药品用量和生产能耗较低,溶解过程没有中间衍生物生成;并且NMMO的生化毒性是良性的,回收率较高,可达到99.5%~99.7%,不会对环境造成污染。因此,该方法是一种"绿色溶解方法"。然而,NMMO易被氧化,存在分解爆炸的危险,另外,合成NMMO的条件要求比较苛刻,且成本较高。

4) 离子液体体系

室温离子液体是一种绿色溶剂,具有优良的溶解性、强极性、不挥发、难氧化和对空气与水的稳定性而备受关注。常见的离子液体通常由烷基吡啶或双烷基咪唑季铵阳离子与四氟硼酸根、六氟磷酸根、硝酸根、卤素等阴离子组成。据文献报道,那些含有强氢键接受体阴离子(如Cl离子)的离子液体能够溶解纤维素,而含有配体型阴离子(如四氟硼酸根和六氟磷酸根)的离子液体则不能溶解纤维素。Zhang等[12]初步解释了纤维素在1-烯丙基-3-甲基咪唑盐酸盐([AMIM]Cl)中的溶解机理。他们认为在超临界温度以上,[AMIM]Cl会离解成[AMIM]⁺和Cl⁻。具有很强电负性的Cl⁻倾向于与纤维素羟基质子结合,而[AMIM]⁺则与羟基上具有电负性的氧结合,从而破坏纤维素间的氢键连接,实现纤维素的溶解。

离子液体作为一种新兴的溶剂体系,由于具有不挥发性和化学稳定性等优点而被视为"绿色溶剂体系"。然而,纤维素的溶解需要较长的时间,并需要在较高温度(70℃左右)或较高压力下进行,从而导致再生纤维素的热稳定性和结晶度降低[13]。

5) 碱/尿素/水体系

2003年,张俐娜等[14,15]申请了在预冷的碱/尿素/水体系中溶解纤维素的专利。据报道,碱/尿素/水体系能够溶解较高分子量的纤维素,该溶剂可在低温下(−12~−5℃)直接溶解天然纤维素得到100%溶解的透明溶液。该方法最显著的优势是原料无毒、便宜、工艺简单且溶解迅速。其溶解机理概括起来为,在低温下溶剂中的小分子和纤维素的大分子之间能通过氢键驱动自组装形成包合物,把纤维素分子带入水溶液中,形成透明的纤维素溶液。尿素分子很容易自组装形成包合物,如可以包合烷烃、醇、聚氧乙烯等。因为低温下的碱的水合物(LiOH 和NaOH 等)更容易与纤维素上的羟基缔合形成新的氢键,从而破坏了纤维素原有的分子内和分子间氢键,使得纤维素链呈现溶剂化状态。处于此溶剂化状态下的纤维素将从周围吸收大量水,形成过渡的润胀状态——凝胶。随后在低温下的该体系中,形成了以尿素为包合主体、以纤维素与碱的水合物为包合客体的管形包合物,并在低温下处于稳定状态。可见,尿素包合物的存在阻止了纤维素分子的自聚集,维持了整个溶解体系的稳定性[16]。

8.2.2 NaOH/尿素/水溶解体系中纤维素的再生薄膜

在低温 NaOH/尿素/水体系溶解纤维素的基础上,可采用一系列凝固浴将纤维素再生出来,制备再生纤维素薄膜。目前的凝固浴体系大多采用反应性的酸/盐体系,其中 5wt% H_2SO_4/Na_2SO_4凝固浴体系被认为再生性能最佳,再生纤维素膜具有较好的成膜性和较高的机械强度。但是在凝固过程中纤维素溶液中的 NaOH 与凝固浴中的 H_2SO_4发生了酸碱中和作用,酸碱均不能回收。另外,因为 NaOH 在空气中暴露,会吸收 CO_2生成 $NaHCO_3$或 Na_2CO_3,在后续的凝固成膜过程中遇到 H_2SO_4将导致再生纤维素膜中有 CO_2气泡产生,不可避免地影响再生纤维素膜的质量。除此之外,由于凝固过程中快速的酸碱中和反应会导致再生纤维素膜的快速析出,这会大大降低纤维素膜的尺寸稳定性。鉴于以上原因,我们选择了非反应体系,即利用丙酮/水混合溶液作为纤维素再生的凝固浴[17]。

1. 凝固浴对纤维素再生薄膜形态的影响

实验证明,丙酮/水的体积比($\varphi = V_{丙酮}/V_{水}$)对再生纤维素膜的形态有较大的影响(图8.2)。例如,从纯水($\varphi = 0$)中再生出来的纤维素膜,具有不规则的外形,表面粗糙起皱。当向水中加入少量丙酮($\varphi = 0.5$)后,发现纤维素膜的质量能得到极大提高。当 φ 增加到 2.0 时,会得到尺寸稳定、形状规则且表面光滑的膜。然而以纯丙酮($\varphi = \infty$)为凝固浴时,又会导致膜的尺寸稳定性下降。作为对比,如果以5wt% H_2SO_4/Na_2SO_4作为凝固浴,不仅纤维素膜的尺寸稳定性较差,并且膜中会包裹有大量气泡。

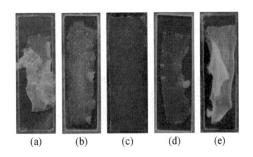

图 8.2　丙酮/水的体积比 φ 分别为 $\varphi=0$(a)、0.5(b)、2.0(c)和 ∞(d)时所获得的
纤维素湿膜照片,(e)为利用 5wt% H_2SO_4/Na_2SO_4 凝固浴制备的纤维素湿膜

　　用 X 射线衍射图谱(XRD)来测定再生纤维素的结晶性能,见图 8.3。天然纤维素(纤维素 I)在 22.6°(200)、16.4°(110)和 14.8°($\overline{110}$)存在典型的衍射峰。对于用丙酮/水混合溶液($\varphi=2.0$)凝固出来的纤维素薄膜,衍射峰分别出现在 21.6°(200)、19.9°(110)和 12.0°($\overline{110}$),这说明纤维素发生了从纤维素 I 到纤维素 II 晶型的转变。与天然纤维素相比,再生纤维素的结晶度发生了较大程度的下降(从82%降低到约66%)。此外,XRD 测试也证明了再生纤维素的结晶度与凝固浴的组成和 NaOH 是否存在无关。

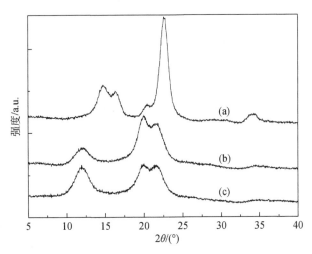

图 8.3　天然纤维素(a),凝固浴 $\varphi=2.0$ 时含有 NaOH 的再生纤维素(b)和 $\varphi=2.0$ 时
NaOH 被洗去的再生纤维素(c)的 XRD 图

2. 再生纤维素薄膜的微观结构

通过 TEM 和 SEM 的表征,证明不同 φ 值的丙酮/水凝固浴下再生出来的纤维

素膜具有不同的微观结构。由图 8.4 可以看出，随着 φ 值的不同，薄膜中析出的纤维素网络的孔径变化较为明显。其中，$\varphi = 2.0$ 时的膜具有较小的孔径尺寸。这可能是因为在该凝固浴中，纤维素分子凝固析出的微小纤维不易发生聚集。

图 8.4　φ 值分别为 0(a)、0.5(b)、2.0(c) 和 ∞(d) 的再生纤维素膜的 TEM 图

　　SEM 图（图 8.5）显示，$\varphi = 2.0$ 时再生制得的纤维素膜比其他 φ 值下的纤维素膜具有更加致密的排列。并且可以发现随着 φ 值增加，再生纤维素膜中的颗粒状团簇的尺寸减小。$\varphi = 2.0$ 时可以观察到纤维素排列的较为有序，然而，当以纯丙酮为凝固浴时，纤维状又变为颗粒状聚集体。显然，纯水中的纤维素分子更易聚集，这就导致成膜时薄膜更容易收缩从而影响成膜性。然而在 $\varphi = 2.0$ 的丙酮/水凝固浴中，纤维素包合物和凝固浴之间会形成短暂的相容性使得纤维素分子链处于较为伸展的状态。

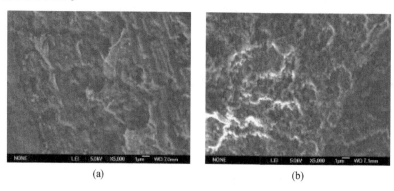

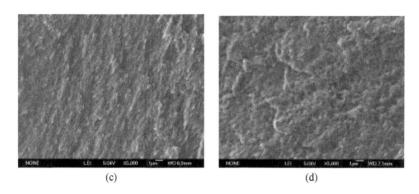

(c)　　　　　　　　　　　　　(d)

图 8.5　在 φ 值分别为 0(a)、0.5(b)、2.0(c) 和 ∞ (d) 的丙酮/水凝固
浴中形成的再生纤维素薄膜横断面的 SEM 图

由于微观结构的不同,再生纤维素膜具有不同的力学性能。图 8.6 表示了不同 φ 值下再生制得的纤维素膜的抗张强度(σ)和断裂伸长率(ε)。φ 值为 0.5 时得到的再生纤维素膜具有最低的抗张强度和最小的断裂伸长率。φ 为 2 时具有最大的抗张强度,φ 值为 ∞ 时具有最大的断裂伸长率。而在纯水中不能得到形状规则的膜。可以推断 φ 值为 2.0 时所成的薄膜具有最大的 ε 值,是由于在该凝固浴中纤维素链具有伸展的状态。对于 $\varphi=0$ 及 0.5 时的膜来说,聚集体颗粒较大,并且颗粒尺寸分布是多分散的,这会导致薄膜的均匀性降低,引起机械强度下降。从纯丙酮中再生出来的纤维素膜具有最大的抗张强度,这是由于在纯丙酮中的再生作用比较温和,形成的纤维素颗粒状聚集体分布比较均匀的原因。

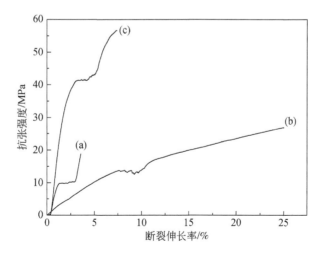

图 8.6　不同 φ 值 0.5(a)、2.0(b) 和 ∞ (c) 时再生纤维素膜的应力–应变曲线

8.2.3　利用 NaOH/尿素/水溶解体系制备纤维素有序高强薄膜

一般来说,由于纤维素分子内或分子间较强的氢键作用,使得溶解纤维素难以在水体系中形成有序结构。如果能够抑制溶解纤维素分子之间的氢键作用,阻止纤维素的快速絮凝析出,就有可能构建纤维素的有序结构。化学交联作用能够抑制溶解纤维素之间的强烈氢键作用。用此方法,从纤维素的溶解体系出发,可制备形貌不同的纤维素自组装结构(片状、纤维以及无序网络),并进一步利用纤维素片状结构制备出高强度的纤维素有序薄膜[18]。

1. 纤维素交联作用下的自组装

通过预冷的 NaOH/尿素/水溶解体系,可获得均相纤维素分子水溶液。但是此时纤维素水溶液的 pH 发生微小的变化都会导致纤维素的快速絮凝析出,只能得到杂乱无序的纤维素松散网络。即使采用凝固浴的方法,也只能在凝固过程中形成“无序”的凝胶,因而在随后的干燥过程中,也只能得到组织无序的纤维素。

抑制溶解纤维素分子无序絮聚的方法是首先采用甲叉双丙烯酰胺(BIS)来交联纤维素分子,使纤维素分子的位置相对固定,以此增强纤维素间的空间位阻效应,从而使无序絮聚得到控制。实验证明,当纤维素和 BIS 共存于 NaOH/尿素/水体系中时,BIS 粉末在 5h 内很快就会发生反应而消失,并观察到最初的液体分散体系最终转变成了类固体凝胶。这表明纤维素与 BIS 在 NaOH/尿素/水体系中发生了交联反应。

图 8.7 是纤维素溶解及交联反应示意图。天然纤维素首先在预冷的 NaOH/尿素水溶液中溶解,形成纤维素分子均相溶液,溶解的纤维素与 BIS 分子发生交联反应,形成纤维素的三维网络结构——凝胶(d);将该碱性凝胶浸泡至中性,经超声分散后获得纤维素微凝胶的稳定悬浮体系(e);该体系通过冷冻干燥进行缓慢脱水作用后发生自组装(a)。图中虚线方框表示的是交联后的纤维素凝胶中形成的微晶区。纤维素与 BIS 在 NaOH/尿素/水介质中的化学交联反应方程式如图(b)所示。纤维素交联后形成的凝胶具有双折射现象(d)。鉴于原有的大部分未溶解的纤维素微小晶体已经通过离心被除去,该双折射现象是由于化学交联后的溶解纤维素分子的重新结晶所形成的。经超声得到的纤维素微凝胶的悬浮液透明且均匀(e 左),放置足够长的时间都不会发生絮凝。而未改性的纤维素遇水稀释后很快就会絮凝析出(e 右)。因此,通过交联反应改性后的纤维素具有较强的空间位阻效应从而抑制了强烈的氢键作用。

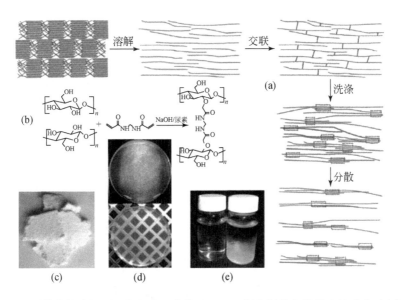

图 8.7　纤维素的溶解、交联、凝胶及分散过程:(a)制备纤维素微凝胶悬浮液示意图;
(b)纤维素与 BIS 在 NaOH/尿素/水介质中的交联反应方程式;(c)天然纤维素照片;
(d)通过交联反应制备的纤维素水凝胶及其偏光图片;(e)将纤维素水凝胶超声破碎
后得到的微凝胶悬浮液照片(左)以及溶解纤维素加水稀释后絮凝的照片

　　纤维素的交联程度可以通过控制 BIS 的加入量进行调控。随着交联度的增加制备了三种纤维素水凝胶样品,分别被标记为 H1、H2 和 H3,分别对应 BIS 的重量占比 r 分别为 0.375、0.473 和 0.545(表 8.1)。r 的计算式如下:

$$r = W_{BIS} / (W_{纤维素} + W_{BIS}) \tag{8.1}$$

式中,W_{BIS} 为体系中 BIS 的质量,$W_{纤维素}$ 为纤维素的质量。浸泡至中性的纤维素凝胶在适量水中超声分散得到纤维素微凝胶分散体系,其中含有的原始纤维素的质量分数为 0.2%。将大块纤维素凝胶和微凝胶分散体系样品分别进行缓慢冷冻干燥,最终得到纤维素自组装结构。对一系列具有不同交联度的纤维素凝胶冷冻干燥后的样品进行了 SEM 表征,结果如图 8.8 所示。

表 8.1　溶解纤维素自组装体的形态转变

凝胶样品	H1	H2	H3
重量占比/r	0.375	0.473	0.545
纤维素凝胶	片状	片状	片状
凝胶分散液	网络	网络+纤维	纤维

　　图 8.8 中(a)~(e)分别为不同交联度(r=0、0.2、0.375、0.473 和 0.545)纤维

素自组装体的 SEM 照片;图(f)~(h)分别为(c)~(e)的放大照片。从 SEM 照片中观察到,若没有 BIS 的交联作用,得到的纤维素聚集体是杂乱无章的网络形态[图8.8(a)],而加入少量 BIS 时就会诱导纤维素组装为相对有序的纤维状[图8.8(b)]。很明显在脱水过程中纤维素的交联度与纤维素呈现的组装形态密切相关。SEM 照片中随着 BIS 含量的增加,纤维素自组装结构从交织的纤维网络转变为片状结构。很明显,随着纤维素分子交联度的增加纤维素组装结构的有序程度随之增强。具有较大交联度($r=0.375$、0.473 和 0.545)的纤维素样品的形态相似,但是截面形貌有明显的不同。当 BIS 的量相对较少时[图8.8(f)]片状纤维素呈现出相对粗糙的截面,纤维素片状结构中含有一定的孔隙。而较多 BIS 时,纤维素片的截面变得较为均匀致密。

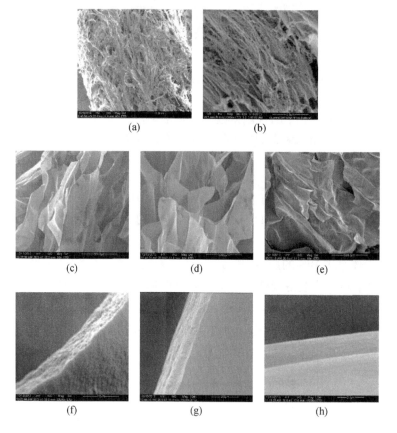

图8.8　纤维素凝胶自组装结构的 SEM 图:(a)~(e)中 BIS 的含量分别为
$r=0,0.2,0.375,0.473,0.545$;(f)~(h)分别为(c)~(e)的放大图

纤维素自组装结构的变化可能是由于纤维素结晶的不同所导致。图8.9是通过 BIS 交联后纤维素的 XRD 图谱,$r=0$ 表示的是天然纤维素的 XRD 图谱。可见,

与天然纤维素相比,交联 BIS 后的纤维素不仅其衍射峰发生了较大的偏移,衍射峰的强度也随着 BIS 含量的增加而逐渐下降。这是由于,一方面 BIS 消耗掉纤维素中的大量羟基导致纤维素的结晶遭到破坏;另一方面,较强的交联效应抑制了纤维素的结晶。虽然纤维素之间有交联作用,但是在干燥过程中仍具有较强的自组装性,形成较为完美的片状结构。通过对比实验可以看出对于不加 BIS 或者加入少量 BIS 的纤维素呈现的都是无序网络形态。

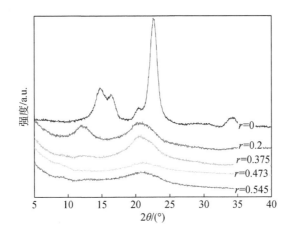

图 8.9　不同含量 BIS 交联的纤维素自组装结构的 XRD 图谱

　　除了纤维素的交联度以外,纤维素浓度也对自组装产生较大的影响。如图 8.10 所示为较低纤维素浓度时,具有不同交联度的纤维素微凝胶经冷冻干燥的 SEM 图。当纤维素具有较高交联度时倾向于自组装为具有较大长径比的纤维 [(c)和(d)];然而具有较低交联度时,只能得到一些无序破碎的片状纤维素 [(a)和(b)]。

　　图 8.11 为具有不同交联度的纤维素以及 BIS 粉末的红外光谱图。对 BIS 来说,在 1627 ~ 1658cm⁻¹ 可以观察到 C =C 的振动吸收峰。对于 BIS 交联的纤维素

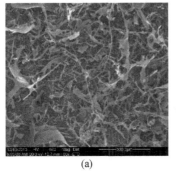

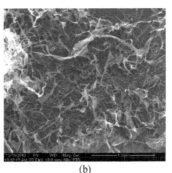

(a)　　　　　　　　　　　　　(b)

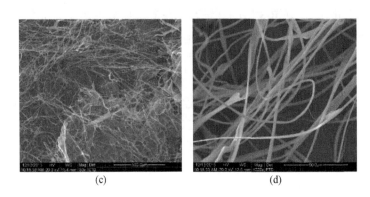

图 8.10　不同交联度的纤维素微凝胶悬浮液在低浓度时自组装的 SEM 图像,
(a)~(c)分别对应 H1、H2 和 H3 凝胶的悬浮液,(d)是(c)的放大图

来说 C ═C 的振动吸收峰消失。这表明 BIS 中的 C ═C 已经与纤维素发生了交联反应。随着 BIS 含量的增加,在 1545cm⁻¹ 处 N—H 的弯曲振动吸收峰逐渐增强,也表明 BIS 接枝到了纤维素分子上。接枝 BIS 后的纤维素在 897cm⁻¹ 处的特征峰 [β-(1-4)糖苷键的 C—O—C 伸缩振动峰] 基本上没有发生变化,表明纤维素链没有被破坏。然而 1430cm⁻¹ 处 CH₂—OH 的伸缩振动峰由于 BIS 的加入受到影响,该振动峰变得很弱以至于几乎观察不到,这是由于加入 BIS 后纤维素上 C-6 位上的伯羟基参与了反应。因此,纤维素和 BIS 之间的交联反应产生了两种效应。一方面,由于纤维素上 C-6 位上的伯羟基被大量消耗使纤维素间的氢键相互作用变得很弱,导致纤维素结晶度的下降;另一方面,由于纤维素分子间的氢键相互作用变弱,使得纤维素结构从最初无序的网络结构变为二维片状结构。

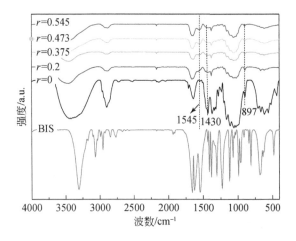

图 8.11　BIS 粉末和具有不同交联度的纤维素聚集体的红外谱图

2. 纤维素高强有序薄膜的制备

　　交联后的纤维素在蒸发的过程中可以形成片状结构,利用该特点通过压铸蒸发的方法制备了有序薄膜,其原理如图 8.12 所示。蒸发过程中将纤维素凝胶束缚于两个平行板之间,外加压力使纤维素片发生平行排列(a),形成类似于"砖石"的结构。从薄膜断面的 SEM 图中可以看到纤维素薄膜是由很多片层结构紧密堆叠而成。

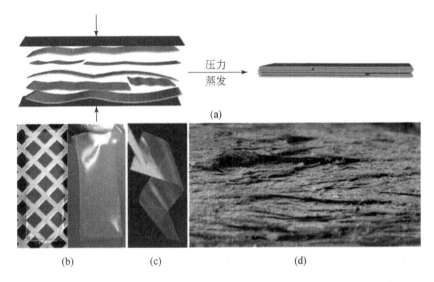

图 8.12　纤维素有序薄膜的制备:通过蒸发方法制备有序纤维素薄膜(a),采用模板法制备纤维素水凝胶(b),纤维素水凝胶通过蒸发得到的干燥纤维素薄膜(c),干燥纤维素薄膜的截面 SEM 图(d)

　　纤维素片状结构的堆叠有序性,预期其强度性质能得到一定程度的改善。图 8.13 为纤维素薄膜的应力-应变曲线,可以看出,当 r 从 0.375 增加到 0.473 的时候,拉伸强度(σ)从 60MPa 增加到 135MPa,断裂伸长率从 10% 增加到 25%,表现出较高的柔韧性。纤维素薄膜的拉伸强度与屈服应力都得到很大提高。纤维素薄膜的高拉伸强度是由密堆积的片状有序排列造成,同时由于平行的纤维素片之间可产生相对滑动,具有抵抗内部应力的效应,有序纤维素薄膜能获得较高的延展性和柔韧性。需要说明的是,纤维素薄膜强度的提高并不是由于与 BIS 之间的化学交联反应所造成。例如,当 r 增加到 0.545 时,相应薄膜的拉伸强度从 130MPa 降到 90MPa。尽管纤维素之间的化学交联程度提高,但是其强度反而降低。因此,BIS 的交联反应有助于构筑有序结构,但是并不能最终决定纤维素薄膜的强度性质。

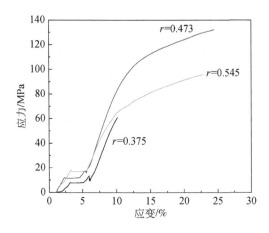

图 8.13　不同交联度的纤维素薄膜的应力应变曲线

纤维素经低温溶解以后,除了可以采用化学交联的方法提高纤维素薄膜的强度,也可以向溶解纤维素溶液中加入具有物理交联性质的颗粒,如锂皂石、硅酸镁锂等。这些颗粒能相对均匀的分散在纤维素的溶解体系中。通过选择合适的凝固浴(如丙酮/水混合溶液)将溶解纤维素凝固析出,再经过干燥以后,硅酸镁锂等颗粒可与纤维素形成稳定的纳米复合物。该方法也能大大提高纤维素薄膜的强度。薄膜强度提高的主要原因是硅酸镁锂等颗粒具有丰富的表面羟基,少量硅酸镁锂颗粒的加入对纤维素起到了均匀交联的作用,使纤维素内部结构变得更为致密。但是如果加入过量硅酸镁锂颗粒,会导致纤维素强烈聚集,其内部结构反而变得更松散,因此不利于纤维素复合薄膜强度的提高[19]。

8.3　纳米纤维素制备技术

纳米纤维素是指一维尺寸在纳米范围内的纤维材料。与无机纤维材料相比,作为一种有机纳米材料,纳米纤维素具有很多优点:密度低,来源于可再生原料,可生物降解,制备所需能耗低,可减少环境中的 CO_2 排放,高杨氏模量及较高的表面活性[20]。纳米纤维素具有纤维素的基本结构与性能,同时具有纳米颗粒的典型特性,其弹性模量高达 150GPa。巨大的比表面积、较高的杨氏模量、超强的吸附能力和高的反应活性,使纳米纤维素具有一些特有的光学性质、流变性能和机械性能。这些特性使得纳米纤维素具有广泛的应用价值,可以作为纳米复合材料中的增强材料[21],以及药品、食品、化妆品的高效添加剂。自从纳米微晶纤维素和纳米复合物的力学特性被发现之后,加之其来源于可再生纤维资源的优势,人们对于纳米纤维素的研究日趋活跃。如表 8.2 所示,根据其尺寸、功能、制备方法的不同,纳米纤维素可分为：纳米微晶纤维素（nanocellulose crystal，CNC）或者纳米纤维素晶须（cellulose nanowhisker，CNW）、纤维素纳米纤丝（cellulose nanofibril，CNF）及细菌纤维素（bacterial nanocellulose，BC）三大类[22]。

表 8.2　纳米纤维素的类型及来源

类型	来源	平均尺寸
CNC	木材、棉、大麻、亚麻、草类、背囊类纤维素、微晶纤维素粉等	宽度：5~70nm 长度：100nm~几个微米
CNF	木材、棉、大麻、亚麻、草类、背囊类纤维素、块茎、海藻类、细菌等	宽度：5~60nm 长度：几个微米
BC	糖、乙醇	宽度：5~70nm 长度：几个微米

8.3.1　纳米微晶纤维素的制备

纳米微晶纤维素又称为纳晶纤维素或纤维素纳米晶，是以纤维素纤维为原料，通过化学处理制备得到。常用的化学处理方法为酸水解。Nickerson 等[23]发现在一定浓度的酸中煮沸处理纤维素纤维一段时间，能够使纤维降解。受他们的启发，1950 年 Rånby 等用酸解的方法，从木浆和棉花纤维中制得了胶体粒子大小的纳米微晶纤维素悬浮液。采用透射电子显微镜（transmission electron microscope，TEM）观测悬浮液，显示了棒状纤维的存在，电子衍射分析也证实了棒状纤维与原本纤维有着相同的晶体结构。利用酸水解浆料制备 CNC，既能有效地破坏掉纤维素的无定形区，同时也能降低微晶纤维素的尺寸大小，还可以制出高结晶度的 CNC 产物[24]。

CNC 可以从多种原料如微晶纤维素（MCC）、斛果壳、棉花、木浆、被囊类动物纤维素和甜菜根浆中得到。最常用的制备 CNC 的方法是无机酸水解法，一般使用 64%（w/w）的硫酸对纤维素原料进行水解。盐酸和硫酸均可以水解纤维原料得到 CNC。硫酸水解得到的产物表面带有较多阴离子基团，更容易在水相中保持稳定，而盐酸水解产物则易于聚集。

1. 酸水解条件对 CNC 性能的影响

纤维素原料酸水解制备 CNC 主要取决于三种因素：温度、时间和无机酸的浓度。这三种因素不但影响得率，也会影响产物 CNC 的物理和机械性能。我们采用以下工艺制备了 CNC[25]：用粉碎机将漂白阔叶木浆粉碎，过 20 目筛。在一定温度下用 64%（w/w）的硫酸在一定的酸浆比下与 20g 绝干木浆混合，在机械搅拌作用下进行反应,反应一定时间后将悬浮液用去离子水稀释 10 倍以终止反应。产物用去离子水反复离心冲洗至 pH 大于 5.0。将离心后的沉淀物放入透析袋(截留分子量 12000~14000)中,用流动的去离子水透析若干天至恒定 pH。透析后的悬浮液用超声波振荡器在 60% 的输出下处理 10min,为避免产物因过热而聚集,处理需在冰水浴中进行。

经过一系列的处理,得到白色的能够稳定存在的 CNC 水悬浮液。大部分的纤维被硫酸水解为小分子的可溶性糖类物质,产物 CNC 的得率较低,产物 CNC 的得率和表观电荷密度如表 8.3 和表 8.4 所示。

表 8.3　不同处理时间下 CNC 的得率和表观电荷密度

时间/min	15	25	30	40	50
CNC 的得率/%	30.35	30.10	29.41	29.03	24.21
表观电荷密度/(μeq/g)	129.99	136.55	146.94	159.34	218.12

注:反应温度 45℃,酸浆比 8.5mL/g 绝干浆。

不同的处理时间下,产物 CNC 悬浮液的颜色由白色稍微有些加深,没有发生显著的变化。从表中的数据可以看出反应时间由 15min 延长至 50min,得率下降了 6.14%。用德国 Mutek 公司 PCD03PH 颗粒电荷测定仪测得产物 CNC 的表面带负电,这是由于纤维素与硫酸反应,使其表面带有—SO_3H,从而带负电荷。随着时间的延长,表观电荷密度随着处理时间的延长而增加了 88.13μeq/g,增加幅度较大。

表 8.4　不同反应温度下 CNC 的得率和表观电荷密度

温度/℃	40	45	50	55	60
CNC 的得率/%	30.31	29.41	30.20	30.00	27.90
表观电荷密度/(μeq/g)	141.03	146.94	176.00	210.92	279.90

注:时间 30min,酸浆比 8.5mL/g。

从图 8.14 可以明显地看出,不同反应温度下得到的 CNC 悬浮液,在常温下能够稳定存在。40℃得到的 CNC 悬浮液为白色[图 8.14(a)],随着温度的升高,产物的颜色逐渐加深。当温度达到 60℃时,CNC 悬浮液的颜色已经为灰黄色[图 8.14(b)]。从表 8.4 可以看出,温度升高 20℃,其得率下降了 2.41%,而相应的表面电荷密度增加了 138.87μeq/g,增加幅度较大,这说明温度对表面电荷密度的影响较大。

实验结果表明,采用不同的酸浆比进行水解,均能够得到稳定的 CNC 悬浮液。随着酸浆比的增加,产物的颜色明显加深。当酸浆比达到 11.5mL/g 时,产物的颜色接近淡灰色。如表 8.5 所示,酸浆比由 7.5mL/g 提高到 11.5mL/g,产物 CNC 的得率下降 10.24%,表观电荷密度升高 73.4μeq/g。这说明酸浆比对 CNC 的得率和其表面所带基团的量有着决定性的影响。

(a)　　　　　　　　　　　(b)

图 8.14　反应温度分别在 40℃(a)和 60℃(b)得到的 CNC 悬浮液

表 8.5　不同酸浆比下 CNC 的得率和表观电荷密度

酸浆比/(mL/g)	7.5	8.5	9.5	10.5	11.5
CNC 的得率/%	33.56	29.41	29.32	25.62	23.32
表观电荷密度/(μeq/g)	127.44	146.94	163.24	192.25	200.84

注：温度 45℃,反应时间 30min。

综上所述,反应过程中大部分的纤维被硫酸水解为小分子的可溶性糖类物质,CNC 的得率较低。采用不同的处理工艺,所的 CNC 得率在 23.32%～33.56% 之间,且随着反应条件的加强,纤维素被水解掉的部分增加,得率呈下降的趋势。由于纤维素被硫酸化,使其表面带有—SO_3H,从而带负电荷。随着处理条件的加强表面电荷密度逐渐增加。酸浆比对得率的影响最大,而温度对表观电荷密度的影响最强烈。CNC 表面有大量的强亲水性基团—SO_3H 和丰富的表面羟基,使其能够在水中稳定的存在。

2. CNC 的形貌观察

利用 AFM 对 CNC 的水悬浮液进行观察,不同处理时间和酸浆比下反应得到的 CNC 形貌如图 8.15 和图 8.16 所示。

从图中可以清晰地看出,硫酸水解处理后的产物为棒状晶体,这和相关文献报道一致[26]。在处理条件为 45℃,酸浆比为 8.5mL/g 绝干浆,水解 25min 和 30min 的 CNC 的粒径分别为 33.17nm 和 19.43nm,晶体尺寸随反应时间的增加而减小。这是因为反应时间增加后,更多的无定形区纤维被水解掉。从图 8.16(b)中可以看出,CNC 粒径随着酸浆比的增加而减小,当酸浆比达到 10.5mL/g 绝干浆时,CNC 的形状由长棒状变成了颗粒状。这可能是由于在酸浆比较大的条件下,硫酸和纤维的接触比较充分,无定形区的水解速度较快,晶型不够完美的晶区也发生了水解破裂,致使 CNC 的粒径极大的减小,形状也在剪切力的作用下成为粒状。

图 8.15　酸水解 25min(a) 和 30min(b) CNC 的 AFM 图(反应温度 45℃,酸浆比 8.5mL/g 绝干浆)

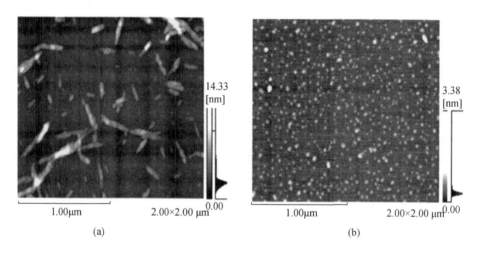

图 8.16　酸浆比 9.5mL/g(a) 和 10.5mL/g(b) CNC 的 AFM 图(温度 45℃,反应时间 30min)

3. CNC 的 X 射线衍射(XRD)分析

纤维素的结晶度是指纤维素构成的结晶区占纤维素整体的百分率,它反映了纤维素聚集时形成结晶的程度。用 64% 的硫酸在 45℃,酸浆比为 8.5mL/g 绝干浆,反应 30min 后,进行 10min 的超声波处理得到的 CNC 的 X 射线衍射图的峰形拟合。其中,CNC 在衍射角为 14°～18°、22.5° 和 34.5° 存在吸收峰,出峰位置和纤维素 I 的特征峰位置一致,说明产物 CNC 保持了纤维素 I 的晶形[27]。由分析可得 CNC 的结晶度数据如表 8.6 所示。阔叶木漂白硫酸盐浆的结晶度为 49.13%,经过酸水解处理后产物的结晶度均超过了 60%。这说明酸水解过程中,纤维素的无定形区和一些结晶不完全的区域被破坏,而晶区的微晶较多地保留了下来,从而使得 CNC 比天然纤维素以及漂白化学浆的结晶度都要高。

由表 8.6 可知,从 25min 开始逐渐延长反应时间至 40min,在同等处理条件下得到的 CNC 的结晶度从 85.37% 下降至 80.42%,这可能是由于达到一定的反应时间后,无定形区纤维素基本上被水解掉,继续延长反应时间将导致部分结晶不完美的晶区遭到破坏。表面—SO_3H 基团的增多,也是导致结晶度有所下降的一个原因。当反应温度由 40℃ 提高到 60℃,产物 CNC 的结晶度提高了 22.97%,结晶峰的强度提高,40℃时的峰形和出锋位置与 45℃ 和 60℃ 时相比略微有些变化,可见温度对水解过程的影响较大。酸浆比由 7.5mL/g 绝干浆提高至 11.5mL/g 绝干浆后结晶度上升了 21.16%,说明酸浆比对水解过程也有着显著的影响。

表 8.6　不同处理条件下得到 CNC 的结晶度

水解条件	结晶区面积	无定形区面积	结晶度/%
阔叶木 BKP	34444.74	35661.35	49.13
64wt%,45℃,25min,酸浆比8.5mL/g绝干浆	29702.19	5088.58	85.37
64wt%,45℃,30min 酸浆比8.5mL/g绝干浆	31420.52	7523.65	80.68
64wt%,45℃,40min 酸浆比8.5mL/g绝干浆	34287.4	8343.55	80.42
64wt%,40℃,30min 酸浆比8.5mL/g绝干浆	43190.81	24781.15	63.54
64wt%,60℃,30min 酸浆比8.5mL/g绝干浆	32239.69	5026.93	86.51
64wt%,45℃,30min 酸浆比7.5mL/g绝干浆	11241.9	6405.61	63.70
64wt%,45℃,30min 酸浆比11.5mL/g绝干浆	42949.88	7658.56	84.86

8.3.2　纳米纤维素纤丝的制备

在高温高压下对木质纤维进行适当的机械处理,在强剪切力切断纤维的同时发生细纤维化,由此可得到 CNF。相对于 CNC 来说,CNF 不仅有较大的尺寸分布范围及大的长径比,且含有纤维素的无定形区和结晶区,因此其柔韧性远大于CNC,从而获得了较好的弹性和抗冲击性。采用机械处理制备 CNF,不需施加大量化学品,对环境基本没有污染,但制备过程能耗较高(约 25000kWh/t)[28]。

　　研究表明,对原料进行预处理可以有效地降低能耗。当前,预处理方法通常可分为纤维素酶水解和2,2,6,6-四甲基-1-哌啶氧(TEMPO)体系氧化两种[29]。采用纤维素酶预处理浆料后能显著减少 CNF 制备过程中的能耗。研究发现[30],通过酶预处理可达到分解木质纤维的效果,在减小原料纤维长度的同时,增加了细小纤维的含量,并且得到了比强酸水解更均一的纳米纤丝产物。Pääkkö 等[31]通过内切葡聚糖酶预处理、强剪切力以及高压均质化的协同作用制备出了纤维素纳米纤丝,且将其与未进行预处理的纳米纤丝作对比,发现酶处理提高了木质纤维原料在水中的润胀程度,从而使机械处理变得更加容易。世界上第一个生产 CNF 的中试工厂(Lindström's Group from Innventia)就采用了酶预处理与机械处理相结合的方法,预示了这种方法广阔的工业化前景。

　　采用 TEMPO/NaBr/NaClO 体系或 4-乙酰氨基-TEMPO/NaClO/NaClO$_2$ 体系对纤维原料进行氧化,可以选择性地将纤维表面 C6 位伯醇基转化为羧基,而羧基的引入可以使后续的机械处理更加容易[32]。相较于使用高压均质机制备 CNF 的能耗(700～1400MJ/kg)来说,采用 TEMPO 氧化体系可显著降低能耗(7MJ/kg)[33],可制备出宽度较为均一的 CNF。一般是3～5nm,且长径比通常都高于50。大量羧基的引入可以有效提高产物的分散及稳定性能[34]。

1. TEMPO/NaBr/NaClO 体系氧化漂白阔叶木硫酸盐浆(BHKP)制备 CNF

　　利用 TEMPO/NaBr/NaClO 体系氧化漂白阔叶木硫酸盐浆可制备 CNF[35]。NaClO 用量对所得 CNF 羧基含量和氧化度的影响如图 8.17 所示。NaClO/Glu 比值在2～10之间时,随着比值的增加,CNF 的羧基含量和氧化度持续增加。NaClO 用

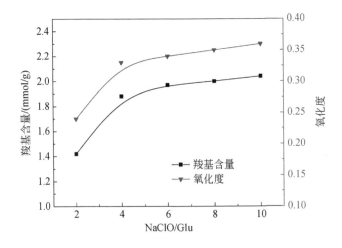

图 8.17　NaClO 用量对所得 CNF 羧基含量和氧化度的影响

量较小时,增加 NaClO 用量能显著地提高 CNF 的羧基含量和氧化度。当 NaClO/Glu 比值达到 6 时,羧基含量达到了 1.97mmol/g,氧化度达到了 0.34。之后,进一步增加 NaClO 用量对于反应的发生影响不大。

图 8.18 为 NaClO 用量对 CNF 的得率和 zeta 电位的影响。增加 NaClO 用量, CNF 得率会逐渐减小。当 NaClO/Glu 比值为 2 时,得率约为 68.3% ; 当 NaClO/Glu 比值达到 10 时,CNF 得率为 64.3% 。随着 NaClO 用量的增大,CNF 的 zeta 电位会一直降低。当 NaClO/Glu 比值为 2 时,所得 CNF 的 zeta 电位值为 - 33.6mV; NaClO/Glu 值增大到 10 时,CNF 的 zeta 电位降低到 -67.8mV。TEMPO 改性能选择性地将纤维素结构单元上的伯羟基氧化成为羧基,即在纤维表面引入了羧基。在弱碱性及 NaClO 参与的条件下,纤维素会发生自身降解,NaClO 用量的增加使纤维素自身的降解加剧,致使 CNF 得率进一步降低。增加 NaClO 用量,氧化生成的羧基逐渐增多,因此氧化度和羧基含量均会提高。随着 NaClO 用量的增加,氧化生成的羧基逐渐增多,表现为 zeta 电位的降低(以上 zeta 电位均为溶液 pH 为 7 时测定)。

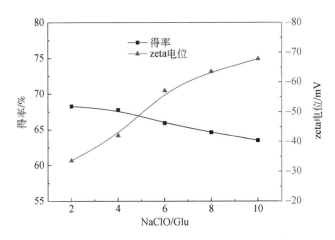

图 8.18　NaClO 用量对 CNF 的得率与 zeta 电位的影响

2. CNF 的 FT-IR 分析

不同 NaClO 用量下所得 CNF 的 FT-IR 谱图如图 8.19 所示。由图可以看出,原料 HBKP 和 TEMPO 氧化后所得 CNF 的出峰位置基本一样。CNF 在波数 1698.6cm⁻¹ 处出现了一个吸收峰,这个吸收峰是羧基的特征吸收峰,由此证实 TEMPO/NaBr/NaClO 氧化后在纳米纤维素表面引入了羧基。随着 NaClO 用量的增加,该峰的强度逐渐增加。

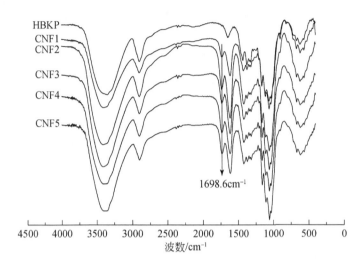

图 8.19　不同 NaClO 用量反应所得 CNF 的 FT-IR 谱图（CNF1、CNF2、CNF3、CNF4
和 CNF5 分别是 NaClO/Glu 比值为 2、4、6、8 和 10 所得的产物）

图 8.20 显示了不同 NaClO 用量下所得 CNF 的 X 射线衍射分析结果。原料
BHKP 及 CNF 在衍射角为 14°～16°、22.5° 和 34.5° 处的特征吸收峰表明，CNF 始终
保持着纤维素晶型 I，即 TEMPO 改性未曾改变纤维素的晶型。

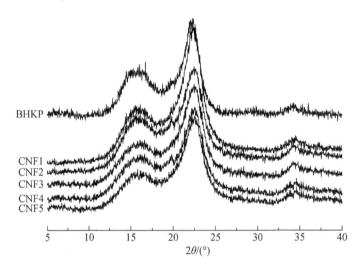

图 8.20　不同 NaClO 用量反应所得 CNF 的 XRD 图

从表 8.7 中可以看出，不同 NaClO 用量所得 CNF 的结晶指数会有所变化。
BHKP 的结晶指数为 56.8%，CNF 结晶指数则随着 NaClO 用量的增加呈现上升趋
势。当 NaClO/Glu 比值为 8 时，CNF4 的结晶指数为 80.9%；NaClO/Glu 比值增至

10 时,CNF5 的结晶度略微降低,为 80.1%。在弱碱性条件下,NaClO 会引起纤维素的降解,非结晶区逐渐被水解去除,因此表现为结晶指数的增加。

表 8.7 不同 NaClO 用量所得 CNF 样品的结晶指数

样品	HBKP	CNF1	CNF2	CNF3	CNF4	CNF5
结晶指数/%	56.8	67.7	72.3	77.3	81.7	80.9

3. CNF 形貌观察

不同 NaClO 用量反应所得 CNF 的 AFM 观察结果如图 8.21 所示。从上排的 AFM 图可以看出,随着 NaClO 用量的变化,CNF 的微观形貌也会发生变化。当 NaClO/Glu 比值分别为 2、4 和 6 时,得到的 CNF1、CNF2 和 CNF3 的形貌相似,纳米纤

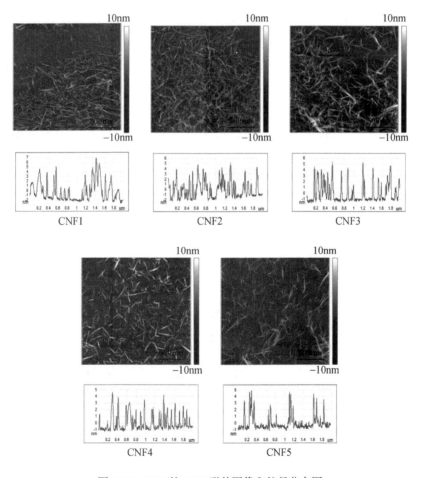

图 8.21 CNF 的 AFM 形貌图像和粒径分布图

维素之间存在明显的絮聚现象。NaClO 用量越大,CNF 的分散性越好。NaClO/Glu 比值达到 8 时,得到的 CNF4 拥有良好的分散性和较大的长径比。进一步将 NaClO/Glu 比值增至 10,所得 CNF5 的形貌与 CNF4 的形貌基本相同。从下排的粒径图可以看出,CNF1、CNF2 和 CNF3 的平均长度都在 250nm 左右,平均粒径约为 5nm。CNF4 和 CNF5 的平均长度约为 200nm,平均粒径在 3～5nm 之间。增加 NaClO 用量,纤维发生部分降解的程度则随着反应的进行有所提高,因此所得 CNF 的长度、粒径会逐渐减小。

8.4　纳晶纤维素的蒸发自组装性能

8.4.1　纳晶纤维素蒸发自组装形成的液晶相

　　液晶是介于液体和固体之间的物质状态。某些固体化合物(例如对偶氮苯甲醚、对戊基-p-氰基联苯等)当加热到某一温度时,并不会直接变成各向同性的液相,而是先转变为各向异性的中间液晶相[36,37]。该液晶相既表现出固态晶相的双折射性,又表现出液体的自由流动性。这类依赖加热而形成的液晶相被称为热致液晶。还有一类液晶相的形成取决于液晶成分在体相中的浓度。例如,烟草花叶病毒的悬浮液在达到临界浓度时从各向同性相转变为液晶相,这类液晶相被称作溶致液晶。

　　依据排列程度及排列方式的不同,液晶相又可分为向列相、近晶相、手性向列相等(图 8.22)。液晶相的构建单元具有多种不同的形状,包括棒状、盘状和板状等。基于 Onsager 的刚性高分子和胶体颗粒的排除体积效应[38],由棒状胶体颗粒

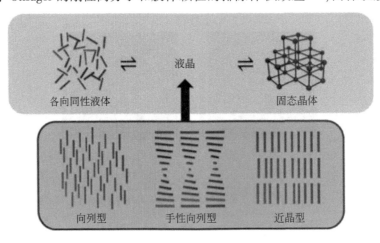

图 8.22　棒状液晶元在液晶相中排列的示意图

构成的分散体系,在颗粒浓度超过一定界限后会自发排列形成向列型液晶。因此,刚性棒状的纳晶纤维素随着其在溶剂中浓度的变化将表现为溶致液晶行为。

人们在早期发现了 CNC 分散液具有双折射现象,并发现将 CNC 分散液的溶剂完全蒸发后得到的固体薄膜仍然具有双折射现象。Revol 等[39]通过偏光显微镜(POM)和透射电子显微镜(TEM)观测了 CNC 在悬浮液和固体薄膜中形成的手性向列相结构。一般来说,极稀的 CNC 悬浮液会形成各向同性相;当 CNC 悬浮液达到某一临界浓度时(约 3wt%)会发生相分离,形成各向同性相和各向异性相的两相共存[40,41]。下部的各向异性相是由 CNC 自发聚集形成的尺寸较小的有序结构——球形或椭圆形的类晶团聚体,它是各向同性悬浮液和液晶相之间的过渡态[42]。Schütz 等[43]研究了各向同性相和各向异性相的分离过程,发现该过程受静置时间和悬浮液初始浓度的影响。在更长的相分离时间(约 91h)和更高的 CNC 浓度(≈ 4.5wt%)下,CNC 的悬浮液表现为完全各向异性的单相。利用小角 X 射线衍射(SAXS)技术推断 CNC 棒与棒之间在水中相距约 50nm 时,已经形成了具有手性向列相的中间结构。Wang 等[44]首次使用扫描电子显微镜(SEM)对类晶团聚体进行了表征。通过光聚合法捕获到类晶团聚体的形成过程,即通过紫外照射引发丙烯酰胺和 N,N-亚甲基双丙烯酰胺聚合形成水凝胶,以此来固定 CNC 在组装过程中的形貌,然后利用 SEM 观察类晶团聚体的结构,观测了类晶团聚体从融合长大到形成完整的手性向列相的过程。Dumanli 等[45]对类晶团聚体的形成机制进行了研究,提出 CNC 自组装形成手性向列相固态膜的过程可分为相分离与组装、动态组装停滞、成膜三个阶段(图 8.23)。在相分离过程中 CNC 悬浮液到达一定浓度(约 3wt%)形成了类晶团聚体(步骤 A),水的蒸发使 CNC 悬浮液继续浓缩,直到形成黏稠的凝胶态;在较高的 CNC 浓度(≈ 8wt%)下,会发生组装动力学停滞,从而降低类晶团聚体的迁移,手性向列相结构被锁定(步骤 B);当水完全蒸发后,形成具有手性向列相结构的彩虹色 CNC 固态膜(步骤 C)。Tran 等[46]的结果表明,自组装的中间阶段可视为类晶团聚体的退火。在此阶段延长蒸发时间,类晶团聚体会融合重组,可以采用这种方式来构筑较为完美的 CNC 手性向列相结构。

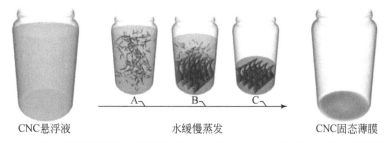

图 8.23　CNC 的自组装过程的示意图:相分离过程(≈ 3wt%)时,形成下部各向异性相(A);动态组装停滞(≈ 8wt%),手性向列相结构被锁定(B);水完全蒸发,形成彩虹色固态薄膜(C)

8.4.2 CNC 手性向列相结构的光学性质

CNC 形成的手性向列相结构具有重要的光学性质,即能够反射某一波长的圆偏振光从而具有产生结构色的能力。对 CNC 手性向列相结构进行 CD 光谱表征,检测到的反射光为正信号[47],表明该向列相结构为左旋手性,这是由于 CNC 的螺旋排列为左旋的缘故。当手性向列相的螺距在可见光波长的数量级时,CNC 膜显现出彩虹色反射。从本质上讲,CNC 手性向列相结构为一维光子晶体,根据布拉格方程($\lambda = np\sin\theta$),其反射光的波长取决于薄膜的平均折射率 n、螺旋间距 p 和入射角 θ[48]。

CNC 的手性向列相结构及结构色的调节一直备受关注。常用的方法是通过调节 CNC 自组装过程的环境因素来调控 CNC 薄膜的结构。例如,Dong 等[49]研究了 CNC 悬浮液中的离子强度对形成的 CNC 膜的影响,发现离子强度的增加会使薄膜的螺距减小。这是因为离子强度的增加会降低 CNC 晶棒之间的静电排斥作用。在另一项研究中,他们发现悬浮液中 CNC 的反离子对自组装影响极大,其中化合价较高的反离子能延迟 CNC 形成液晶相[50]。可见,悬浮液条件的改变会影响 CNC 的自组装。Dumanli 等[45]调控蒸发条件,即通过不同的相对湿度调控 CNC 薄膜,能够获得覆盖大部分可见光波长范围的 CNC 膜。每种湿度条件下,反射峰变化趋势都相似,最初的反射波长快速发生蓝移,随后由于组装的动态停滞而相对平稳,最后由于体系的完全失水导致反射波长又迅速蓝移。Tran 等[51]通过简单地改变 CNC 悬浮液的蒸发时间来获得图案化薄膜。在制备 CNC 膜时,悬浮液的缓慢蒸发导致薄膜发生蓝移。利用差时蒸发,可以设计具有不同蒸发程度梯度的 CNC 膜。此外,在 CNC 悬浮液干燥过程中,在顶部使用醋酸纤维素滤膜遮盖可产生高分辨率的图案。如果根据自组装的不同阶段使用遮罩遮盖,可以将图案从红色调整为蓝色。

8.4.3 纤维素溶剂调控的 CNC 手性向列相结构

1. NMMO 的溶解作用对 CNC 薄膜的影响

蒸发诱导的 CNC 自组装膜能反射可见光,如反射蓝色波长的光。分别用一种不同浓度的纤维素良溶剂,如 NMMO 溶液(5wt%、10wt%、15wt%、20wt%、25wt%和30wt%),在较低的温度(70℃)下处理相同的 CNC 膜,可得到一系列薄膜(相应分别标记为 N_5-CNC,N_{10}-CNC,…,N_{30}-CNC)。结果表明,CNC 膜的反射颜色随NMMO 浓度的变化而发生显著改变,从蓝色、靛蓝、绿色、黄色到红色。相应的偏光显微镜(POM)图像也显示出连续的颜色变化,并具有大理石状双折射纹理。这表明用 NMMO 处理后的薄膜仍保持手性向列相结构[52]。

紫外-可见(UV-vis)反射光谱和圆二色(CD)光谱也证明了薄膜的最大反射波长(λ_{max})随 NMMO 含量的逐渐增加发生红移。CD 光谱测得的 λ_{max} 与 UV-vis 光谱一致,表明薄膜的左手向列相结构是导致薄膜产生结构色的本质原因(图 8.24)。

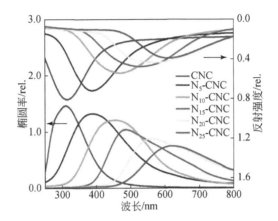

图 8.24　CNC 原始薄膜与 NMMO 处理后的薄膜($N_5 \sim N_{25}$-CNC)的 UV-vis 反射光谱和 CD 光谱

结晶度指数 Cr 可以通过如下公式,由 XRD 图谱中采集数据进行计算:

$$Cr = (I_{cr} - I_{am})/I_{cr} \tag{8.2}$$

式中,I_{cr} 是 I 型纤维素的结晶区在 22.6°位置的衍射强度;I_{am} 是 I 型纤维素的无定形区在 19°位置的衍射强度。由此,可根据薄膜的 XRD 光谱,确定 CNC 原始薄膜及各个 N_x-CNC 薄膜的结晶度,如表 8.8 所示。

表 8.8　I_{cr}、I_{am} 的值以及计算得出的 CNC 原始薄膜与 NMMO 处理后的薄膜的 Cr

	CNC	N_{10}-CNC	N_{15}-CNC	N_{20}-CNC	N_{25}-CNC	N_{30}-CNC
I_{cr}	10328	6554	6193	5197	3975	1154
I_{am}	441	583	742	1024	1117	493
Cr	95.7	91.1	88.0	79.9	71.9	36.8

由结晶度结果可知,随着 NMMO 浓度的增加,处理后得到的 N_x-CNC 薄膜的结晶度逐渐降低。对于 N_{30}-CNC 膜,Cr 已降低至很低的水平(36.8%),表明此时 CNC 处于高度溶胀状态。显然,对 CNC 膜进行后处理可使 NMMO 渗透到 CNC 的结晶区,破坏了纤维素分子内和分子间氢键,并使 CNC 发生膨胀,从而引起 CNC 之间距离的增加,伴随着手性向列相结构的螺距增加。从薄膜横截面的 SEM 照片也可以看出,NMMO 处理后的各 N_x-CNC 膜中的手性向列相结构都得以保留,其螺距随 NMMO 浓度的增加而增加(图 8.25)。但另一方面,由于 CNC 的溶胀以及

NMMO 的插入,会干扰其排列有序性,因此导致 UV-vis 光谱的反射强度和 CD 光谱的椭圆率降低。

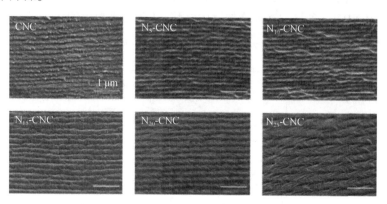

图 8.25　CNC 原始薄膜与 NMMO 处理后薄膜横断面的 SEM 图像(比例尺均为 1μm)

根据布拉格方程可得:

$$\lambda_{max} = pn_{ave} \tag{8.3}$$

式中,λ_{max} 是薄膜的最大反射波长,n_{ave} 是复合薄膜的平均折射率,p 是手性向列结构的螺距。可以得出,由 λ_{max} 反映的结构颜色取决于 n_{ave} 和 p 的共同影响。由于 NMMO 和水的折射率(分别为 1.43、1.33)均小于 CNC(1.50),N_x-CNC 膜的平均折射率将随着 NMMO 含量的增加而减少。可以推断 N_x-CNC 膜中 UV-vis 光谱的红移源自 p 的增加。

2. NMMO 处理后 CNC 薄膜的湿度响应性

CNC 膜中的 NMMO 可从空气环境中强烈地吸收水分子。H_2O 的引入/移除会引起 N_x-CNC 薄膜螺距的增大/减小,引起薄膜的结构色发生变化,从而产生湿度响应性。图 8.26 是三个不同 NMMO 浓度处理的薄膜($N_{5,10,20}$-CNC),在相同温度

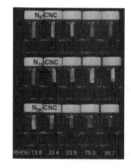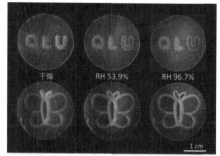

图 8.26　NMMO 处理后的 $N_{5,10,20}$-CNC 薄膜随 RH 变化的颜色响应性,
在 CNC 薄膜上用 NMMO 刻画一定的图案亦具有湿度响应性

下(20℃)及相对湿度变化下(RH,13.8%~96.7%)产生的颜色变化。可以看到,所有 NMMO 处理后的 CNC 薄膜颜色随着 RH 的增加而逐渐红移。NMMO 水溶液也可以被当做"墨水",在 CNC 薄膜上刻画图案。例如,采用三个不同浓度的 NMMO 溶液在 CNC 薄膜上刻画字母"QLU"和蝴蝶图案。由于不同的字母以及蝴蝶的不同部位分别采用了不同的 NMMO 浓度,在干燥的空气中显示出不同的颜色。当相对湿度发生改变时(分别为53.9%和96.7%),字母及蝴蝶的各个部位可以快速发生颜色变化。

8.4.4 纳晶纤维素为模板的手性向列相结构

纳晶纤维素具有蒸发诱导自组装(EISA)的特性,即在蒸发作用下形成具有手性向列结构的一维光子晶体,该结构成为制备有序功能材料的优良模板。例如,用 CNC 模板法可以合成具有手性向列相结构的二氧化硅、二氧化钛、树脂、碳材料,并能产生防伪、催化和色谱分离功能。一般条件下,CNC 自组装有序薄膜材料的脆性较大,极容易破裂,解决的办法主要是通过与有机高分子复合的方法提高其柔韧性。如将可溶性聚合物或树脂与 CNC 共组装形成复合薄膜,CNC 作为主要成分仍保留在薄膜中。另外,还可以将 CNC 作为牺牲模板除去,制备手性向列相有序多孔材料。后者不仅可以赋予光子材料更为优异的柔韧性,并且因其产生的孔隙还能呈现出某些特殊的功能应用。

1. 聚合物/石墨烯/纳晶纤维素复合薄膜

将乳胶(latex)、氧化石墨烯(GO)与 CNC 三者混合的水分散体系缓慢蒸发,三者共组装制备了三元复合薄膜(简称 LGC)。CNC 的蒸发自组装特性能诱导三元复合薄膜产生手性向列相结构(如图 8.27 所示)[53]。

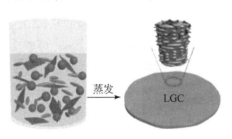

图 8.27 通过蒸发自组装的方法制备 LGC 复合薄膜的示意图

由于 LGC 薄膜具有手性向列相结构从而产生了漂亮的彩虹色。固定 LGC 薄膜中乳胶与 CNC 的含量而改变 GO 的含量,从薄膜上下两个表面的紫外–可见反射光谱上发现,不同 LGC 上下表面的反射峰(λ_{max})的位置发生变化(图 8.28),可以推断出 GO 的加入可能会影响薄膜的手性向列相结构。从 LGC 薄膜上下表面的反射强度上,可以看到其上表面的反射强度明显弱于下表面。该差异归因于 GO 从上到下在厚度方向上的不均匀分布。这可能是由于重力与熵效应导致 GO 更多地分布于上表面,因而对入射光产生了更强的吸收。另外,从紫外–可见反射光谱上,其上下表面的 λ_{max} 也具有明显差异,即同一薄膜上下表面的 λ_{max} 数值明显不同。对薄膜的上下表面进行拉曼光谱分析,在 1330cm^{-1} 和 1598cm^{-1} 处会分别出现两个特征峰,其分别对应于 GO 的无序碳(D 峰) 和有序碳(E_{2g} 振动模式, G 峰) 。从 D、G 的峰值强度上可以看出上表面高于下表面,说明 GO 较多地聚集在薄膜上层。

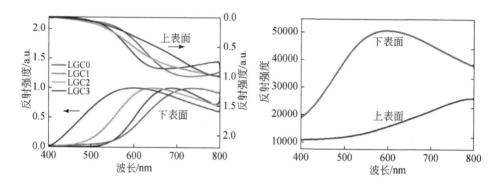

图 8.28　归一化的不同 LGC 上下表面的紫外–可见反射光谱(左) 及
未归一化的 LGC3 薄膜上下表面的紫外–可见反射光谱(右)

对 LGC 薄膜进行偏光显微镜(POM) 观察,可明显观测到大理石状纹理,这是手性向列相结构的典型特征。薄膜仅仅对左旋圆偏振光具有选择性反射的特性表明了其左旋的手性结构。用 SEM 观察 LGC 薄膜脆断后的断面结构,清晰观察到左旋的手性向列相(图 8.29) 。同时,发现 LGC 薄膜顶部、中部和底部三个区域的螺距从上到下逐渐减小,呈现梯度变化的特点。然而,对于没有 GO 掺杂的复合薄膜(LGC0) 其螺距从上到下的变化相对不甚明显,由此可以推断出 GO 的掺杂可以引起薄膜的螺距也产生梯度变化。

2. 纳晶纤维素为牺牲模板的聚合物/石墨烯有序薄膜

蒸发组装得到的 LGC 三元复合薄膜虽然表现出一定的光学性质,但是由于纳米纤维素的存在导致其柔韧性较差,并且没有展现出其他方面的功能应用。通过碱处理的方法(75℃温度下,用 16wt% 的 NaOH 溶液处理 10 ~ 12h,图 8.30) ,可以除去其中的纳晶纤维素,得到手性向列相结构的有序多孔 latex-GO 二元复合膜(简称为 LG) 。碱处理以后的 LG 薄膜在空气中干燥时,其尺寸会有一定收缩。因为

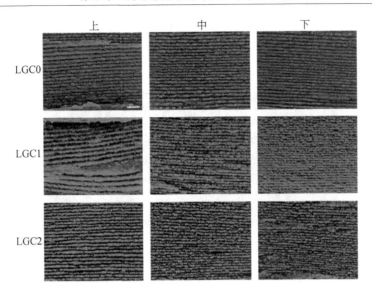

图 8.29　LGC0、LGC1 和 LGC2 的横断面上、中、下三个部位的 SEM 图

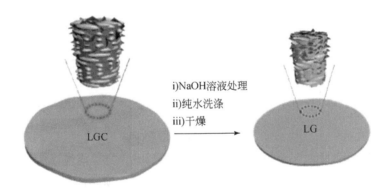

图 8.30　三元复合的 LGC 薄膜进行碱处理除去 CNC 以制备 LG 二元复合薄膜

CNC 的除去,XRD 图谱上的 CNC 的特征峰显著降低;FT-IR 图谱上归结于 1741cm⁻¹处的羰基振动峰也明显减弱。此外,由于 CNC 的去除也导致薄膜的柔韧性大大提高。

从实物照片上,LG 薄膜的上下表面的颜色对比极为明显,这是由于 CNC 的除去致使 GO 发生浓缩,导致薄膜上下两面的 GO 含量差异变得更为显著。除了从拉曼光谱的结果上可看出薄膜上下表面的 GO 特征峰强度的差异,通过 SEM 观测超临界 CO₂ 干燥的薄膜,也能发现薄膜的上层比下层含有较多的 GO 薄片。从图 8.31 的实物照片中可以观察到所有 LG 薄膜的上下表面都能反射彩虹色,这表明 CNC 除去后二元 LG 薄膜仍保持手性向列相结构。随 GO 浓度的增加,上下两面的颜色差异逐渐增大。对于 GO 含量较大的薄膜(LG3),其下表面呈现明显的彩虹色,但上表面由于含较多的 GO 呈现较黑的颜色。其紫外-可见光谱表明上表面随着 GO 含量的增加,薄膜的最大反射波长(λ_{max})逐渐发生红移;对于同一薄膜的上下表面,其 λ_{max} 存在明显的差异,意味着上下层的结构存在着一定差异。

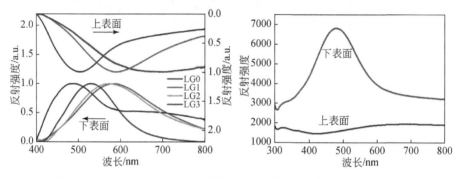

图 8.31　LG0、LG1、LG2、LG3 薄膜上下表面的照片及归一化的 UV-vis
反射光谱和典型的 LG3 薄膜未归一化的 UV-vis 反射光谱

通过对 LG 薄膜断裂面的 SEM 观察,可发现除去 CNC 模板以后,薄膜维持了原有的螺距梯度分布。图 8.32 给出了典型的 LG 薄膜横断面的 SEM 图像的三个

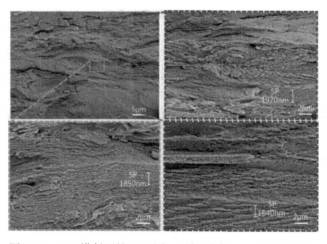

图 8.32　LG3 横断面的 SEM 图及顶部、中部、底部的放大照片

代表性区域(顶部、中部、底部)。可以看出三个部位都呈现典型的手性向列相结构,并且不同部位的螺距各有不同,从上到下呈逐渐降低的趋势,这可能是导致上下表面反射颜色不一致的本质原因。

3. 手性向列相聚合物/氧化石墨烯薄膜的响应性

LG 薄膜中 GO 含量的不对称分布导致薄膜的上下表面具有不同的润湿性。由于 GO 的存在以及碱处理后薄膜中残留的少量纤维素,使薄膜内部更加亲水。LG 薄膜浸入到水中以后,在较为短暂的时间内会迅速吸水膨胀。水吸收将导致薄膜的反射颜色发生红移,这源于吸水膨胀后手性向列相结构螺距的增加。若将其浸泡于常见的有机溶剂,包括甲醇、正丙醇、丙酮和 DMF,薄膜仅能产生轻微的颜色变化,表明 LG 薄膜对水的颜色响应性远远强于有机溶剂。LG 薄膜对水除了有快速的颜色响应之外,还伴随着发生快速的形状响应。例如,当条状的 LG 膜浸入到含不同比例的水/有机溶剂的混合溶液中时(如水/正丙醇),随着水含量的逐渐变化,该 LG 膜能产生不同程度的弯曲响应(图 8.33)。薄膜的弯曲程度取决于混合溶剂中的水含量,含水量越高,弯曲程度越高。与此同时,该薄膜的颜色随水含量逐渐向长波长方向变化。需要指出的是,薄膜的颜色和驱动响应只随着溶液中水含量的增加而变化,与有机溶剂基本没有关系。因此,利用此特性可以制备具有颜色/驱动双重响应的智能感应元件。需要指出的是,以 CNC 为模板制备响应性薄膜的方法具有普遍适用性。例如将乳胶换成其他不溶性树脂(如酚醛树脂),所制备的氧化石墨烯-不溶性树脂薄膜也具有类似的结构与性质[54]。

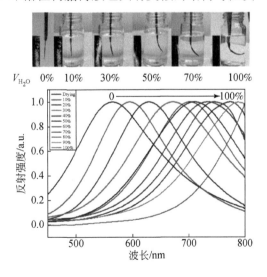

图 8.33　LG 薄膜在水/正丙醇混合溶液的驱动/颜色响应及 UV-vis 反射光谱

8.5　纳米纤维素复合材料的构建及应用

8.5.1　纳米微晶纤维素对纸浆的助留助滤及增强作用

作者采用在45℃下用64%(w/w)的硫酸水解30min制备的CNC(表观电荷密度$-146.94\mu eq/g$)进行实验,研究了其单独使用以及与CPAM、阳离子淀粉组成微粒助留体系对添加20%滑石粉的废新闻纸漂白脱墨浆的留着和滤水性能的影响[55]。

1. CNC对纸浆的助留助滤作用

实验结果表明,单独添加CNC可以提高纸浆中细小组分的留着率,但提高的幅度不大。在CNC的加入量大于0.6%时,细小组分的留着率几乎不再继续提高。添加CNC后纸浆的滤水速度下降明显。

与常规的单元与多元留着系统相比,微粒助留助滤体系可以显著提高纸浆的留着、滤水及纸页成形。CNC因其纳米范围内的粒径及较高的表面电荷密度,可以作为一种阴离子有机微粒用于纸料的助留助滤。利用CNC分别与阳离子聚丙烯酰胺(CPAM)、阳离子淀粉(CS)组成微粒体系,其对纸浆的留着及滤水的影响如图8.34所示。

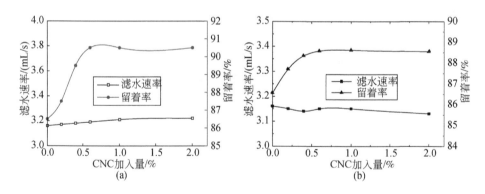

图8.34　CNC用量对废新闻纸漂白脱墨浆CPAM/CNC体系(a)和CS/CNC体系(b)滤水速率和留着率的影响

如图8.34所示,与单独使用CNC、CPAM及CS相比,两种微粒助留体系均对纸料有更高的留着率。保持CPAM和CS的用量一定,随着CNC用量的增加,体系的留着率增加。当CNC加入量为0.6%时,留着率达到最大,分别为90.5%和88.5%;继续提高CNC的加入量,留着率不再增加。随着微粒助留系统中CNC加入量的增加,细小组分的滤水速率变化不大。实验结果表明,以 CNC 作为阴离子有机微粒组成的 CPAM/CNC 和 CS/CNC 微粒助留体系可以显著提高纸料的留着率,同时不会引起滤水情况的恶化。

2. CNC 对纸浆的增强作用

纳米尺寸的 CNC 具有巨大的比表面积,表面有大量的羟基,因此可以增加浆料之间的氢键连接,从而提高纸浆的强度[56]。如前所述,CNC 作为有机微粒与 CPAM 和 CS 组成的微粒助留系可以显著提高浆料的留着,同时保持良好的滤水性能。这两种微粒体系对浆料强度性能的影响如图 8.35 所示。CPAM/CNC 和 CS/CNC 体系均可以提高浆料的强度性能,而且提高幅度高于单独使用时的幅度。强度的提高可能基于以下两个原因,首先,CPAM 和 CS 本身可以作为造纸过程中的增强剂提高浆料的强度;另外,当作为助留体系使用时,CNC 的留着率比单独使用时有所提高,从而提高浆料的强度。对于 CPAM/CNC 体系,浆料的裂断长随着 CNC 用量的增加而持续提高,用量为 2.5% 时达到最大,与对照样相比,提高了 15.7%。撕裂指数在 CNC 用量 0.02% 时达到最大($2.50\text{mN} \cdot \text{m}^2/\text{g}$,13.1%)。添加 CS/CNC 体系,浆料的强度高于 CPAM/CNC 体系。CNC 用量 0.02% 时,浆料的裂断长提高了 20%;CNC 用量 0.1% 时,撕裂指数可以提高 21%。

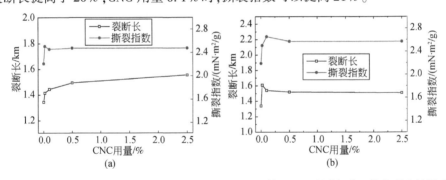

图 8.35　微粒助留 CPAM/CNC 体系(a)和 CS/CNC 体系(b)对漂白脱墨浆的强度的影响

8.5.2　纳米微晶纤维素基复合材料的制备及其作为吸附材料的应用

在化学工业,如纺织、塑料、造纸、印刷及食品等工业中,大约应用 10000 种以上的染料或颜料。被释放到水体中的染料会降低水的复氧能力,引起环境污染。重金属离子亦会给人类健康和环境带来危害。废水中的染料和重金属离子可以通过化学、物理及生物等方法去除。吸附是去除染料和重金属离子的最常用的方法,具有低成本、对毒性污染物不敏感、流程简单灵活等优点。近年来,纳米吸附剂因为具有较大的比表面积及丰富的吸附位点受到越来越多的关注。

1. 纳米微晶纤维素的氨基化改性及其对染料的吸附性能

首先采用 NaIO$_4$ 对纳米微晶纤维素进行氧化,得到二醛纳米纤维素(DANC)。然后利用席夫碱反应,将乙二胺接枝到 DANC 上,得到具有游离氨基的氨基纳米纤维素(ACNC)[57]。氨基化改性反应路线如图 8.36 所示。

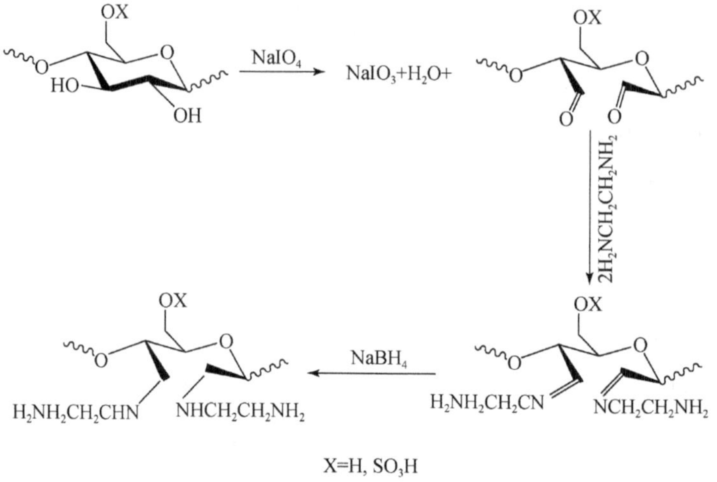

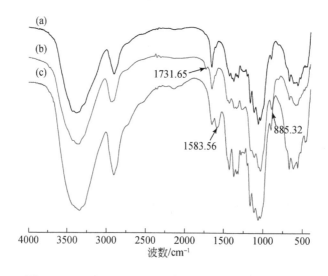

图 8.36　乙二胺改性纳米微晶纤维素的反应机理

图 8.37 为 CNC、DANC 及 ACNC 的红外光谱图。从图中可以看出,与 CNC 相比,DANC 在波长为 1730cm^{-1} 处出现了明显的吸收峰,说明在 DANC 中已经成功地

图 8.37　CNC(a)、DANC(b)和 ACNC(c)的红外光谱图

引入了醛基。与乙二胺反应后所得的 ACNC 在波长为 1730cm^{-1}处的吸收峰消失，表明乙二胺与 DANC 上的醛基发生了反应。1583.6cm^{-1}处出现明显的 N—H 的弯曲振动吸收峰，说明引入了氨基。

利用 AFM 对 CNC、DANC 及 ACNC 的表面形态和粒径分布进行表征，结果如图 8.38 所示。经 NaIO$_4$氧化得到的 DANC 和乙二胺改性后的 ACNC，较 CNC 的表面形貌没有发生明显变化，均为具有纳米尺寸的棒状晶体。经乙二胺改性后，ACNC 的分散性有所提高，可能是由于样品表面亲水性氨基的引入所致。经 NaIO$_4$氧化和乙二胺改性后，DANC 与 ACNC 的粒径均有所降低，由 5 ~ 10nm 降低为 3 ~ 8nm，这与 Sabzalian 等[58]的研究结果是一致的。

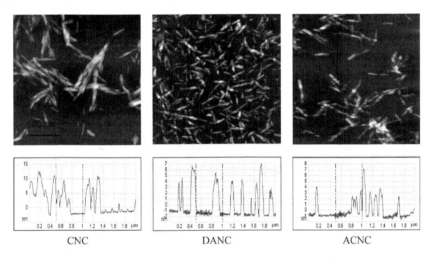

图 8.38　CNC、DANC 及 ACNC 的 AFM 及粒径分布图

利用 ACNC 对阴离子染料酸性大红 GR 进行吸附，并研究了其吸附行为。吸附等温方程通常被用来衡量吸附剂对吸附质的吸附性能，常用的是 Langmiur 和 Freundlich 吸附模型。Langmiur 吸附等温线是基于表面有限数量的吸附点的单层吸附，其线性公式为：

$$\frac{C_e}{q_e} = \frac{1}{q_{max} \cdot K_L} + \frac{C_e}{q_{max}} \tag{8.4}$$

式中，C_e为溶液中被吸附物质的平衡浓度，mg/L；q_e为单位质量的 ACNC 吸附量，mg/g；K_L为 Langmiur 吸附平衡常数，L/g；q_{max}为单层的最大吸附量，mg/g。

Freundlich 模型是一个经验方程，被用来解释非均相表面吸附和多层吸附，其线性公式为：

$$\log q_e = \log K_f + (1/n)\log C_e \tag{8.5}$$

式中，q_e和 C_e与 Langmiur 线性公式中的意义相同；K_f和 $1/n$ 为 Freundlich 常数。

采用此两种模型,分析了 ACNC 对酸性大红 GR 的吸附。图 8.39 为 ACNC 对酸性大红 GR 的 Langmiur 吸附等温线图。其较高的相关系数($R^2 = 0.995$)表明该模型与实验值具有较好的相关性。Freundlich 模型的相关系数($R^2 = 0.882$)较小,表明在测定染料浓度范围内的研究符合单层吸附的 Langmiur 模型。理论最大吸附量(555.6mg/g)与实验值(516.1mg/g)具有较高的一致性。

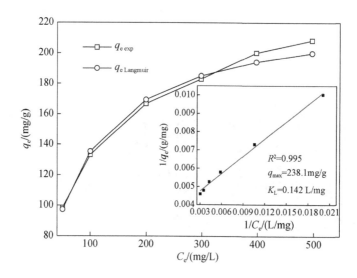

图 8.39　ACNC 对酸性大红 GR 的 Langmuir 吸附等温线(吸附剂用量 0.5g/L,$t = 7$h)

2. 纳米纤维素/两性聚乙烯胺纳米复合微凝胶的制备及其对阴离子染料的吸附去除作用

聚乙烯胺(polvinylamine,PVAm)是目前存在的氨基含量最高的化合物,因此对阴离子染料具有很好的吸附性能。但聚乙烯胺的水溶性限制了其在吸附中的应用。利用聚乙烯胺对纳米纤维素进行改性,可以获得游离氨基含量高的吸附剂。采用两步法制备了纳米纤维素/两性聚乙烯胺纳米复合微凝胶。首先,利用高碘酸钠对纳米微晶纤维素进行氧化,获得双醛纳米纤维素;双醛纳米纤维素接与两性聚乙烯胺进行交联,得到具有高游离氨基含量的纳米复合微凝胶(CNC-PVAm)[59]。反应路线如图 8.40 所示。

CNC、DANC、PVAm 和 CNC-PVAm 微凝胶的红外光谱如图 8.41 所示。从图中可以看出,与 CNC 的光谱相比,DANC 的谱图中在 1730cm⁻¹ 处出现了 C=O 的伸缩振动吸收峰,说明 CNC 分子链上的羟基被部分氧化成醛基,成功制备出 DANC。在 PVAm 的谱图中,3425cm⁻¹ 和 3244cm⁻¹ 处对应的是伯胺中 N—H 的两个特征谱带,1593cm⁻¹ 处为 N—H 的弯曲振动峰。CNC-PVAm 微凝胶的谱图中,在 1640cm⁻¹

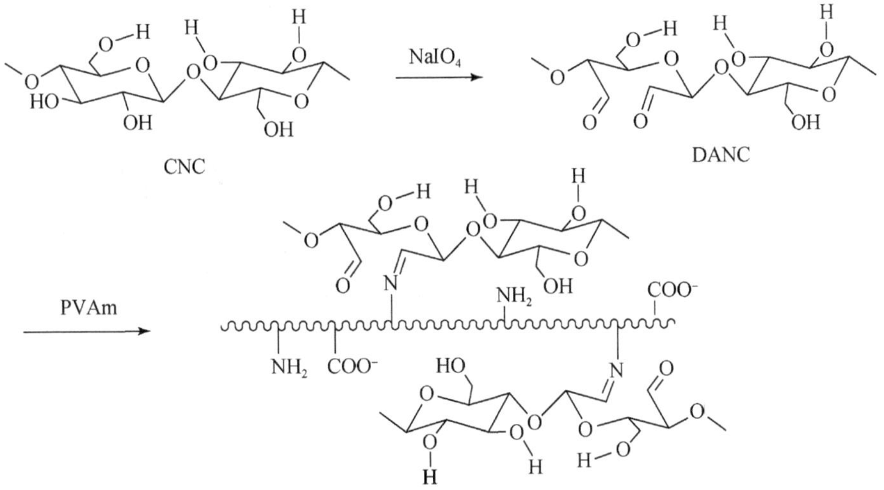

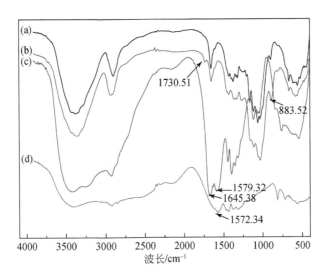

图 8.40　双醛纳米纤维素接枝聚乙烯胺的反应机理

图 8.41　样品 CNC(a)、DANC(b)、PVAm(c)和 CNC-PVAm(d)的红外光谱图

处出现新的吸收带,对应于 C=N 的伸缩振动,同时 1730cm^{-1} 处的吸收峰消失,说明 DANC 和 PVAm 发生席夫碱反应,成功制备出 CNC-PVAm 微凝胶。

利用 AFM 对 CNC、DANC 和 CNC-PVAm 微凝胶的表面形貌进行观测,结果如图 8.42 所示。由图中可以看出,CNC 和 DANC 的表面形态基本一致,都是粒径在纳米范围内的棒状结构,说明氧化并没有显著影响纳米纤维素的表面形态。氧化后的纳米晶须粒径略有下降,这与 Sun 等[60]的研究结果一致。他们也发现高碘酸盐氧化后的纳米纤维素纤维直径减小。CNC-PVAm 微凝胶的表面形态与 CNC 和

DANC 完全不同,CNC-PVAm 是由粒径为 200～300nm 的微球颗粒组成。这也进一步证明了 DANC 和 PVAm 通过席夫碱反应成功交联,制备得到 CNC-PVAm 微凝胶。

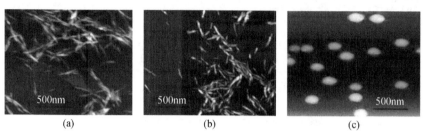

| (a) | (b) | (c) |

图 8.42　CNC(a)、DANC(b)和 CNC-PVAm(c)样品的 AFM 图

以 CNC-PVAm 微凝胶作为吸附剂吸附水体中不同类型的阴离子染料,包括赛马士德大红、刚果红和活性嫩黄,研究了其对阴离子染料的吸附作用。吸附等温方程描述的是吸附达到平衡时,吸附质的吸附平衡浓度与吸附剂吸附量之间的相互关系。经常用到的吸附等温模型有 Langmuir 模型、Freundlich 模型和 Sips 模型。CNC-PVAm 微凝胶吸附三种阴离子染料所对应的 Langmuir、Freundlich 和 Sips 吸附等温线拟合参数列于表 8.9。从图 8.42 和表 8.9 中可以看出,CNC-PVAm 微凝胶对三种阴离子染料的 Sips 吸附等温方程的相关系数 R^2 均大于 0.97。比较计算得到的理论吸附量和实验数值 $q_{e\,exp}$,Sips 吸附等温线的 q_s 值与实验数值更接近,说明 CNC-PVAm 微凝胶对三种阴离子染料的吸附过程更符合 Sips 吸附等温线方程。与其他两种染料相比,微凝胶对刚果红染料的吸附性能最好。Wawrzkiewicz 等[61] 用混合的硅铝氧化物吸附去除阴离子染料,观察到了相似的趋势。

表 8.9　Langmuir、Freundlich 和 Sips 吸附等温方程拟合参数

	阴离子染料	赛马士德大红染料	刚果红染料	活性嫩黄染料
Langmuir	$q_m/(\mathrm{mg/g})$	873.8	1619.9	1210.6
	$K_L/(\mathrm{L/g})$	0.0305	0.210	0.0462
	R^2	0.92	0.96	0.80
Freundlich	$K_F/(\mathrm{mg/g})$	120.3	267.3	237.1
	n	2.91	1.78	3.82
	R^2	0.985	0.770	0.974
Sips	q_s	877.3	1491.6	1152.6
	$K_s/(\mathrm{mL/mg})$	0.039	0.130	0.053
	m	0.426	1.520	0.310
	R^2	0.984	0.995	0.978
	$q_{e\,exp}/(\mathrm{mg/g})$	896.1	1469.7	1250.9

3. 纳米微晶纤维素/单宁微凝胶的制备及其对水体中重金属离子的吸附

植物单宁是一种普遍分布于植物体中,富含多元酚的水溶性天然化合物,其分子量大多介于 500 ~ 3000 之间,产量仅次于纤维素、半纤维素和木素。植物单宁因其表面含有的大量酚羟基,有利于对其进行化学改性,引入新的功能基团,扩宽其应用领域。单宁可以与许多重金属离子发生表面螯合,用于除去废水中的重金属离子。但单宁的水溶性限制了其在水处理中的应用,因此需要将其固载在各类基体上,如明胶[62]、胶原纤维[63]和介孔 SiO₂[64] 等。

利用高碘酸盐与纳米微晶纤维素反应,生成双醛纳米纤维素;通过醛基与单宁分子之间的共价交联,将单宁锚固在纳米纤维素上,制备得到单宁含量高且可控的纳米纤维素/单宁微凝胶(TCNC)[65]。反应机理如图 8.43 所示。

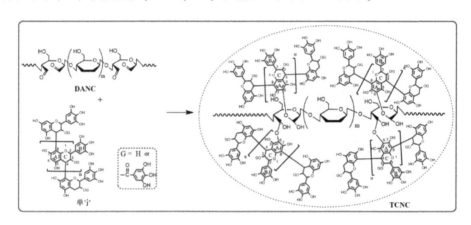

图 8.43　双醛纳米纤维素/单宁微凝胶制备机理

图 8.44 为 DANC、单宁和 TCNC 的红外光谱图。1730cm⁻¹ 处的吸收峰为 C═O 伸展振动峰,说明 CNC 分子链上的—OH 被高碘酸盐氧化为醛基。该峰在 TCNC 的谱图上消失,说明 DANC 成功与单宁发生了反应。黑荆树单宁谱图上,1615cm⁻¹ 和 1450cm⁻¹ 分别为苯环中 C═C 的对称和非对称伸展振动峰,1520cm⁻¹ 为苯环的面内变形振动峰。这些特征峰均在 TCNC 谱图中出现,进一步说明 DANC 与单宁发生了反应。

图 8.45 为 CNC、DANC 和 TCNC 的 AFM 图谱。由图中可以看出,CNC 与 DANC 均为尺寸在纳米范围内的棒状结构,氧化后纳米纤维素粒径略有下降。TCNC 的形貌与 CNC 和 DANC 相比截然不同,为粒径100 ~ 400nm 的椭球体。这进一步证实了双醛纳米纤维素与单宁之间发生了反应。反应过程中,DANC 起到了交联剂和载体的双重作用。

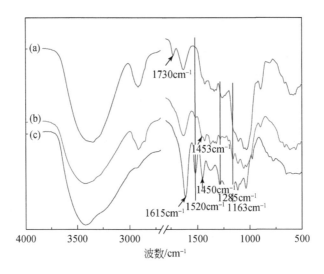

图 8.44　DANC(a)、黑荆树单宁(b)和 TCNC(c)的红外光谱图

图 8.45　CNC、DANC 和 TCNC 的 AFM 图

　　利用该微凝胶对水体中的 Cu(Ⅱ)、Pb(Ⅱ)和 Cr(Ⅵ)进行了吸附实验,首先研究了 pH 对吸附性能的影响。TCNC 在不同 pH 下对 Cu(Ⅱ)、Pb(Ⅱ)、Cr(Ⅵ)离子的吸附容量如图 8.46 所示。从图中可以看出,TCNC 对 Cu(Ⅱ)和 Pb(Ⅱ)的吸附容量随着 pH 的增加而增加,当 pH 为 6 时,吸附容量达到最大。这是因为在酸性条件下,TCNC 表面的酚羟基被质子化,随着 pH 的增大,质子化程度降低,TCNC 表面的酚羟基解离程度加大,与 Cu(Ⅱ)、Pb(Ⅱ)之间的静电斥力也逐渐降低,从而利于其与 Cu(Ⅱ)、Pb(Ⅱ)的络合。而 TCNC 对 Cr(Ⅵ)的吸附容量随着 pH 的变小而增加,在 pH 2 环境下,吸附容量最大。这是因为纳米纤维素接枝的单宁分子链上的邻位酚羟基的还原性较强,对 Cr(Ⅵ)的吸附是先将 Cr(Ⅵ)还原成 Cr(Ⅲ)[11],然后进行吸附,属于氧化还原吸附。而 Cr(Ⅵ)在不同 pH 下,离子存在形式不同,其氧化性也不同。当 pH 4 以下时,Cr(Ⅵ)主要以 HCrO$_4^-$ 形式存在,氧化性最强。所

以在低 pH 时,TCNC 对 Cr(Ⅵ)的还原能力增强,有利于将 Cr(Ⅵ)还原成为 Cr^{3+},而 Cr^{3+}不仅可以与单宁上的酚羟基络合,还可以与单宁经氧化形成的羧基结合,从而有利于 TCNC 对 Cr(Ⅵ)吸附的进行。综合以上实验结果,Cu(Ⅱ)和 Pb(Ⅱ)的最佳吸附 pH 为 6,而 Cr(Ⅵ)的最佳吸附 pH 为 2。

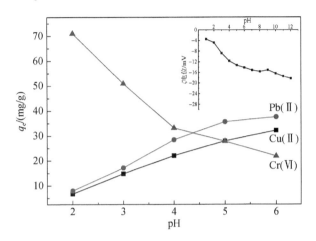

图 8.46　pH 对 TCNC 吸附性能的影响(重金属离子浓度 50mg/L,TCNC 用量 0.5g/L;内图为不同 pH 下 TCNC 的 ζ 电位)

　　根据三种离子的 Langmuir、Fruendlich 及 Sips 吸附等温方程模拟曲线,相应的参数计算值列于表 8.10。从表中可以看出,对于 Cu(Ⅱ)和 Pb(Ⅱ),其吸附过程更适合用 Langmuir 和 Sips 方程描述,相关系数 R^2 均大于 0.97,而 Freundlich 方程模拟的相关系数分别为 0.95 和 0.89。实验得到的 $q_{e\,exp}$ 分别为 46.140mg/g 和 49.530mg/g,利用 Sips 模型计算得到的吸附容量 q_s 分别为 51.846mg/g 和 53.371mg/g,而利用 Langmuir 模型计算得到的 52.773mg/g 和 55.599mg/g,因此 Sips 模型更适合描述 Cu(Ⅱ)和 Pb(Ⅱ)的吸附行为。TCNC 对 Pb(Ⅱ)的吸附容量高于 Cu(Ⅱ),这与 Sengil 和 Ozacar 的研究结果一致[66]。橡碗单宁树脂(valonia tannin resin)对 Pb(Ⅱ)、Cu(Ⅱ)和 Zn(Ⅱ)竞争吸附行为的研究发现,相比于 Cu(Ⅱ)和 Zn(Ⅱ),单宁树脂对 Pb(Ⅱ)有更高的亲和性。Sips 模型更适合描述 TCNC 对 Cr(Ⅵ)的吸附行为,相关系数 R^2 为 0.982。计算得到的 q_s 为 104.592mg/g,与实验得到的吸附容量 103.259mg/g 相近。利用 Freundlich 方程模拟得到的相关系数为 0.976,也可以较为准确地描述其吸附行为。对于 Freundlich 模型,当系数 n 在 1~10 范围内时,表明该吸附行为是一种优惠吸附行为。当 Sips 模型中 K_s 趋近于 0 时,Sips 模型则遵循 Freundlich 模型。从表中可以看出 K_s 值为 $1.031×10^{-7}$,因此 TCNC 对 Cr(Ⅵ)的吸附亦遵循 Freundlich 模型。

表 8.10　吸附的 Langmuir、Fruendlich 及 Sips 等温方程拟合参数

		Cu(II)	Pb(II)	Cr(VI)
Langmuir	R^2	0.985	0.974	0.679
	$q_m/(mg/g)$	52.773	55.599	94.875
	$K_L/(L/g)$	0.0566	0.0739	0.464
Freundlich	R^2	0.960	0.893	0.976
	$K_F/(mg/g)$	13.265	17.440	46.477
	n	0.267	0.227	5.655
Sips	R^2	0.986	0.974	0.982
	$q_s/(mg/g)$	51.846	53.371	104.592
	$K_s/(mL/mg)$	0.0861	0.0492	$1.031×10^{-7}$
	m	0.806	1.166	0.191
$q_{e\,exp}/(mg/g)$		46.140	49.530	103.259

8.5.3　纳米纤维素/纳米银复合物的制备及纸张的抗菌性能

无机纳米银抗菌剂的生产成为一门新兴产业,具有十分重要的现实意义。它在诸多领域具有广阔和潜在的应用前景。如医用敷料、牙科材料、涂层不锈钢材料和水处理等。这些小颗粒非常容易团聚并因此而失去其特有的性能。为了解决这一难题,在银纳米粒子的合成过程中需加入稳定剂。最常用的制备纳米银粒子的方法是还原法,常用的还原剂包括水合肼、硼氢化钠、三乙醇胺、二甲基甲酰胺等,而这些还原剂大多是有毒的[67]。因此,有必要探索无毒、绿色的制备纳米银粒子的新方法。

对 CNC 其进行高碘酸盐氧化,在 C2—C3 位上引入醛基得到双醛纳米纤维素;采用双醛纳米纤维素与硝酸银溶液进行反应,得到纳米纤维素–纳米银(NC- AgNPs)复合材料。反应过程中,双醛纳米纤维素既作为还原剂,制备了纳米银粒子,同时作为稳定剂,保持了纳米银粒子的稳定,避免其絮聚[68]。制备机理如图 8.47 所示。

利用双醛纳米纤维素还原硝酸银,调节体系的 pH 分别为 5、7 及 11。不同 pH 条件制备的复合物紫外–可见光谱图及外观颜色如图 8.48 所示。比较不同 pH 条件下制备得到的复合物溶液,发现在不同 pH 条件下添加硝酸银的醛基纳米纤维素体系颜色发生了变化。随着 pH 的升高,所制备得到的纳米纤维素–银复合物颜色逐渐加深,从浅棕色转变到深棕色。在相同的 pH 下,随着反应时间的延长,所得复合物的颜色也逐渐加深。相比于 pH 为 5 和 7,pH 为 11 时的颜色变化速度更明显,表明溶液体系为碱性时具有较高的反应速率,而在酸性条件下银纳米粒子的生成速率较低。

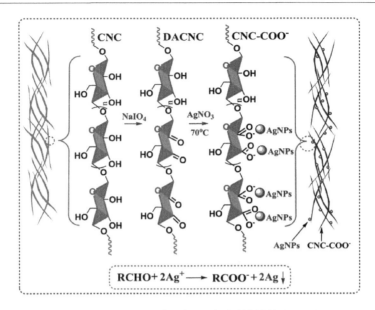

图 8.47　纳米纤维素–纳米银复合材料制备机理图

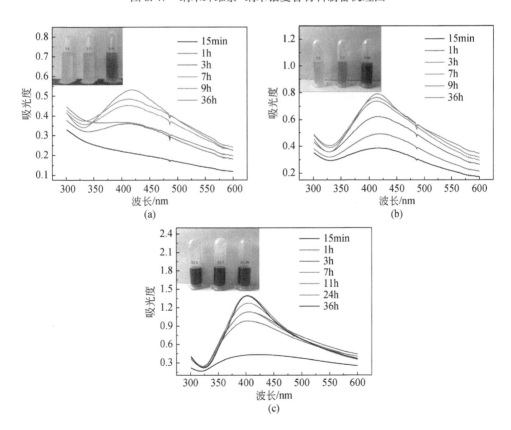

图 8.48　在 pH 5(a)、pH 7(b)和 pH 11(c)条件下获得的 NC-AgNP 的紫外–可见光谱图及外观

在 pH 5 时,波长 417nm 附近处出现了一个较强的吸收峰,属于纳米银的等离子共振吸收峰,表明在醛基纳米纤维素的还原作用以及分散稳定作用下,硝酸银被还原成单质状态的纳米银。pH 为 7 时,该吸收峰在 414nm 处,而 pH 为 11 时,等离子共振吸收峰在 402nm 处,随着 pH 的升高吸收峰向左发生蓝移。杜蕙等[69]曾在文献中探讨了吸收峰与颗粒粒径的关系,颗粒长大吸收峰发生红移,反之则蓝移。本实验中吸收峰随 pH 的升高而蓝移,表明纳米银的粒径随 pH 的升高而减小。从图中可以看出,反应 36h 时,pH 为 5 的等离子共振吸收峰强度为 0.5;pH 为 7 时,等离子共振吸收峰强度为 0.8;而 pH 为 11 时,等离子共振吸收峰强度为 1.4。这些数据表明,随着反应体系 pH 的升高,所生成纳米银的含量增加。

图 8.49(a) ~ (c)为纳米纤维素–纳米银复合物的 TEM 图。纳米纤维素与TEM 观察时样品的支架对比度很低,因此图片中只能清晰地看到纳米银粒子。可以看出,得到的纳米银粒子为球形,尺寸从几纳米到 30nm。pH 11 时得到的纳米银粒子粒径最小。TEM 观察前,样品经过了超声处理,因此可以证明纳米银粒子与纳米纤维素稳定地结合在一起。图 8.49(d)为 NC-AgNPs-11 的 SEM 图,同样可以看出球形纳米银粒子均匀分布在纳米纤维素基质中。能量色散 X 射线(EDX)分析[图 8.49(e)]可以看出,复合物中存在 C、O 及 Ag 元素,进一步证明了样品中纳米纤维素和纳米银的共存。

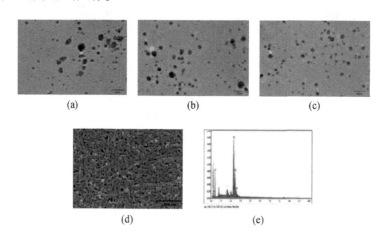

图 8.49　NC-AgNPs-5(a)、NC-AgNPs-7(b)和 NC-AgNPs-11(c)复合物的 TEM 图,
NC-AgNPs-11 的 SEM 图(d)及 NC-AgNPs-11 的 EDX 分析(e)

采用抑菌圈法测定了复合材料对大肠杆菌和金黄色葡萄球菌的抗菌性能。抑菌圈大小与复合物中的银纳米粒子的均一性和载银量有关,抑菌圈越大表示抗菌性越强。图 8.50(a)是抗菌测试所用菌种为大肠杆菌,pH 为 5、7、11 时反应 36h 得到复合物产生的抑菌圈。复合物产生的抑菌圈大小分别为 0.2cm、0.5cm 和

0.7cm,NC-AgNPs-11 的抑菌作用最强。中间白色圈为双醛纳米纤维素,从图中可以看出双醛纳米纤维素在培养皿中无抑菌圈,说明单独醛基纳米纤维素对大肠杆菌的繁殖没有抑制作用。图 8.50(b)是抗菌测试所用菌种为金黄色葡萄球菌时复合材料的抑菌圈。双醛纳米纤维素对金黄色葡萄球菌亦无抑菌性,pH 分别为 5、7 及 11 时产生的抑菌圈大小不同,分别为 0.4cm、0.6cm 和 0.8cm。实验结果表明,对于大肠杆菌和金黄色葡萄球菌,均是 pH 较高时得到的复合物具有较高的抑菌作用。由前面的分析可知,随着 pH 的升高,复合物中 Ag 含量升高,因此抑菌作用增强。抑菌圈大小还与银颗粒粒径有关,粒径越小,其抗菌性能越高[70]。随着纳米银粒径的降低,银粒子比表面积增加,有利于其释放,从而促进其杀灭溶液中的细菌。随着 pH 的增大,所制备的纳米银粒子尺寸减小,因此抑菌作用增强。

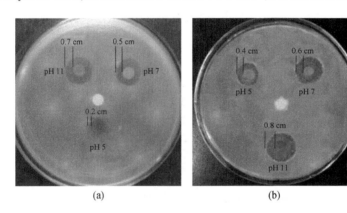

图 8.50　NC-AgNPs 复合物对大肠杆菌(a)和金黄色葡萄球菌(b)的抑菌圈

　　将制备的纳米纤维素–银复合材料添加到纸浆中,可以抄制成具有抗菌性能的纸张。由于纳米纤维素的高强度特性,还可能会给纸张带来一些强度方面的优良性能。由前面的实验结果可知,纳米纤维素–银复合物颜色较深,因此只适用于对白度没有要求的牛皮箱板纸。将不同用量的 NC-AgNPs-11 复合物添加到废旧箱板纸浆中,探讨了纸张的抗菌性能及强度性能。

　　图 8.51 为添加复合物后纸张对大肠杆菌的抑菌圈图。从图中可以看出,添加纳米纤维素–银复合物所抄造的纸张也表现出了较强的抑菌效果,随着添加量的增加,抑菌圈变大,抗菌效果越好。当添加量达到 0.5% 时,抗菌纸对于大肠杆菌抑菌圈直径可以达到 0.4cm。

　　纳米纤维素比表面积大,表面有大量的羟基,添加到纸浆中会与纸浆纤维形成氢键从而提高纸张的强度。图 8.52 是纳米纤维素–银复合物的添加量对于纸页抗张指数、撕裂指数和透气度的影响。由图中可以看出,向纸浆中加入纳米纤维素–银复合物会提高纸页的抗张指数和撕裂指数。加入量为 0.5%(相对于绝干浆)时

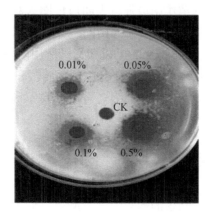

图 8.51　添加 NC-AgNPs-11 后纸张对大肠杆菌的抑菌圈

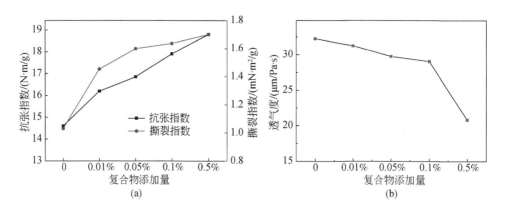

图 8.52　复合物添加量对抗张指数及撕裂指数(a)和透气度(b)的影响

抗张指数提升幅度达到 29.02%,这主要是因为复合物中的纳米纤维素具有丰富的羟基与纤维表面的基团形成了更多的氢键,从而提高了纤维间结合力。当向纸浆中加入 0.01% 的复合物时,撕裂指数快速上升,而后随着加入量的提高,撕裂指数的增加变得缓慢。然而向纸浆中添加复合物会降低纸页透气度,且随着添加量的增加,纸页透气度急剧下降。这是因为复合物留着在纤维间的空隙里,提高了纸页的密度导致透气度下降。纳米纤维素可以提高纸张的阻隔性能,这与报道的结果是一致的[71]。

参 考 文 献

[1] 叶代勇,黄洪,傅和青,等.纤维素化学研究进展.化工学报,2006,57(8):1782-1791.

[2] French A D,Bertoniere N R,Brown R M,et al. Encyclopedia of Chemical Technology. 5th ed. New York:John Wiley & Sons,Inc.,2004.

[3] 詹怀宇,李志强,蔡再生.纤维素化学与物理.北京:科学出版社,2005.

[4] 裴继诚,平清伟,唐爱民,等.植物纤维化学.第四版.北京:中国轻工业出版社,2012.

[5] 耿红娟,苑再武,秦梦华,等.纤维素的溶解及纤维素功能性材料的制备.华东纸业,2013,44(5):4-9.

[6] 杨淑蕙.植物纤维化学.第三版.北京:中国轻工业出版社,2006.

[7] 邢宗,陈均志.天然纤维素溶剂体系的研究进展.纸和造纸,2009,28(12):31-36.

[8] 刘会茹,刘猛帅,张星辰,等.纤维素溶剂体系的研究进展.材料导报,2011,25(7):139-143.

[9] 吴翠玲,李新平,秦胜利.纤维素溶剂研究现状及应用前景.中国造纸学报,2004,19(2):171-175.

[10] 李琳,赵帅,胡红旗.纤维素溶解体系的研究进展.纤维素科学与技术,2009,17(2):72-78.

[11] Fink H P,Weigel P,Purz H J,et al. Structure formation of regenerated cellulose materials from NMMO-solutions. Progress in Polymer Science,2001,26(9):1473-1524.

[12] Zhang H,Wu J,Zhang J,et al. 1-Allyl-3-methylimidazolium chloride room temperature ionic liquid: a new and powerful nonderivatizing solvent for cellulose. Macromolecules,2005,38(20):8272-8277.

[13] 付时雨.纤维素的研究进展.中国造纸,2019,38(6):54-64.

[14] 张俐娜,蔡杰,周金平.一种溶剂组合物及其制备方法和用途.中国,200310028386.9,2004.

[15] 张俐娜,蔡杰.一种溶解纤维素的氢氧化锂和尿素组合物溶剂及用途.中国,200310111567.8,2004.

[16] 吕昂,张俐娜.纤维素溶剂研究进展.高分子学报,2007,12(10):43-50.

[17] Geng H,Yuan Z,Fan Q,et al. Characterisation of cellulose films regenerated from acetone/water coagulants. Carbohydrate Polymers,2014,102:438-444.

[18] Yuan Z,Zhang J,Jiang A,et al. Fabrication of cellulose self-assemblies and high-strength ordered cellulose films. Carbohydrate Polymers,2015,117:414-421.

[19] Yuan Z,Fan Q,Dai X,et al. Cross-linkage effect of cellulose/laponite hybrids in aqueous dispersions and solid films. Carbohydrate Polymers,2014,102:431-437.

[20] Hamad W. On the development and applications of cellulosic nanofibrillar and nanocrystalline materials. Canadian Journal of Chemical Engineering,2006,84(5):513-519.

[21] Lin N,Huang J,Dufresne A. Preparation,properties and applications of polysaccharide nanocrystals in advanced functional nanomaterials:a review. Nanoscale,2012,4(11):3274-3294.

[22] Wang D. A critical review of cellulose-based nanomaterials for water purification in industrial processes. Cellulose,2019,26:687-701.

[23] Nickerson R F,Habrle J A. Cellulose intercrystalline structure. Industrial & Engineering Chemistry Research,1947,39(11):1507-1512.

[24] Koshizawa T. Investigation on dissolving pulp. XIV. Some behavior of wood pulp and cotton linters in phosphoric acid. Bulletin of the Chemical Society of Japan,1958,31(6):705-708.

[25] Xu Q H,Gao Y,Qin M H,et al. Nanocrystalline cellulose from aspen kraft pulp and its application in deinked pulp. International Journal of Biological Macromolecules,2013,60:

241-247.

[26] Elazzouzi-Hafraoui S, Nishiyama Y, Putaux J L, et al. The shape and size distribution of crystalline nanoparticles prepared by acid hydrolysis of native cellulose. Biomacromolecules, 2008, 9 (1): 57-65.

[27] Klemm D, Heublein B, Fink H P, et al. Cellulose: fascinating biopolymer and sustainable raw material. Angewandte Chemie International Edition, 2005, 44 (22): 3358-3393.

[28] Karim M, Mohamed N B, Julien B. Nanofibrillated cellulose surface modification: A review. Materials, 2013, 6: 1745-1766.

[29] Nemoto J, Soyama T. Nanoporous networks prepared by simple air drying of aqueous TEMPO-oxidized cellulose nanofibril dispersions. Biomacromolecules, 2012, 13 (3): 943-946.

[30] Henriksson M, Henriksson G, Berglund L A, et al. An environmentally friendly method for enzyme-assisted preparation of microfibrillated cellulose (MFC) nanofibers. European Polymer Journal, 2007, 43: 3434-3441.

[31] Pääkkö M, Ankerfors M, Kosonen H, et al. Enzymatic hydrolysis combined with mechanical shearing and high-pressure homogenization for nanoscale cellulose fibrils and strong gels. Biomacromolecules, 2007, 8: 1934-1941.

[32] Saito T, Nishiyama Y, Putaux J L, et al. Homogeneous suspensions of individualized microfibrils from TEMPO catalyzed oxidation of native cellulose. Biomacromolecules, 2006, 7: 1687-1691.

[33] Isogai A, Saito T, Fukuzumi H. TEMPO-oxidized cellulose nanofibers. Nanoscale, 2009, 3 (1): 71-85.

[34] Shinoda R, Saito T, Okita Y, et al. Relationship between length and degree of polymerization of TEMPO-oxidized cellulose nanofibrils. Biomacromolecules, 2012, 13 (3): 842-849.

[35] Jin L Q, Xu Q H, Yao W R, et al. Cellulose nanofibers prepared from TEMPO-oxidation of kraft pulp and its flocculation effect on kaolin clay. Journal of Applied Polymer Science, 2014, 131 (12): 469-474.

[36] Bernal J D, Crowfoot D. Crystalline phases of some substances studied as liquid crystals. Transactions of The Faraday Society, 1933, 29 (140): 1032-1049.

[37] Miyano K. Raman depolarization ratios and order parameters of a nematic liquid crystal. Journal of Chemical Physics, 1978, 69 (11): 4807-4813.

[38] Onsager L. The effects of shape on the interaction of colloidal particles. Annals of the New York Academy of Sciences, 1949, 51 (4): 627-659.

[39] Revol J F, Bradford H, Giasson J, et al. Helicoidal self-ordering of cellulose microfibrils in aqueous suspension. International Journal of Biological Macromolecules, 1992, 14 (3): 170-172.

[40] Stroobants A, Lekkerkerker H N W, Odijk T. Effect of electrostatic interaction on the liquid crystal phase transition in solutions of rodlike polyelectrolytes. Macromolecules, 1986, 19 (8): 2232-2238.

[41] Revol J F, Godbout L, Dong X, et al. Chiral nematic suspensions of cellulose crystallites: phase separation and magnetic field orientation. Liquid Crystals, 1994, 16 (1): 127-134.

［42］ Sonin A S. Inorganic lyotropic liquid crystals. Journal of Materials Chemistry,1998,8(12):
2557-2574.

［43］ Schütz C,Agthe M,Fall A B,et al. Rod packing in chiral nematic cellulose nanocrystal
dispersions studied by small-angle X-ray scattering and laser diffraction. Langmuir,2015,31
(23):6507-6513.

［44］ Wang P,Hamad W Y,Maclachlan M J. Structure and transformation of tactoids in cellulose
nanocrystal suspensions. Nature Communications,2016,7(1):11515.

［45］ Dumanli A G,Kamita G,Landman J,et al. Controlled,bio-inspired self-assembly of cellulose-
based chiral reflectors. Advanced Optical Materials,2014,2(7):646-650.

［46］ Tran A,Hamad W Y,Maclachlan M J. Tactoid annealing improves order in self-assembled
cellulose nanocrystal films with chiral nematic structures. Langmuir,2018,34(2):646-652.

［47］ Dionne G,Allen G,Haddad P,et al. Circular polarization and nonreciprocal propagation in
magnetic media. Lincoln Laboratory Journal,2005,15:323-337.

［48］ De Vries H. Rotatory power and other optical properties of certain liquid crystals. Acta Crystallo-
graphica,1951,4(3):219-226.

［49］ Dong X M,Kimura T,Revol,et al. Effects of ionic strength on the isotropic-chiral nematic phase
transition of suspensions of cellulose crystallites. Langmuir,1996,12(8):2076-2082.

［50］ Dong X M,Gray D G. Effect of counterions on ordered phase formation in suspensions of charged
rodlike cellulose crystallites. Langmuir,1997,13(8):2404-2409.

［51］ Tran A,Hamad W Y,MacLachlan M J. Fabrication of cellulose nanocrystal films through
differential evaporation for patterned coatings. ACS Applied Nano Materials,2018,1(7):
3098-3104.

［52］ Zhang Y,Tian Z,Fu Y,et al. Responsive and patterned cellulose nanocrystal films modified by N-
methylmorpholine-N-oxide. Carbohydrate Polymers,2020,228:115387.

［53］ Sun J,Ji X,Li G,et al. Chiral nematic latex-go composite films with synchronous response of
color and actuation. Journal of Materials Chemistry C,2019,7(1):104-110.

［54］ Yang N,Ji X,Sun J,et al. Photonic actuators with predefined shapes. Nanoscale,2019,11:
10088-10096.

［55］ Xu Q H,Gao Y,Qin M H,et al. Nanocrystalline cellulose from aspen kraft pulp and its
application in deinked pulp. International Journal of Biological Macromolecules,2013,60:
241-247.

［56］ Salleh M A M,Mahmoud D K,Idris A,et al. Cationic and anionic dye adsorption by agricultural
solid wastes:a comprehensive review. Desalination,2011,280(1):1-13.

［57］ Jin L Q,Li W G,Xu Q H,et al. Amino-functionalized nanocrystalline cellulose as an adsorbent
for anionic dyes. Cellulose,2015,22(4):2443-2456.

［58］ Sabzalian Z,Alam M N,Van de Ven T G M. Hydrophobization and characterization of internally
crosslink-reinforced cellulose fibers. Cellulose,2014,21:1381-1393.

［59］ Jin L Q,Sun Q C,Xu Q H,et al. Adsorptive removal of anionic dyes from aqueous solutions using microgel based on nanocellulose and polyvinylamine. Bioresource Technology, 2015, 197: 348-355.

[60] Sun B, Hou Q, Liu Z, et al. Sodium periodate oxidation of cellulose nanocrystal and its application as a paper wet strength additive. Cellulose, 2015, 22(2):1135-1146.

[61] Wawrzkiewicz M, Wiśniewska M, Gun'ko V, et al. Adsorptive removal of acid, reactive and direct dyes from aqueous solutions and wastewater using mixed silica-alumina oxide. Powder Technology, 2015, 278:306-315.

[62] Sun X, Huang X, Liao X P, et al. Adsorptive removal of Cu(II) from aqueoussolutions using collagen-tannin resin. Journal of Hazardous Materials, 2011, 186:1058-1063.

[63] Huang X, Liao X P, Shi B. Hg(II) removal from aqueous solution by bayberry tannin-immobilized collagen fiber. Journal of Hazardous Materials, 2009, 170:1141-1148.

[64] Huang X, Wang Y P, Liao X P, et al. Adsorptive recovery of Au^{3+} fromaqueous solutions using bayberry tannin-immobilized mesoporous silica. Journal of Hazardous Materials, 2010, 183: 793-798.

[65] Xu Q H, Wang Y L, Jin L Q, et al. Adsorption of Cu(II), Pb(II) and Cr(VI) from aqueous solutions using black wattle tannin-immobilized nanocellulose. Journal of Hazardous Materials, 2017, 339:91-99.

[66] SengilI A, Ozacar M. Competitive biosorption of Pb^{2+}, Cu^{2+} and Zn^{2+} ions from aqueous solutions onto valonia tannin resin. Journal of Hazardous Materials, 2009, 166:1488-1494.

[67] Fabrega J, Luoma S N, Tyler C R, et al. Silver nanoparticles: behaviour and effects in the aquatic environment. Environment International, 2011, 37:517-531.

[68] Xu Q H, Jin L Q, Wang Y L, et al. Synthesis of silver nanoparticles using dialdehyde cellulose nanocrystal as a multi-functional agent and application to antibacterial paper. Cellulose, 2019, 26: 1309-1321.

[69] Feng J, Shi Q S, Li W R, et al. Antimicrobial activity of silver nanoparticles *in situ* growth on TEMPO-mediated oxidized bacterial cellulose. Cellulose, 2014, 21:4557-4567.

[70] Kumari M, Pandey S, Giri V P, et al. Tailoring shape and size of biogenic silver nanoparticles to enhance antimicrobial efficacy against MDR bacteria. Microbial Pathogenesis, 2017, 105: 346-355.

[71] 李静. 纳米纤维素的疏水改性及其在制浆造纸中的应用[硕士学位论文]. 济南:齐鲁工业大学, 2014.